L'ANE D'OR

Collection dirigée

par

Alain Segonds

KANT ET LA NATURE

La nature à l'épreuve de la critique

Pierre KERSZBERG

KANT ET LA NATURE

LA NATURE À L'ÉPREUVE DE LA CRITIQUE

PARIS

LES BELLES LETTRES

1999

ISBN : 2-251-42008-8

Introduction

Jalons pour une épistémologie transcendantale

Kant écrivait en 1786, vers la fin de la préface à son traité sur les premiers principes métaphysiques de la nature *(Metaphysische Anfangsgründe der Naturwissenschaft)*, ces lignes qui se voulaient prophétiques :

> « Dans ce traité, j'ai imité la méthode mathématique, même si je ne l'ai pas fait en toute rigueur (il aurait fallu y consacrer plus de temps que je n'en avais), et cela non que j'espère obtenir un meilleur accueil en présentant l'illusion de la rigueur, mais parce que je crois qu'un tel système est réellement susceptible de rigueur, et pourrait bien atteindre cette perfection avec le temps, grâce à des mains plus habiles ; peut-être des praticiens de la science mathématique de la nature voudront-ils bien, incités par mon ébauche, admettre l'importance d'un traitement séparé réservé à cette partie fondamentale particulière de leur physique générale, la partie métaphysique dont ils ne peuvent se débarrasser, et accepteront-ils de la joindre à la théorie mathématique du mouvement ».

La prophétie de Kant n'a pas du tout été entendue. Les praticiens de la physique mathématique au XIXe siècle, souvent férus de Kant, n'ont retenu que la partie doctrinale du système kantien. Tel Oersted, le fondateur de l'électromagnétisme, qui s'empare de l'idée d'après laquelle la stabilité d'un corps doit être expliquée au moyen de l'interaction entre deux forces fondamentales (l'attraction et la répulsion) ; là où Kant avait laissé sa théorie à l'état d'ébauche, comme une sorte de monogramme, Oersted l'applique scrupuleusement à toutes les parties de la science et soutient que *toutes* les forces de la nature – électriques, magnétiques, gravifiques, ainsi que les forces de cohésion, etc. – sont des formes des deux forces fondamentales, de sorte qu'en principe elles pourraient être converties l'une en l'autre. Plus tard, dans son fameux mémoire sur la conservation des forces de 1847, Helmholtz se souviendra explicitement de Kant lorsqu'il voudra prouver que les lois newtoniennes des forces centrales constituent « une forme conceptuelle nécessaire » pour comprendre la nature, en fait « la seule possible » sous l'autorité des phénomènes. Réduire les phénomènes aux forces centrales, c'est suivant Helmholtz énoncer une condition pour l'intelligibilité complète de la nature. Ainsi, lorsque l'œuvre de Kant passe aux mains des physiciens, la notion de forces fondamentales comme fondement métaphysique séparé devient programme de recherche, où ces forces doivent être intégrées dans une théorie mathématique unifiant tous les aspects de la nature. Helmholtz fait-il justice à Kant lorsqu'il prend la causalité, qui chez Kant est une parmi les conditions subjectives ultimes de l'intelligibilité de toute expérience possible, comme une condition pour la possibilité des lois empiriques qui sont destinées à devenir les éléments d'une théorie systématique ? Rien de surprenant, donc, dans le fait que l'avènement de la théorie de la relativité au début du XXe siècle a pu être perçu comme un rejet définitif de tous les premiers principes soi-disant séparés, ces premiers principes qui prétendaient légiférer le développement de la physique mathématique et fixer son sort.

Imiter la méthode mathématique en métaphysique ne veut pas dire l'accepter au point de faire de la métaphysique de la nature un chapitre de mathématique appliquée. Si le but de Kant avait été de fonder les sciences exactes de la nature une fois pour toutes, il aurait écrit un ouvrage intitulé : *Principes A Priori de la Science de la Nature.* Mais au lieu de cela, il a produit des *Anfangsgründe* métaphysiques, c'est-à-dire qu'il a voulu poser les jalons d'une réflexion sur ce qui permet à toute science de la nature de prendre son point de départ en vue d'une intelligibilité complète des objets du monde. Non seulement ce qui lui permet de commencer, mais aussi et surtout de se tenir à ce commencement. Il est de l'essence du projet kantien vis-à-vis des sciences exactes de la nature de se définir comme ébauche en ce sens. Or, depuis la révolution copernicienne en astronomie, ce point de départ est devenu un envol : il s'agit de déposséder le sujet de sa propre position centrale, et de lui permettre de voir en vraie grandeur depuis une station extérieure à lui. Déjà dans fameuse préface à la deuxième édition de la *Critique,* Kant dit qu'il va certes imiter Copernic pour résoudre les problèmes de la métaphysique par analogie avec ce changement de point de vue, mais il ajoute aussitôt qu'il va se limiter à la *première idée* de Copernic. Cette restriction condamne-t-elle la philosophie critique de la nature à rester sourde aux progrès de la science ? Cette surdité lui serait un bienfait, si tel était le prix à payer pour identifier la première idée au geste même qui expédie l'observateur au-dehors de lui-même. Il y a bien dans ce geste quelque chose de définitif, puisqu'une fois commencée, la quête d'une station idéale d'où les objets se montrent en vraie grandeur ne connaît plus de terme. Il est même arrivé au XXe siècle que le changement de station finisse par obscurcir jusqu'à la notion même d'objet. Preuve insigne, s'il en est, que la construction des objets théoriques reste hantée – même si c'est la plupart du temps à son insu – par le rapport énigmatique qu'elle continue d'entretenir avec le monde pré-scientifique dont nous venons. Par fondements initiaux métaphysiques de la science de la nature, Kant entend donc formuler les principes constitutifs des objets de la théorie physique, en tant que ceux-ci doivent bien être *aussi*, en quelque manière, des objets phénoménaux. Tâche d'autant plus redoutable que la physique mathématique après Kant s'est ingéniée sans relâche à obscurcir le rapport de l'objet théorique à son sol phénoménal. Armé du concept qui corrige le témoignage trompeur des sens, l'observateur continue néanmoins à voir (ou imaginer) ces phénomènes illusoires qui poursuivent obstinément leur carrière en dépit du nouveau bon sens. En raison du perpétuel danger de désagrègement du sens dans la construction des objets théoriques, il fallait une réflexion qui prenne en charge les implications ultimes de ce premier geste hors de la donnée immédiate du phénomène. Quelle est cette ébauche d'une métaphysique de la science qui ne promet rien à la science elle-même ? N'y a-t-il pas une contradiction manifeste à doter une ébauche d'une prétention à la perfection définitive ?

Les prétentions de Kant à l'universalité et la nécessité *a priori* ont été largement invalidées par le développement de la science après le XVIIIe siècle. La théorie de la relativité ne semble tenir aucun compte des limites que Kant avait posées quant à l'intelligibilité de l'espace et du temps ; la mécanique quantique semble entrer directement en conflit avec tout argument *a priori* portant sur la validité soi-disant absolue de la loi de causalité et du déterminisme. D'un point de vue épistémologique, la recherche d'un fondement *a priori* pour les sciences de la nature représente le modèle aujourd'hui honni d'un fondement séparé qui gèlerait le libre cours de l'imagination scientifique. Quant à la tradition néo-kantienne, elle s'est ingéniée à sauver du désastre la notion kantienne de connaissance transcendantale en la libérant le plus possible de son ancrage dans les particularités de la science newtonienne. Plus récemment, une nouvelle stratégie a été proposée, tout à fait opposée à la tradition néo-kantienne : ce serait précisément l'extraordinaire vision de Kant sur les sciences exactes de son temps qui aurait façonné jusqu'à l'idée même de critique, de sorte que l'entreprise kantienne, même si elle doit être abandonnée aujourd'hui, nous reste comme l'exemple d'un fertile affrontement avec une théorie scientifique à une époque importante de sa maturation[1].

On pourrait peut-être disculper la douteuse attache de Kant à une métaphysique de la science en lui cherchant des antécédents historiques. Dans le texte de Kant, on trouve un remarquable éventail de références, le plus souvent implicites, aux philosophes de la nature qui ont contribué à la révolution scientifique de l'époque moderne. Ainsi Descartes en ce qui concerne la mesure de la quantité de matière ; le terme de « phoronomie » utilisé par Kant renvoie à l'aspect géométrique du mouvement au sens de Leibniz ; lorsque Kant dit que l'inertie n'est pas une force intérieure à la matière, ou que l'impénétrabilité est une source des forces, il se souvient d'Euler. Mais il y aussi dans le texte une cohérence interne qui parle pour elle-même, comme si en cette fin du XVIIIe siècle toutes les difficultés liées à la transition vers une physique mathématique au sens moderne étaient arrivées à une sorte de maturité. En effet, Kant semble accepter les résultats de la synthèse newtonienne sans l'ombre d'une contestation, car lorsqu'il critique Newton, c'est seulement pour régler certaines questions d'intelligibilité au niveau des prémisses ; ainsi Kant a cru bon de changer l'ordre des arguments que Newton avait suivi dans les définitions et axiomes (ou lois du mouvement) qui précèdent les trois livres des *Principia.* C'est cette cohérence même qui aura une influence sur les physiciens du XIXe siècle. Or, cette cohérence s'est prêté jusqu'à présent à deux lectures très différentes l'une de l'autre. Peut-être les *Premiers Principes* sont-ils en fin de compte relativement indépendants de la science au temps de Kant ;

peut-être Kant cherche-t-il à cerner les fondements ultimes de la physique mais séparés d'elle, exactement comme le système des catégories dans la *Critique de la Raison Pure* dépend des seules forces de l'esprit, bien qu'elles nous permettent de nous rapporter d'une manière objective à la nature en général[2]. Ou bien le système des catégories est-il vraiment destiné à supporter le poids de toutes les lois empiriques que nous pourrons jamais connaître dans leur spécificité, et en ce cas il doit être prêt à affronter la dure réalité d'une révision possible ; c'est à quoi Kant se serait préparé dans sa dernière œuvre posthume[3].

Le passage de l'*a priori* à l'empirique constitue la pierre d'achoppement la plus délicate de tout l'édifice critique. Peut-il être compris à la manière d'une addition progressive de l'empirique à une structure de l'esprit en principe immuable ? En toute rigueur c'est impossible, puisque l'*a priori* et l'empirique appartiennent à deux ordres de l'être complètement différents. On s'est toujours satisfait trop vite en déclarant « hybrides » certains concepts critiques qui semblent relever de ces deux ordres, tel le concept de mouvement. Aveu d'impuissance, constat d'échec, ou peut-être indice de la faiblesse de toute tentative visant la fondation prétendument définitive de la connaissance. Depuis la révolution scientifique du XVIIe siècle, dit Kant, la science repose sur ses propres fondements, elle n'a rien à attendre d'une démonstration transcendantale de ses prémisses. Pour établir son propre système des catégories pures, dont le fondement repose sur l'intention délibérée de considérer l'entendement seul sans l'aide de l'expérience, Kant réfléchit, certes, par analogie avec la science de Galilée ou de Newton. Mais une lecture attentive du chapitre le plus important des *Premiers Principes*, celui qui traite de la Dynamique, montre la véritable intention de Kant. Dans la Dynamique il découvre un point d'intersection entre les deux domaines indépendants l'un de l'autre, d'une part la science constituée par ses propres moyens et d'autre part les principes transcendantaux de l'entendement pur. On voit alors comment, exploitant le choc de l'*a priori* et de l'empirique pour son propre compte, la physique mathématique parvient à pousser le système des catégories plus loin que l'entendement pur ne pourrait le faire. Autrement dit, vue au travers du prisme de l'*a priori* transcendantal, la science de la nature peut être interprétée comme un projet d'amplification de l'expérience d'une nature en général, une amplification qui tire le sens transcendantal des catégories au-delà d'elles-mêmes sans toutefois conduire à la destruction de leur structure fixe. Il apparaîtra que si les propositions transcendantales sont essentiellement de nature temporelle (par l'intermédiaire du schématisme), les énoncés de la physique mathématique n'ont de sens que par rapport à l'espace.

C'est le choc des deux types d'énoncés, les uns portant sur l'espace et les autres sur le temps, qui va fournir une base adéquate pour comprendre ce que la philosophie critique entend par poser des limites *a priori* au discours de la science. Or, Kant a lui-même envisagé, à l'intérieur du cadre critique, le cas d'une extension du sens transcendantal des catégories : il s'agit du sens qu'elles ont lorsque sont dépassées les limites de l'expérience possible ; la raison pure entre alors dans le domaine des antinomies cosmologiques, où elle est bloquée par des contradictions qui la minent de l'intérieur. Mais dès l'instant où elle a exposé ses propres contradictions au grand jour, et pourvu au moins qu'elle prenne garde à toujours conserver une vue sur le monde des phénomènes, la raison n'est plus empêchée de poursuivre son dessein naturel, qui la pousse à compléter la connaissance au-delà de l'expérience possible. Il importe donc de voir comment, sous l'autorité de la physique mathématique, le déplacement du temps vers l'espace va entraîner une modification des antinomies, et comment cette modification va à son tour justifier le projet de totalisation propre à la science ; une telle modification est précisément à l'œuvre dans le rapport entre les forces fondamentales (attraction et répulsion) dont il est question dans la Dynamique. Mais la Dynamique (étude des forces qui engendrent le mouvement) est précédée d'une Phoronomie (étude du mouvement dans son aspect purement géométrique), et suivie d'une Mécanique (étude du mouvement en tant qu'il résulte des forces fondamentales). La recherche du point de contact entre l'*a priori* et l'empirique est donc motivée par cette cascade de grandes questions : à quelles conditions une science de la nature est-elle mathématique ? jusqu'où la mathématisation de la nature peut-elle être poussée ? à quel moment la mathématique cède-t-elle du terrain au phénomène concret ? et quand le phénomène retrouve ses prérogatives, à quelles conditions peut-il encore nous « parler » ? Cette dernière question fait l'objet de la quatrième et dernière partie de l'ouvrage de Kant, la Phénoménologie.

La tâche qui incombe à une réinterprétation de l'entreprise kantienne ne s'arrête pas à une telle mise en place du rapport entre critique et métaphysique. Un des traits caractéristiques de la physique mathématique contemporaine n'est-il pas un renouveau de l'espoir qu'on puisse atteindre une théorie unifiant toutes les forces de la nature ? Cet espoir est, dans une large mesure, fondé sur une nouvelle interprétation physique du temps censée s'appliquer à tous les domaines de la nature. Le temps qui intervient tant dans les équations de la mécanique de Newton et du champ électromagnétique que dans celles de la relativité et la mécanique quantique est réversible. En effet, les forces fondamentales connues agissant en physique sont conservatrices : le travail accompli par de telles forces lorsqu'elles déplacent une masse d'un point à un autre le long d'une courbe dépend de la seule position relative des deux points, non de la courbe parcourue ; c'est pourquoi les équations sont indifférentes au changement du sens du temps. Mais depuis l'avènement de la thermodynamique et son intégration dans l'espace-temps relativiste et le comportement quantique de la matière, le passage en principe immuable du passé vers le futur pourrait devenir un aspect des lois de la nature et non plus simplement un fait irréductible. Ce retour explicite de la problématique du temps, sur une scène qui représenterait les propriétés globales de l'espace et du temps, constitue le véritable défi à la philosophie critique de la nature. Or, la nouvelle physique du temps rencontre à son tour une série d'apories, où l'on voit justement comment l'exclusion du temps mise en œuvre par Kant trouve une éclatante justification ; le but de la théorie physique, qui est de formuler des solutions globales satisfaisantes eu égard à la direction du temps, excède en fait ses propres moyens. Ce but ne peut être ni abandonné ni atteint une fois pour toutes – une situation qui, du sein même de la physique théorique, rappelle opportunément la place que la philosophie kantienne assigne à la métaphysique. De fait Kant conclut toute sa théorie métaphysique des corps sur cette remarque, qu'il arrive finalement à cette théorie ce qui arrive à toute métaphysique digne de ce nom : « elle ne peut ni s'en tenir au conditionné ni se saisir de l'inconditionné ». Dans l'*Opus Postumum*, Kant s'est finalement essayé à formuler les termes d'une toute nouvelle condition de possibilité qui permettrait de penser le temps à l'œuvre dans la nature. En suivant le fil conducteur spéculatif du texte kantien, toute la physique issue du renversement copernicien va se retrouver au pied du mur.

Notre époque s'est habitué à entendre le discours de la science comme un substitut aux questions traditionnelles de la métaphysique, celles-ci s'étant condamnées elles-mêmes à la paralysie. Suivant l'interprétation kantienne de la science depuis la révolution du XVIIe siècle, la physique mathématique accomplit ce miracle de comprendre sans s'appuyer sur aucun fondement séparé d'elle. Mais néanmoins une réflexion sur la physique mathématique à partir du domaine de la connaissance transcendantale reste nécessaire, faute de quoi l'aveuglement de la science à son propre sens risquerait de contaminer toutes les capacités humaines à la réflexion. La position kantienne constitue donc aujourd'hui une alternative, sans doute unique, tant à la vision critique désenchantée de la science (elle marche pour ainsi dire toute seule parce qu'elle a pris possession des anciennes questions métaphysiques) qu'à la reconstruction purement analytique et naïvement joyeuse de ses résultats. Parce que Kant réfléchit sur les fondements de la physique mathématique plutôt qu'il ne les pose, ses premiers principes doivent eux-mêmes être lus comme un effort de la réflexion, dont les étapes ne sont que l'arrêt momentané d'un mouvement de pensée. Notre interprétation est elle-même une réflexion au sens technique donné par Kant à ce terme : la réflexion *produit* une vérité qui, en dernière analyse, n'est justiciable ni de l'universalité visée par la science ni de l'expérience commune en son irréductible particularité, parce qu'elle se constitue en creux de chacune d'elles. Quel est le monde qui se cache derrière cette vérité ? Par l'intermédiaire de la recherche préliminaire du point de contact entre l'*a priori* et l'empirique, il faut d'abord s'assurer qu'il y a bien un tel monde, où tant la science que l'expérience quotidienne puisent allègrement leurs matériaux respectifs.

Chapitre 1

L'expérience à venir

Prolégomènes à une philosophie transcendantale de la physique mathématique

1. A priori *et totalité*

Au tournant du XXe siècle, la présence de la métaphysique dans les sciences exactes, qui était suspecte depuis un certain temps, devient subitement intolérable. Dans la période qui s'étend grosso modo des trois dernières décennies du XIXe siècle aux trois premières du XXe, les sciences exactes sont animées par un effort grandiose pour évacuer toute métaphysique qui déborderait les limites de leur discours. Aussi bien en mathématique qu'en physique, il s'agit de formuler des théories qui englobent leurs propres fondements ; une théorie ne sera vraiment satisfaisante que si, traitant d'une réalité sensible ou même suprasensible, son contenu comporte une expression de son propre fondement. Ainsi, le rattachement de la physique à un espace et un temps absolus, dont les propriétés font écho à une tradition onto-théologique, devient inacceptable. Dans la théorie de la relativité d'Einstein, l'espace et le temps sont relatifs dans la mesure où ils sont définis en fonction des moyens qui sont effectivement à notre disposition pour les mesurer.

En 1936, Einstein jette un coup d'œil à la fois critique et rétrospectif sur cette période d'effervescence qui s'achève. Réfléchissant sur l'essence ultime du rapport entre nos concepts et l'expérience sensorielle que nous avons du monde, il affirme, non sans humour sarcastique, que ce rapport n'est pas comme la soupe au bœuf, mais plutôt comme le numéro de vestiaire au pardessus[4]. Entre le monde des constructions logiques au moyen de concepts et le monde des sens, il n'y a pas en soi d'homogénéité. Si l'on considère une série d'événements qui constituent un système physique, on pourra bien parler d'un premier événement qui est la condition des événements suivants au point de vue *causal*. Mais cette priorité causale ne rendra jamais compte du *sens* des événements suivants. Einstein attribue à Kant le mérite d'avoir compris que l'intelligibilité du monde serait elle-même dénuée de sens si elle n'était pas posée avant le monde[5]. Tel est le miracle de cette intelligibilité qu'elle rend le monde effectivement compréhensible, du moins dans les limites modestes d'une mise en ordre de nos impressions sensorielles au moyen des concepts que nous inventons à cet effet. Notre affirmation du primat de la raison sur le monde est le tribut que nous payons à l'éternel mystère qui fait que le monde est intelligible. À l'éternité du mystère de la raison à l'œuvre *dans* le monde correspond l'irréductibilité du primat de la raison *sur* le monde. Or, si cette prééminence est bien irréductible, nous ne pouvons pas retracer chacun des pas effectués par notre propre raison jusqu'à devenir conscients de *toutes* les interactions inhérentes à un système physique. Comme le rapport du concept à l'expérience sensorielle part du concept posé par la raison comme condition absolue de possibilité pour l'intelligibilité de la nature, la physique n'a pas les moyens de reconstruire rationnellement tous les moments qui conduisent de cette condition à ses effets. Si le primat de la raison reflète sa liberté (sa capacité de libre invention), la contrainte du concept apparaît seulement après qu'il ait été mis en œuvre, ce qui enlève à la liberté sa part d'arbitraire. Dès lors, ce que la compréhension du monde perd en totalité, elle doit le regagner en unité ; pour satisfaire son besoin de complétude, elle se soumet à ce jeu réglé entre le concept et l'expérience. En effet, il y a bien des concepts premiers qui s'accordent immédiatement avec le témoignage des sens ; mais de cet accord originaire, du fait du mystère de la compréhensibilité, il ne reste pour nous qu'un mirage. D'un côté la raison vise la totalité des connexions qui relient les expériences sensorielles les unes aux autres ; d'un autre côté, l'ensemble des concepts premiers qui reflètent directement les expériences des sens est un foisonnement tout aussi peu organisé que le monde brut des sens peut l'être. Une physique mathématique fidèle au primat de la raison tend à substituer à ce chaos une unité logique de concepts d'ordre supérieur ; ceux-ci relient des concepts d'ordre inférieur selon la généralité d'une unité croissante. Il en résulte une série pyramidale de concepts de plus en plus contraignants, mais aussi de plus en plus éloignés du témoignage immédiat des sens. Tout au plus il reste l'espoir, mais non la certitude, que cet échafaudage de concepts dans un monde des idées est et restera compatible avec les observations faites au moyen des sens.

Mais comment la liberté d'abord totale accordée à la raison peut-elle se conserver comme liberté si elle perd peu à peu de son autonomie dans un monde pyramidal bien réglé des idées ? À l'opposé d'Einstein se trouve la philosophie de Bohr. Ce n'est pas la raison en tant que faculté autonome, mais les moyens opérationnels que nous nous donnons librement en vue de la compréhension (et donc aussi avant elle) qui accomplissent la métamorphose de nos concepts en quelque chose valant dans le monde de l'expérience. L'appareillage expérimental est une sorte d'incarnation du concept, ce qui présuppose qu'une certaine homogénéité entre le concept et les sens est préservée au cours de la métamorphose. Par suite, le concept passe pour ainsi dire dans l'objet, dont le sens est désormais à lire à même la surface de sa phénoménalité et ses multiples faces. Mais où commence et où s'arrête le passage ? Abandonner la physique classique, cela revient justement à affirmer que la séparation entre le sujet et l'objet est fluctuante en soi, que cette fluctuation est même une propriété objective du monde. Il devient impossible de fixer une fois pour toutes la ligne de démarcation entre un système quantique et l'appareillage macroscopique qui amplifie ses effets. La mécanique quantique, dit Bohr, a conduit à une révision radicale des fondements de l'application univoque de nos concepts les plus élémentaires. Notons que Bohr parle précisément de concepts élémentaires, non de concepts fondamentaux. Ces derniers sont irrémédiablement noyés dans le travail préliminaire qui aboutit au dispositif expérimental. Avant que le concept ne passe dans l'objet, il est encore « classique », mais après son passage dans l'objet, il a perdu ses repères figuratifs, de sorte que l'objet lui-même est à proprement parler irreprésentable parce qu'il se manifeste sans le support d'un *logos* déchiffrable. Le phénomène physique résulte de l'interaction entre le dispositif expérimental et le comportement quantique de ses constituants, c'est-à-dire qu'il est coincé entre deux extrémités qui n'apparaissent jamais pour elles-mêmes – le concept classique et l'objet irreprésentable. Or, cette perte de la représentation relance la possibilité d'une *intelligibilité totale* : le phénomène, dit Bohr, doit « désigner exclusivement des observations obtenues dans des circonstances spécifiées, incluant un compte rendu de la totalité du dispositif expérimental »[6]. Si l'objet dans son comportement quantique nous paraît manifester des prédicats contradictoires du point de vue classique, le jeu réglé par l'assemblage des divers points de vue sur cet objet (selon les règles de la complémentarité) doit nous permettre de récupérer une description exhaustive des phénomènes nouveaux[7]. Entre les formes de la représentation et les aspects des choses mêmes naît une complicité où leur séparation s'effondre, ce qui nous fait gagner en savoir total : c'est le savoir qui résulte des « différents points de vue pour éclairer sur toutes ses faces un seul et même objet »[8].

Depuis Bohr, la perte des repères sujet/objet est souvent acceptée unilatéralement comme un bienfait. La dissolution du cloisonnement entre sujet et objet, où chaque terme perd la substantialité que la tradition lui avait dévolue, va permettre à la physique d'expliquer la totalité des interactions à l'intérieur d'un système, y compris le libre choix des observateurs et la contingence des apparitions de phénomènes qui s'ensuivent. À ce moment, la soupe au bœuf, pour reprendre la belle image d'Einstein, est devenue indigeste ; la raison serait vraiment folle si elle considérait que le rapport fortuit entre mon pardessus et son numéro déterminait en quelque manière les actions qui suivent mon passage au vestiaire. L'intelligibilité totale ne se réduit-elle pas le plus souvent à la solution heureuse de problèmes concrets de physique atomique, à une fuite devant la tâche écrasante de comprendre ce que nous faisons effectivement ? Le libre choix qui sous-tend la décision d'observer un phénomène depuis tel ou tel point de vue n'est-il pas comparable à ce primat de la raison sur le monde, qui implique un minimum de séparation ? D'où la possibilité, en un sens spéculatif, d'un retour à une vision plus proche de celle d'Einstein : pour paraphraser Pascal, la physique a ses raisons que la raison (physicienne) ne connaît pas.

La relation de la physique mathématique à ses fondements est devenue comparable à une tumultueuse affaire de cœur. La physique mathématique ne tolère plus qu'on lui impose de force le sens et les limites de son propre discours. La philosophie critique, de son côté, au sens d'une réflexion sur l'*a priori* et les limites de toute connaissance, n'attend plus passivement de la science qu'elle lui fournisse le matériau pour une représentation définitive des fondements. Mais la perte de confiance dans la réflexion transcendantale sur la science ne doit pas se confondre avec la méfiance que la physique contemporaine éprouve vis-à-vis du sens de ses propres théories. Il ne reste plus à la philosophie critique qu'à s'installer au cœur même de la physique mathématique, étant entendu que ce ménage ne tiendra la route que si des limites à la confiance réciproque sont instaurées d'avance. Historiquement, c'est la physique qui a commencé à perdre sa confiance aveugle en une philosophie soi-disant définitive des fondements. Ce qu'Einstein reproche à Kant, ce n'est pas l'affirmation de règles qui précèdent l'expérience pour en coordonner la multiplicité, c'est de supposer que les règles grâce auxquelles nous mettons de l'ordre dans le monde sont définitives. Réciproquement, la philosophie critique a-t-elle le droit de nier ce reproche sans perdre irrémédiablement sa prétention à la vie commune ?

Tant la *Critique de la Raison Pure* que les *Premiers Principes Métaphysique de la Science de la Nature* ont fait l'objet d'un nombre considérable d'études qui montrent combien est profond l'enracinement de la philosophie kantienne dans les présupposés et certains résultats fondamentaux de la science newtonienne. La validité des arguments transcendantaux paraissant dépendre de cette science particulière prise comme modèle, il a été également affirmé à maintes reprises que la philosophie kantienne ne peut plus être maintenue dans sa forme originelle lorsqu'elle est confrontée aux problèmes soulevés par la physique contemporaine. Ainsi, l'avènement de la théorie de la relativité au début du XXe siècle a été unanimement perçu comme une preuve des limites des arguments kantiens sur la nature de l'espace, du temps et de la matière. Dans les années qui ont suivi la première formulation complète de la théorie, des philosophes comme Schlick, Reichenbach ou Meyerson se sont efforcés de démontrer l'existence d'un irréductible fossé séparant l'idéalité transcendantale de l'espace-temps du champ métrique utilisé en relativité générale[9]. En effet, le champ métrique exprime une propriété objective de la réalité, puisqu'il est construit pour ne pas exister en l'absence de phénomènes matériels. Plus récemment, on a voulu montrer que l'absolue immutabilité du système des catégories kantiennes lui est fatale, puisque cette fixité serait tout simplement anéantie par la physique relativiste. La distinction traditionnelle établie par Kant entre la « forme » (qui dépend de l'esprit) et le «contenu» de la connaissance (qui dépend des sens) est elle-même renversée, puisque « pour Kant, les éléments formels de la connaissance sont les plus stables et les plus objectifs, alors qu'ils deviennent (en relativité) les plus arbitraires et les plus subjectifs »[10]. De fait, l'universalité formelle des lois de la nature est désormais gagnée à la faveur de transformations arbitraires de coordonnées. Un tel renversement indiquerait que la distinction forme/contenu a été remplacée par une distinction fort différente et plus pertinente, celle de la théorie et de l'observation[11]. En ce qui concerne la mécanique quantique, le constat est plus implacable encore : des physiciens comme Max Planck n'ont pas hésité à dire que la loi de causalité est simplement heuristique, ni vraie ni fausse, parce que les lois probabilistes ne nous permettent plus de prédire l'occurrence d'événements avec une exactitude absolue, alors que Kant prenait cette loi comme l'expression d'une règle invariable applicable *a priori* à tous les événements. De la loi de causalité, il ne devrait rester, à la lumière de la physique post-newtonienne, qu'une forme dont le contenu est indéfiniment révisable[12]. Kant aurait une conception trop étroite (parce qu'immuable) des limites de ce qui est « réellement possible » d'après ses propres catégories[13].

Par ailleurs, les philosophes qui ont tenté de poursuivre la tradition néo-kantienne du XIXe siècle ont malheureusement déformé la vraie signification d'une théorie comme la relativité générale. Leurs confusions sont dues à la tentative de sauver à tout prix le caractère euclidien de l'espace. Un exemple assez typique est l'œuvre pionnière de Cassirer, qui ignore la distinction établie par la théorie entre *deux* types de courbure de l'espace, une courbure qui peut effectivement être éliminée moyennant le choix approprié d'un système de coordonnées, et une autre courbure qui reste intrinsèque et indépendante du moyen de description adopté. Cette confusion entraîne Cassirer à conclure, d'une manière fort trompeuse, que la réalité exprimée par la géométrie non-euclidienne « n'est pas celle des choses, mais plutôt celle des lois et des relations »[14].

Tout au mieux, un très haut degré de ressemblance a pu être souligné entre la validité *régulatrice* de l'*a priori* kantien et le fondement épistémologique de certains principes à l'œuvre en physique. Cette similarité provient du fait que des raisons non strictement empiriques semblent déterminer leur usage, ce qui semble vrai en particulier pour le principe de relativité générale[15]. La motivation d'un tel argument n'est pas difficile à justifier. Puisque les revendications kantiennes à l'universalité et la nécessité absolues ont été invalidées par le progrès de la science après Newton, il resterait, pour sauver la notion de synthétique *a priori*, à élargir le sens et la portée de toute l'entreprise en relâchant son attachement suspect aux notions spécifiquement euclidiennes et newtoniennes. Au lieu de concepts fondamentaux fixes, on aurait des concepts suffisamment malléables pour supporter le poids des révisions futures. Ainsi, on a pu accuser Kant d'avoir lui-même obscurci le véritable contenu des Analogies de l'Expérience, parce qu'il voulait hâtivement identifier les conditions de possibilité de l'expérience en général avec celles de la pensée scientifique en général, et il pensait que la physique de Newton représentait cette dernière[16]. Or, l'architectonique de la *Critique* semble se prêter d'elle-même à un relâchement salvateur. Passant des catégories de l'entendement aux idées de la raison, du constitutif au régulateur, on passe des lois à l'organisation systématique des lois. Même si les lois elles-mêmes sont dépassées, il reste que leur organisation systématique n'aurait rien à craindre d'une physique nouvelle, précisément parce qu'elle aurait abandonné définitivement le terrain empirique et donc aussi le danger d'une révision. Une fois effectué le saut dans la raison, on revient à l'entendement pour trouver que son travail ne consiste finalement qu'à structurer l'expérience ordinaire et constituer ses objets comme si ceux-ci étaient simplement ceux de la perception sensible et intersubjective ordinaire[17]. Les concepts scientifiques appartiendraient alors à un niveau supérieur purement structurant, « projeté » par induction à partir du niveau inférieur de l'expérience ordinaire, ce dernier étant à la fois structurant et constitutif.

S'il en allait de la sorte, l'expérience qui risque de renverser tout l'édifice ne serait neutralisée que parce qu'elle perdrait tout intérêt. Pourtant, il est indéniable que le sens le plus originaire de l'objet d'une expérience possible se trouve peut-être inclus dans l'activité régulatrice de la raison. De toutes les catégories de l'entendement, Kant a bien vu que seule la catégorie de relation se prête au passage du constitutif au régulateur, parce que la synthèse impliquée dans la relation est une série, et qu'une série est susceptible d'être poussée aussi loin qu'on veut ; les trois idées de la raison (l'âme, le monde et Dieu) correspondent aux trois synthèses de ce genre. Or, il faut justement considérer la série sans limite comme le prototype de toute synthèse permettant de penser différence ou séparation, à commencer par la séparation entre un sujet et un objet. Ainsi, Cassirer en conclut que nous ne pouvons accéder à la catégorie de chose qu'en passant par la catégorie de relation[18]. Mais faut-il aller aussi loin qu'au niveau de la raison et sa visée de totalité pour trouver un désengagement de la philosophie transcendantale vis-à-vis des ravages toujours possibles de l'expérience empirique ? Une autre manière de retrouver l'objet, c'est d'élargir l'édifice critique par la base. C'est ainsi que Helmholtz a voulu compléter le système kantien en commençant par la sensation. Pour Kant, la sensation ne nous donne des phénomènes qu'en tant qu'objets indéterminés d'intuitions empiriques ; le processus d'objectivation ne commence qu'avec les formes pures de l'intuition (l'espace et le temps). Helmholtz corrige : « les objets étendus dans l'espace nous apparaissent comme enveloppés dans nos sensations »[19], de sorte que les sensations, issues du système nerveux, nous livrent des relations absolument originaires – les relations objectives entre les phénomènes. De l'intuition pure, qui perd son caractère originaire, on peut alors se demander quelle en est la genèse. Les axiomes de la géométrie ne sont plus imposés par la forme de l'intuition en général, car il existe une constitution kinesthésique de la spatialité, compatible avec les géométries non-euclidiennes. Pourtant, Helmholtz maintient que la spatialité en général est une forme transcendantale. La géométrie « vraie » de l'espace kinesthésique serait-elle donc une spécification de la spatialité en général ?

Qu'on l'élargisse par le sommet ou par la base, le projet critique n'est pas encore touché en son essence. Le problème général qui confronte toutes les interprétations idéalistes de la physique mathématique a été bien mis en évidence par Cassirer. Dans son essai de 1921 sur la théorie de la relativité, Cassirer critique les interprétations vérificationnistes de la théorie. La signification d'un concept n'est *pas* identique à son application concrète ; la signification doit être établie avant même que toute application soit effectuée, faute de quoi celle-ci n'aurait aucun sens. Ainsi, en relativité restreinte, on voit que la pensée de l'espace et du temps quant à leur sens (en tant que formes de connexion et d'ordre des événements) n'est pas créée par les mesures d'espace et de temps ; ces mesures (et tous les procédés opérationnels) ne font que leur donner un définition plus précise et un contenu défini. Avant de réfléchir sur la coïncidence des événements et la prouver par les méthodes propres aux mesures, il faut avoir saisi le concept « événement » comme quelque chose de spatio-temporel, il faut avoir compris l'essence spatio-temporelle qui est exprimée dans et par ce concept. À quoi l'on peut rétorquer : comprendrons-nous jamais les concepts d'espace, de temps, de nombre dans leur généralité (*i.e.* dans leur être comme prémisses absolues) au point que leurs mesures relatives en seront des spécifications ? Non, sauf par un coup de force qui reste à rendre intelligible. Le coup de force de Kant est de faire de l'espace et du temps des modes de l'intuition pure, indépendants des capacités cognitives de la pensée. Mais le philosophe ne peut évidemment pas retirer au physicien le droit de contribuer à une meilleure intelligibilité du coup de force, quitte à modifier, élargir ou finalement abandonner l'architectonique de la raison pure.

La critique la plus dévastatrice du projet kantien consiste à dire que s'il existe un fondement transcendantal pour les sciences exactes, celui-ci est en droit séparé d'elles et il n'a rien à leur apprendre. Veut-on rapprocher ce fondement de l'expérience effective dans son contexte historique, on se heurte au mur de la généralité *a priori* dont on ne voit pas comment elle peut se spécifier tant soit peu sans perdre complètement son caractère *a priori*. Cavaillès a bien résumé la difficulté. On affirme une autonomie de la sphère transcendantale vis-à-vis du monde, mais comme cette autonomie se constitue par purification du matériel et du contingent, elle est à la fois vide et insensée : « Une purification n'a lieu que dans un décor où tous les plans sont situables et pourvus de sens : l'impur s'il n'était que du néant d'intelligibilité ne se pourrait soustraire »[20]. Kant sépare l'intuition pure de la pensée en se basant sur l'irréductible dualité du concept et de l'intuition, c'est-à-dire l'irréductible différence entre deux termes qui ne sont jamais l'un sans l'autre. Or, pour y arriver, il faut utiliser une distinction entre le vide et le non-sens : selon la célèbre formule de Kant, un concept privé d'intuition est vide, alors qu'une intuition privée du concept est aveugle. Mais le procédé de purification obscurcit la distinction. Une intuition irréductible, ce ne serait, dit Cavaillès par ailleurs, « qu'un arrêt sans pensée »[21]. Bien loin d'être un réceptacle immuable où la pensée puise sans limite, l'intuition constitue elle-même un système qui se transforme ; ce système est l'écho du matériau sans cesse retravaillé, transmis par l'histoire. Il n'y a pas de commencement radical, mais mouvement de progrès indéfini de règles déterminées, car l'intuition suppose sa propre subordination à des schèmes et des enchaînements réglés que les problèmes particuliers de la raison scientifique renouvellent incessamment[22] ; ces problèmes sont eux-mêmes induits par l'enchaînement dialectique des concepts. L'erreur serait de commencer par une intuition donatrice absolument, car alors le face-à-face du donné et du construit est un choc finalement stérile. Chez Kant, la logique échappe aux vicissitudes de l'histoire et elle constitue en quelque sorte « le vestibule des sciences », parce l'entendement n'y a affaire qu'à lui-même et à sa forme[23]. Mais cette forme productrice de règles, de quelles règles tient-elle son pouvoir ? Un pur acte de penser en général implique déjà une référence à une conscience concrète prise dans le monde. Cavaillès étend donc à la logique et à la mathématique ce que Helmholtz avait déjà effectué pour la physique : celle-ci est soumise à des conceptualisations variables avec l'histoire, car le seul donné ultime se trouve dans les sédiments déposés par des concepts anciens, sédiments situés à la base de ces inférences inconscientes qui traversent nos percées nouvelles dans la compréhension du monde. Dans la tradition néokantienne portée à son terme par Cassirer, les fonctions logiques de la pensée au sens transcendantal seraient essentiellement, à chaque étape du développement de la science, des raccourcis des connaissances empiriques accumulées. Chaque raccourci permettrait de rythmer la marche de la science vers le domaine encore inconnu. Bien qu'elles soient toutes deux prises dans le mouvement de l'histoire, selon cette interprétation la réflexion critique et la pensée scientifique suivent des directions inverses : alors que celle-ci va de l'avant, celle-là s'intéresse à reconstruire après coup la logique des événements. Un tel mouvement double serait possible parce que l'idée régulatrice, située au-dessus du plan constitutif, peut se remplir de contenus les plus divers sans craindre la contradiction.

Reste que la référence au procès historique comme instance ultime ne fait que renvoyer à plus tard, sans l'éliminer, la question typiquement kantienne du sens, qui est toujours une question de droit : de quel droit l'histoire tient-elle la prérogative qu'on vient de lui attribuer ? L'histoire a une fonction de totalisation qui permet de penser tout point de départ comme le remaniement d'un donné plus ancien, jamais préalable absolument. En physique, où la théorie est toujours tributaire d'une expérimentation avec des objets concrets, ce remaniement prend un sens tout à fait vivant : c'est la spécification du dispositif expérimental qui prend place sous nos yeux, et qui exprime à sa manière la reprise d'une histoire de la conscience physicienne. Rappelons la phrase retentissante de Bohr : le phénomène doit « désigner exclusivement des observations obtenues dans des circonstances spécifiées, incluant un compte rendu de la totalité du dispositif expérimental ». Cette spécification totale est à comprendre en un sens éminemment historique, puisque la complémentarité doit permettre de maintenir une signification propre pour les concepts classiques tout en permettant aux concepts quantiques de les contredire. Qu'il s'agisse de la totalité de l'histoire, de la totalité du dispositif expérimental, ou même en dernière analyse de la totalité de la nature dans la corrélation entre matière et forme, toujours revient la question : est-ce qu'une telle spécification totale va pouvoir se substituer à l'encombrante référence à des généralités *a priori* comme l'intuition pure et le concept pur ? Tel est le défi lancé par la physique mathématique à toutes les philosophies idéalistes. Il prend un relief particulier à notre époque, où la notion de totalité a acquis le sens encore plus prégnant de rapprochement entre principes d'intelligibilité et lois empiriques sous l'égide d'une unification de toutes les forces fondamentales de la nature.

2. *Forcer pour comprendre : le phénomène pur*

La question du sens comme question de droit est déjà visible chez Newton. Newton commence avec une série de définitions destinées à séparer, en droit, une représentation mathématique (comme l'espace et le temps absolus) d'une représentation vulgaire (l'espace et le temps relatifs) ; dans le cas de l'espace absolu par exemple, ses parties doivent être absolument immuables, non parce qu'il existerait en physique une démonstration directe de l'absence d'effets observables pour le mouvement de telles parties, mais plutôt parce que « si les parties de l'espace sortaient de leur lieu, ce serait, si l'on peut s'exprimer ainsi, sortir d'elles-mêmes »[24]. Il en tire des lois ou axiomes du mouvement, déduit la gravitation universelle et ses nombreux théorèmes, et redescend ensuite vers le détail des phénomènes (comme le mouvement de la lune, les marées, le pendule, etc.) qui se prête alors à une détermination *a prio-*

ri. Il revient aux physiciens et aux astronomes de vérifier ces théorèmes, mais les preuves tirées de l'expérience ne suffiront jamais par elles-mêmes à légitimer *complètement* les distinctions initiales, qui sont posées en droit. Ainsi, dans la physique newtonienne, pour établir l'absoluité de l'accélération par rapport à un espace absolu, on bute sur la circularité qui revient à admettre qu'il existe des forces engendrant l'existence d'une accélération absolue pour des corps soumis à un certain mouvement, et ensuite on dit de cette accélération qu'elle explique la force en question[25].

Dans une interprétation récente des rapports entre philosophie transcendantale et métaphysique de la nature[26], les principes transcendantaux de Kant sont présentés comme s'ils devaient rendre compte de la possibilité de toute l'expérience, que celle-ci soit l'expérience ordinaire ou l'expérience propre à la physique mathématique. Or, dans son œuvre critique, Kant n'aurait réussi à illustrer son explication transcendantale de la possibilité de l'expérience objective que dans le seul cas de la théorie newtonienne de la gravitation. Kant suivrait d'une manière transcendantale ce qui fut le développement de la physique de Kepler à Newton. Les lois de Kepler sur le mouvement des corps célestes sont des régularités tirées de relations empiriques ou inductives, dont il s'agit de trouver la nécessité et l'universalité objectives. Newton l'a démontré en suivant la voie inverse : *si* les aires parcourues par une planète autour du soleil sont proportionnelles au temps, *alors* la planète est attirée par le soleil ; ou encore : si le rapport du carré de la période de révolution au cube de la distance moyenne est constant pour des orbites concentriques (troisième loi de Kepler), alors la force dirigée vers le centre est proportionnelle à l'inverse carré de la distance. De la même manière, Kant aurait cherché à donner aux lois de Kepler un statut plus qu'inductif : il aurait montré que ces lois « dépendent *aussi* de principes synthétiques *a priori* »[27]. Partant des descriptions empiriques de Kepler, Kant aurait ensuite expurgé toute trace d'induction dans la suite du raisonnement en utilisant la loi de gravitation comme présupposé et non comme conclusion. À partir de cette prémisse, tout le reste du projet kantien est interprété comme un effort pour étendre à d'autres objets la validité de cette prise en charge de l'induction par les principes *a priori*, de telle sorte qu'en fin de compte le pont soit réalisé avec ce qui était censé intéresser Kant depuis le début : l'expérience ordinaire des objets du monde. Les développements de la science dans les domaines de l'électricité, du magnétisme, de la chimie, de la chaleur, etc., auxquels Kant s'est fortement intéressé (comme en témoigne l'*Opus Postumum*), fourniraient le matériau qui rendrait enfin l'expérience ordinaire *complètement* objective et déterminée. L'ensemble de l'entreprise kantienne pourrait alors être décrite comme une série de poupées russes : il existerait une séquence de natures ou de mondes de plus en plus concrets, successivement nichés à partir du noyau absolu fourni par les principes de la connaissance transcendantale. Alors que Kant, lorsqu'il présentait sa révolution copernicienne en métaphysique, songeait seulement à une analogie avec Galilée et Newton, il faudrait plutôt parler de la philosophie transcendantale comme si elle suivait une voie parallèle au développement de la science exacte. De la sorte, la philosophie critique n'est effectivement jamais coupée des progrès de la physique, mais c'est précisément en ce point que son échec est révélé. Newton espérait que le mode d'explication utilisé pour percer les secrets de la gravitation trouverait un terrain favorable dans les autres phénomènes. Mais une des grandes leçons du développement de la physique au XVIIIe et XIXe siècles n'est-il pas que l'application des principes newtoniens à un large éventail de phénomènes a finalement conduit à une synthèse peu ressemblante au projet original ? (Que l'on songe par exemple au prix que la philosophie newtonienne paie pour s'acquitter des concepts de champ et d'énergie.) Kant périt donc tout de même avec Newton, mais il en sort cette fois grandi, parce que l'acuité et l'intelligence de son interprétation ne pouvaient que précipiter la chute commune.

A ce compte, concevoir les lois de la physique (newtonienne ou post-newtonienne) en termes de soi-disant concrétisations (variables historiquement, comme le dernier Kant l'aurait compris) de principes transcendantaux, cela revient à aplanir ce qui distingue le projet kantien d'un authentique projet de fondation exhaustive des sciences comme celui de Descartes. Tout se passe comme si Kant avait cherché à boucler la boucle que Newton avait commencé à parcourir, comme si, en cherchant le contact final avec l'expérience sensible, il avait voulu aller plus vite que la physique dans son travail futur de réconciliation de la pensée avec tout le matériau de l'expérience sensible. Par-delà son époque, où le souvenir des vains efforts de fondation et de compréhension totale accomplis par Descartes étaient encore frais, d'Alembert nous donne un tableau saisissant de cette situation lorsqu'il décrit les découvertes remarquables du XVIIe siècle, qui avaient procuré un enthousiasme et une extraordinaire élévation d'esprit aux scientifiques et philosophes ; mais finalement, cette « fermentation vive... agissant en tous sens par sa nature, s'est portée avec une espèce de violence sur tout ce qui s'est offert à elle, comme un fleuve qui a brisé ses digues ». C'est pourquoi il faut se défier « de cette fureur d'expliquer tout, que Descartes a introduite dans la physique, qui a accoutumé la plupart de ses sectateurs à se contenter de principes et de raisons vagues, propres à soutenir également le pour et le contre »[28]. Kant est-il le dernier épisode dans l'histoire de la fureur cartésienne ?

Kant dit que Hume l'a réveillé de son « sommeil dogmatique », c'est-à-dire de sa foi aveugle dans la métaphysique traditionnelle où le phénomène n'est pas distingué du noumène. Hume avait déjà remarqué qu'en métaphysique un type particulièrement important de connexion entre idées, savoir la connexion entre cause et effet, ne pouvait être établie avec certitude ni par simple raisonnement ni par l'observation des événements du monde qui se suivent[29]. Personne n'a jamais vu une cause agir ou un effet qui s'ensuit. Entre deux événements qui se suivent, on peut certes observer une série d'événements distincts, mais jamais aucun élément de cette série ne portera la marque de cause d'un autre qui apparaît suivre comme son effet. Mais en mettant à bas la causalité, cette notion centrale de la métaphysique, Hume montre du même coup que les notions centrales de la physique newtonienne ne peuvent jamais être absolument prouvées comme certaines ; tout ce que l'expérience enseigne, c'est que la nature semble prendre pour *habitude* de procéder selon certaines séries d'événements ; que, selon Newton, quelques-uns de ces événements soient la cause d'autres, voilà qui ne pourra jamais être prouvé expérimentalement. Avec Hume, le destin des sciences exactes est maintenant lié indissolublement à celui de la métaphysique. Kant comprend que la seule réaction possible à cette attaque, c'est de défendre la métaphysique et la science expérimentale *ensemble.*

Il exprime le changement et l'espoir qu'il apporte à la métaphysique au moyen d'une analogie avec la révolution copernicienne qui s'est produite en astronomie deux siècles plus tôt[30] : la philosophie critique accomplit en métaphysique ce que Copernic a inauguré en astronomie, savoir un changement de point de vue qui transforme le spectateur central et paisible des corps célestes en mouvement en un observateur lui-même en mouvement qui voit dans la nature l'image de sa propre agitation. Après Copernic, Kepler et Newton montreront que l'hypothèse copernicienne permet de comprendre les mouvements célestes selon une unité globale impossible dans l'astronomie ancienne, où chaque corps céleste est traité d'une manière plus ou moins indépendante du reste. Dans les termes de Kant, le nouveau point de vue est une nouvelle manière de penser : « nous ne connaissons *a priori* des choses que ce que nous y mettons nous-mêmes »[31]. Le changement de point de vue nous est imposé par la seule réponse possible à la série des trois grands problèmes qui de tout temps ont préoccupé la raison[32] : (i) Comment la mathématique pure est-elle possible ? (ii) Comment une science pure de la nature est-elle possible ? (iii) Comment la métaphysique est-elle possible ? La réponse à la dernière question dépend des réponses aux deux premières ; mais la révolution copernicienne va conduire à rassembler ces trois questions en *une* question capitale : (iv) Comment des jugements synthétiques *a priori* sont-ils possibles ? D'un côté nous avons l'exemple de la science newtonienne de la nature, issue de la révolution scientifique du XVIIe siècle, qui fournit le modèle d'une connaissance fiable sur le terrain de l'expérience ; d'un autre côté la métaphysique est affligée par l'incertitude et même l'auto-contradiction. Prises par elles-mêmes, la mathématique et la physique mathématique fonctionnent et se développent toutes seules, par la seule vertu de l'emploi correct de leur méthode. Mais du point de vue de la métaphysique, c'est justement le fait de l'existence de telles connaissances qui nous intéresse. Quand Kant pose la question des conditions de possibilité, il demande : comment se fait-il que ce qui est connu effectivement n'est pas seulement disponible comme tel, mais bien à nous et non un cadeau du ciel, c'est-à-dire « que nous soyons en état de déterminer… les conditions de son usage, son étendue et ses limites »[33] ; on voit de la sorte comment toujours chez Kant la question du sens est une question de droit. Par contre, la métaphysique en tant que connaissance acquise au moyen de l'intellect, sans le secours de l'expérience[34], n'existe pas du tout comme une science[35] : elle est forcée de prétendre à plus que ce qui lui revient de droit. Par exemple, on pourra prouver, avec des arguments égaux en valeur démonstrative, que le monde doit avoir un commencement dans le temps ou que le monde est éternel ; mais la raison s'entête obstinément à défendre une démonstration contre l'autre, parce que l'origine ou l'éternité du monde compte parmi les visées les plus hautes de la raison. De tels arguments qui survivent à leur mise en échec au moyen de la contradiction, Kant les appelle des conflits antinomiques[36] : dans chaque conflit de ce genre, pour prouver une proposition, tout ce que la raison peut faire, c'est de démontrer les conséquences absurdes de la proposition inverse.

« Pure » signifie « toute connaissance qui n'est mélangée avec rien d'étranger »[37]. La mathématique et la science de la nature sont des exemples de connaissances qui sont *devenues* pures, c'est-à-dire non contaminées par la sensation (à l'époque d'un Thalès en ce qui concerne la mathématique, au moment de la révolution scientifique inaugurée par un Galilée en ce qui concerne la science de la nature). Et cependant ces connaissances ne sont pas non plus purement intellectuelles, puisqu'il revient de droit à la seule connaissance métaphysique de l'être. Si la raison doit venir à bout d'elle-même, il faut poser l'existence d'une faculté qui *n'est pas encore pure*, mais qui doit le devenir grâce à la critique. En d'autres termes, l'existence des sciences exactes depuis le XVIIe siècle nous indique qu'il doit exister une faculté capable de produire une connaissance à la fois pure et non intellectuelle. C'est ainsi que Kant découvre l'existence d'une seconde faculté de connaissance, à côté de la faculté intellectuelle et opposée à elle, qui relève du « pur sentir » : telle est la sensibilité pure *a priori*, qui n'existe que selon des formes. Ces formes sont l'espace et le temps ; elles s'opposent à la matière, c'est-à-dire à ce qui, dans le phénomène qui apparaît *(Erscheinung)*, correspond à la sensation que nous en avons. L'espace et le temps comme formes pures *a priori* attestent, paradoxalement, de notre capacité à sentir les objets sans l'intermédiaire de la sensation. La première partie de la *Critique*, l'Esthétique Transcendantale, examine cette faculté pour son propre compte : bien que pures, ces formes ne relèvent d'aucune logique. Pour ce qui concerne l'épistémologie, toute théorie fondée sur une faculté unique et originaire est donc écartée. Les formes de la sensibilité sont comme des lunettes inamovibles qui filtrent le contenu des sensations, mais il serait absurde de demander ce qui se passerait si, par impossible, ces lunettes étaient retirées. Des choses en dehors de nous, nous ne pourrons donc connaître quelque chose *a priori* que dans la mesure où elles sont des phénomènes. Quant à ce que les choses sont en elles-mêmes (en tant que noumènes), il est impossible de le savoir parce que ces choses ne font pas du tout partie du donné originaire fourni par les formes de la sensibilité : ce sont des objets de pure pensée. Parce qu'ils constituent le donné originaire de toute perception et de toute connaissance, l'espace et le temps de l'Esthétique Transcendantale sont des intuitions d'un genre très particulier. J'intuitionne un objet particulier X, je conceptualise un X en général. Cet X est intuitionné dans la mesure où je viens à sa rencontre, mais pour ce qui est de connaître l'être de cet X, le fait de l'intuitionner ne m'apprend rien : pour y arriver, j'ai besoin du concept qui le fait entrer sous une forme universelle déterminée, soit la quantité, ou la qualité, etc. La découverte de Kant dans l'Esthétique Transcendantale, c'est que, contrairement à tout autre objet, le mode d'intuitionner l'espace et le temps nous renseigne *aussi* sur leur être : aucun concept d'espace ou de temps ne rendra jamais compte de leur universalité.

Si la sensibilité possède déjà par elle-même un contenu pur (l'espace et le temps), les concepts propres à la pensée pure (les *catégories*) ne seront que des formes vides ; une pensée déterminée ne peut donc se passer du secours de la sensibilité pure pour lui fournir un matériau quelconque (une intuition empirique filtrée par l'espace et le temps), et c'est ce qui la limite précisément aux phénomènes. S'il existe un critère de la certitude, celui-ci sera donc assuré par le caractère pur de la connaissance. Tout ce qui nous est donné par la seule expérience sensible ne peut être garanti ; de la collection de faits donnés dans cette expérience on ne peut tirer aucune conclusion universelle et nécessaire. Mais si une science expérimentale, aussi élémentaire soit-elle, doit être certaine, alors la *source* de cette connaissance vient de nous avant même que l'expérience ne commence : il s'agit de la connaissance a priori[38]. On va alors comprendre pourquoi les questions traditionnelles de la métaphysique convergent toutes vers cette question suprême : comment des jugements à la fois synthétiques et *a priori* sont-ils possibles ?

Il *existe* des jugements *a priori*, c'est-à-dire des jugements qui procèdent de nos seules facultés de connaissance. Ces jugements sont soit analytiques soit synthétiques. Dans un jugement analytique, le prédicat d'un sujet ne fait qu'expliciter ce qui est déjà pensé dans sa notion. Dans un jugement synthétique, un sujet et un prédicat sont combinés alors même que le prédicat tombe en dehors de l'extension du sujet ; le jugement synthétique ajoute au concept d'une chose ce qui n'y est pas contenu. Avant Kant, particulièrement chez Leibniz, le jugement analytique était considéré *a priori* et le jugement synthétique ne pouvait être qu'a posteriori, puisque le lien entre le sujet et le prédicat devait être fourni par l'expérience. Kant affirme qu'il existe des jugements à la fois synthétiques et *a priori*. Un exemple est fourni par la mathématique : quand je dessine une figure géométrique sur le tableau, le concept de cette figure est construit dans l'intuition pure, mais le concept « sort » pour ainsi dire de lui-même (c'est ce que Kant désigne par *a priori*) sans que pour le dessiner je doive m'appuyer sur des données sensibles extérieures à lui ; la *genèse* des concepts mathématiques est donc une activité synthétique qui extériorise la règle *a priori* présente à l'esprit, tandis que le caractère opératoire des concepts déjà disponibles se laisse expliquer analytiquement. Qu'est-ce qui distingue alors une connaissance mathématique d'une connaissance transcendantale, en quoi le jugement synthétique *a priori* au sens transcendantal diffère-t-il de la mathématique ? Kant désigne la sortie du concept hors de soi dans l'intuition pure comme construction de ce concept ; ce qui en mathématique relève de l'évidence (comme les axiomes) se traduit par le fait que ce mouvement ne prend aucun temps, il se produit immédiatement : la main qui trace la figure fait une avec la pensée qui la produit. La vérité mathématique, bien qu'elle puisse être multiple, est aveuglante et sans contredit. Par contre, dans un jugement synthétique a priori au sens d'une connaissance transcendantale, la sortie du concept hors de soi ne crée pas en même temps son divers sensible ; bien qu'extérieur à la pensée, celui-ci ne peut faire sens qu'au moyen d'une « troisième connaissance médiatisante » : cette connaissance qui est pure médiation est « la détermination de temps dans l'expérience »[39]. La connaissance par concept, bien qu'*a priori*, réclame son déploiement dans le temps. Kant montre dans la « Déduction transcendantale des catégories » que des jugements synthétiques et a priori sont possibles, parce qu'en eux le lien entre le sujet (catégorie) et le prédicat (objet d'une expérience possible) est assuré par les formes de la sensibilité, qui sont elles-mêmes pures et a priori. Le résultat de la déduction, c'est que les conditions de l'expérience sont identiques aux conditions des objets de l'expérience, parce que les premières sont les catégories qui ne sont rien d'autre que des règles associant *a priori* certains objets à des concepts eux-mêmes *a priori*. Reste alors à comprendre l'unité d'une connaissance dont l'origine est double – la spontanéité de l'entendement à l'œuvre dans un monde d'objets déjà là. L'activité de l'esprit qui donne une forme à l'intuition empirique est *séparée* des composantes matérielles de l'objet[40]. C'est pourquoi Kant attribue au *schématisme* de l'entendement la fonction d'expliquer l'unité d'un savoir qui est à la fois passivement reçu et produit de l'intellect ; à chaque catégorie correspond un schème, produit par la faculté de l'imagination, qui permet au concept d'accueillir une intuition sensible. Finalement, si l'entendement est la faculté des règles, la *faculté de juger* doit permettre de « discerner si quelque chose rentre ou non sous une règle donnée »[41]. Kant veut prouver que la philosophie transcendantale procure non seulement la condition générale des règles (donnée par les catégories) mais aussi, et également *a priori*, le cas où la règle doit être appliquée. Tels sont les principes de l'entendement pur, qui résultent des combinaisons de catégories, ce qui explique qu'ils restent sur le terrain de l'*a priori* tout en servant de fondement à toutes les autres connaissances. Parmi ces principes on trouve justement la causalité (la deuxième des Analogies de l'Expérience).

Or, si les lois de la physique expérimentale étaient des instances de principes transcendantaux, on se méprendrait sur le sens de la pureté des principes transcendantaux s'ils étaient une *addition* aux régularités empiriques avec lesquelles soi-disant la science commence. Faut-il vraiment que ces régularités soient converties en expérience vraie (les *Prolégomènes* parlent d'une conversion du jugement de perception en jugement d'expérience) au moyen d'une subsomption sous des lois physiques comme la causalité ? L'exemple très important des Analogies de l'Expérience va nous mettre sur la voie d'une interprétation adéquate. Dira-t-on qu'elles ont une fonction minimale qui consiste à garantir un ordre temporel objectif pour des événements contingents de l'expérience courante, ou bien défendra-t-on l'idée qu'elles fondent à la fois l'existence et la nécessité de lois empiriques, celles-ci étant équivalentes aux trois lois du mouvement chez Newton ? Dans la deuxième hypothèse, garantir que la nature est régie par des lois empiriques particulières revient à trouver des exemples de telles lois[42]. Seuls des *types* d'événements pourraient alors se suivre universellement, de sorte qu'il n'y aurait même pas à parler d'événements singuliers en tant que tels. Toutefois, dans la Deuxième Analogie, notre expérience de la causalité est reliée à une règle de causalité dans la mesure où celle-ci nous apprend que « dans l'état précédent quelque chose est supposé »[43] ; la règle ne s'occupe pas du tout de prédiction ou d'anticipation de types d'événements, mais seulement de déterminer dans un événement particulier ce qui relève de la présupposition par rapport à ce qui a déjà eu lieu. Toute connaissance transcendantale est médiatisante entre le sujet et l'objet dans la mesure où elle dévoile *l'expérience possible* qui s'immisce entre une chose et une autre. Quand la cire fond au soleil, ma connaissance *a priori* de la cause à l'effet est une *reconnaissance* du fait que cette expérience est possible[44] ; venant après l'expérience, elle a le temps de déployer ce qui dans ma relation au phénomène vient de mon propre esprit (donc *a priori*). Quant à identifier l'événement particulier dans ses déterminations empiriques, aucune règle *a priori* ne permettra jamais d'y arriver ; bien qu'étant une détermination du sens interne, le jugement synthétique *a priori* ne fera jamais connaître d'une *manière déterminée* la cause par l'effet ou l'effet par la cause ; tout au plus pourra-t-on invoquer des lois causales empiriques qui n'auront jamais d'universalité vraie ou rigoureuse, mais seulement une universalité « supposée ou comparative »[45], de sorte que pour des lois empiriques on peut bien dire que ce qui est lié avec quelque perception n'est pas nécessairement « immédiatement perçu »[46]. Le but de la Deuxième Analogie n'est donc pas d'assurer l'induction qui va de la connexion des perceptions à la loi *a priori* de causalité ; la règle n'est même pas mise en doute. La connexion des perceptions est une expérience dont la validité est déjà assurée par la déduction de la catégorie de causalité ; mais en outre il faut montrer quelle expérience la conscience fait de cette généralité à l'occasion de la succession des perceptions.

La spécification des principes transcendantaux ne signifie jamais un passage de l'abstrait au concret : il ne s'agit pas de rétrécir notre champ de vision donné *a priori*, comme si pour comprendre une loi de l'entendement des entités non recouvertes par cette loi devaient être petit à petit écartées. Spécifier c'est déterminer, mais d'une manière qui ne comporte pas nécessairement une limitation du champ des objets, car la détermination de temps n'ira jamais aussi loin que la détermination d'un objet par l'autre. Si le réel était une addition au possible, si le nombre du possible était plus grand que celui du réel, « ce qui devrait y être ajouté serait impossible »[47].

Kant prouve l'existence de concepts purs et *a priori* dans toute connaissance humaine, *complètement* indépendants de toute expérience, au moyen d'une analogie avec la question de *droit*. La référence au droit pousse bien au-delà de l'analogie avec la mathématique et la physique mathématique, qui avait servi d'abord à justifier l'existence d'une faculté du « pur sentir ». La déduction de tels concepts ne vise pas à transformer les phénomènes pour les rendre lisibles (comme si le but de la déduction était, selon l'interprétation courante, de transformer les phénomènes perçus en objets scientifiques) mais à suppléer la prétention des phénomènes à dévoiler le principe de leur possibilité – et donc à légitimer cette prétention – là où le simple amalgame des perceptions singulières n'est pas suffisamment articulé ou articulable[48]. Des perceptions singulières aux concepts généraux d'objets valables pour toute expérience, il y a des « trous » dont seuls des concepts pleinement indépendants de l'expérience (les catégories) peuvent s'accommoder parce qu'ils posent des normes à l'avance, et non pas rétrospectivement comme une récapitulation de tous les traits de l'expérience. Mais pas plus qu'une totalité de l'expérience ne peut être donnée dans l'expérience, une catégorie ne remplit les vides de la perception. Une règle générale empruntée à l'expérience nous permet certes de prévoir *a priori* des événements avant même qu'ils se produisent ; par exemple, je sais par expérience que tous les corps sont pesants, et je sais donc d'avance qu'une maison va s'écrouler si ses fondements sont sapés[49]. L'anticipation n'est pas entièrement *a priori* dans la mesure où elle est partie d'une connaissance par expérience. Par contre, un concept *a priori* et *pur* est absolument et entièrement originaire, en ce sens que grâce à lui « on peut dire davantage... que ce qu'enseignerait la simple expérience »[50]. Davantage indique une inversion : au lieu de monter de l'expérience vers l'*a priori* pour ensuite obtenir une vue *a priori* sur l'expérience qui reste à parcourir, la catégorie part de l'*a priori* que l'entendement trouve en lui-même, de sorte qu'elle donne une vue *a priori* sur l'expérience en général, en son universalité et sa nécessité, qui couvre aussi bien l'expérience déjà parcourue que celle qui va venir. Afin de prévenir un malentendu, Kant a d'ailleurs lui-même pris la peine de radicaliser sa notion de connaissance pure dans un ouvrage légèrement postérieur à la première édition de la *Critique de la Raison Pure*[51]. Contrairement à ce que laissait entendre la formulation originale, « pure » ne désigne pas une connaissance où rien d'empirique n'est mélangé, mais plutôt où rien ne *dépend* de l'empirique.

Universalité et nécessité, bien qu'en apparence simplement ajoutées à l'empirie par où toute connaissance commence selon l'ordre du temps[52], impliquent en fait un bouleversement de cet ordre. Certes toute connaissance commence avec l'expérience, dans l'ordre du temps qui va paisiblement du passé au futur. Ce que la faculté *a priori* de connaissance ajoute à l'expérience paisible est-il encore de l'ordre du temps ? La réponse à cette question apparaît d'autant mieux que la connaissance transcendantale est ramenée au plus près de la connaissance mathématique. Ainsi, dans le cas de la causalité, le temps qui sépare la causalité de la cause de son effet peut être quasi immédiat, cause et effet peuvent même se présenter simultanément dans l'expérience. Il n'est reste pas moins que la relation entre cause et effet est toujours une détermination de temps, qui dévoile une expérience possible. Ainsi je fais l'expérience d'un coussin qui, étant moelleux, reçoit un léger creux de la part d'une boule placée en son milieu. Qu'est-ce qu'une connaissance de la relation de cause à effet dans ce cas ? Kant explique que si je pose moi-même la boule sur le coussin, alors je verrai immanquablement que la forme incurvée du coussin succède à cette opération[53]. Connaître *a priori* consiste à défaire ce qui est fait devant nous, c'est-à-dire à « dé-construire » le donné afin de le rendre intelligible. Il ne s'agit certes pas de répondre à une sorte d'impératif qui nous ferait immanquablement entreprendre cette opération en réalité, car alors la validité objective des catégories dépendrait encore de leur vérification empirique. S'il arrivait que le coussin a un petit creux par lui-même (« je ne sais d'où », écrit Kant), alors la présence d'une boule ne s'ensuivrait pas ; l'activité mathématique de construction, par contre, crée spontanément son propre objet dans l'intuition pure. Le temps de l'imagination transcendantale, qui dé-construit son objet, n'est pas aussi aveugle que peut l'être la spontanéité de l'imagination mathématique. C'est pourquoi la philosophie transcendantale renouvelle complètement la notion même de jugement. Kant trouve insuffisante la définition classique du jugement comme représentation de la relation entre deux concepts. Non pas qu'elle soit fausse : elle relève seulement de la logique générale (formelle), et n'appartient pas à la logique transcendantale. Du point de vue de cette dernière, le jugement est la relation elle-même, non sa représentation : « un jugement n'est rien d'autre que la manière d'amener des connaissances données à l'unité objective de l'aperception »[54] ; les connaissances données sont les concepts et les intuitions, mais le jugement ne consiste pas simplement à les relier, mais aussi dans la relation proprement dite, puisque l'aperception (le « je pense ») n'est pas lui-même représenté ou représentable. Considérons le jugement empirique : « les corps sont pesants ». Si l'on pouvait se fier seulement aux lois empiriques de l'association dans l'expérience, on pourrait seulement conclure que quand je porte un corps, je *sens* une pression de la pesanteur ; cette conclusion n'est jamais indifférente à l'état intime et purement subjectif du sujet, alors que dans une situation comme celle de la boule au milieu du coussin, je suis plutôt convoqué à entreprendre une action et la *faire*. En ce faire le concept sort de soi (activité synthétique) pour ne laisser derrière lui de l'état subjectif du sujet que l'indice d'une règle qui est celle de tout sujet capable de faire (cette règle est *a priori*). Nous sommes ici au cœur du renversement copernicien en métaphysique : à la mise en mouvement de la terre dans le système des astres, correspond la mise en action de la possibilité nouvelle de manipuler le monde à portée de main. De même que nous ne sentons pas le mouvement de la terre, ce mouvement introduit dans le système des astres une relation objective qui nous fait oublier le besoin de sentir ce mouvement, de le vérifier directement au moyen d'un quelconque état in-time du sujet (comme la sensation du vent ou de la force centrifuge qui, selon les premiers critiques de l'hypothèse héliocentrique, devait se faire sentir violemment à la surface de la terre).

Adossée à l'expérience, la catégorie en modifie complètement la manière dont elle est reçue (avant même d'être pensée). Alors que la règle générale empruntée à l'expérience nous place dans une position d'attente dont on sait insidieusement qu'elle sera toujours en fait satisfaite (l'association fréquente de ce qui suit avec ce qui précède), la catégorie anticipe sans qu'il soit même question d'attendre ; elle s'intéresse à ce qui précède ou suit dans un temps qui n'est plus le simple cours ordinaire des choses où l'on s'attend à ce que tout soit pourvu de sens (grâce à la conscience concrète au sens de Cavaillès). Il ne s'agit pas de soustraire l'impur (comme si le donné originaire qu'est le pur *a priori* relevait aussi d'une opération originaire), mais de partir d'une totalité de l'expérience (donnée *a priori* par les formes de la sensibilité) pour y ajouter une autre perspective sur son déroulement. Cette autre perspective est fournie par la catégorie, qui définit donc le prototype d'une expérience en pensée de l'objet, qui cependant n'est pas simplement idéale parce qu'elle reste dépendante des formes pures de la sensibilité. Appelons *phénomène pur* l'objet en question, qui ne relève ni simplement de l'idéalité scientifique ni simplement de l'expérience ordinaire. Un exemple de phénomène pur est l'événement qui dévoile sur le mode de la causalité la possibilité de ce qui a déjà eu lieu. Cette notion de phénomène va recouvrir le sens de l'expression souvent utilisée par Kant : « objet d'une expérience possible ». Par expérience possible au sens fondamental de phénomène pur, il ne faut pas comprendre une sorte de matrice idéale où une connaissance d'un genre déterminé (mathématique, physique ou même empirique) prendrait place à titre de réalité objective. En effet, un objet en général n'est pas un objet donné quelconque, puisqu'il exclut « des objets *qui seraient donnés* »[55]. Les catégories de l'entendement se rapportent de façon générale aux objets indépendamment de toutes les conditions de la sensibilité[56], et c'est pourquoi elles définissent un objet en général qui ne se rencontre nulle part dans l'intuition empirique ; par objet en général, Kant ne désigne donc pas une chose à laquelle on peut substituer en principe n'importe quel objet qui tombe sous une règle donnée. De la même façon, lorsque Kant dit que les catégories nous permettent seulement de connaître la nature en général, il ne veut pas dire que n'importe quelle nature est signifiée par là[57]. Par «phénomène pur», nous allons tenter de cerner ce que Kant désigne dans l'*a priori* par « une dignité que l'on ne peut pas du tout exprimer empiriquement »[58].

La *Critique* ne s'intéresse pas à la question de savoir si une chose est possible (car il suffirait alors de la percevoir pour s'assurer de sa réalité objective), mais plutôt de savoir comment une chose est possible. Or, s'il s'agissait de la chose dans l'expérience ordinaire, on aurait à faire face à une série en principe indéfinie de conditions : comment le mouvement de cette chose est-il possible, comment cette chose comme corps matériel est-elle possible, etc. ; *tous* les prédicats qui séparent l'esprit de la chose devraient pouvoir être spécifiés pour répondre à la question du comment dans la possibilité. D'un autre côté, si l'on voulait restreindre la série indéfinie des conditions à quelques types particuliers, la question de leur nécessité se poserait toujours. Une possibilité complète à tous égards est identique à l'existence actuelle d'une chose[59], mais une telle détermination complète doit pour nous rester une simple idée de la raison[60]. Mais on peut aller en sens inverse : partant d'un concept, peut-il y avoir des objets de ce concept ? Afin d'arriver à un nombre déterminable de conditions (une détermination complète dans les limites de l'expérience possible), il faut donc d'abord transformer la notion même d'objet. C'est à préparer cette transformation que sert le « phénomène pur ». Comment caractériser son rapport à la science ?

Depuis la révolution scientifique du XVIIe siècle, la physique mathématique ne s'intéresse-t-elle pas aussi à un mode d'expérience qui ne recouvre pas (ou plus) l'expérience ordinaire ? Ne pose-t-elle pas des objets qui ne sont pas toujours donnés dans l'expérience, ou qui même n'existent pas ? Les principes de l'entendement pur, nous l'avons vu, sont des jugements qui résultent de la combinaison de catégories, et qui restent donc sur le terrain de l'*a priori* pleinement indépendant de l'expérience. S'agissant de la physique proprement dite, le recouvrement des principes de la connaissance transcendantale et des principes de la physique newtonienne semble être pratiquement absolu dans le cas du groupe des trois principes de l'entendement pur qui correspondent au groupe des trois catégories de relation : les Analogies de l'Expérience. Dans les *Premiers Principes Métaphysiques de la Science de la Nature,* Kant va jusqu'à spécifier lui-même l'indéniable similarité de la Mécanique, qui est justement le principe métaphysique de la physique pure qui correspond à la catégorie de relation, avec les principes de l'entendement pur correspondants[61]. La permanence de la substance (Première Analogie) semble correspondre au principe newtonien de la conservation de la masse et de la quantité de matière, comme si la conservation était une instantiation de la variable « substance » ; la loi de liaison de la cause et de l'effet dans tous les changements (Deuxième Analogie) semble correspondre au principe d'inertie d'après lequel tout changement dans l'état de la matière a une cause externe ; enfin, l'action réciproque universelle entre toutes les substances simultanées dans l'espace (Troisième Analogie) semble correspondre au principe newtonien de l'égalité entre l'action et la réaction dans toute communication du mouvement. Devra-t-on conclure que les trois lois de la physique en question sont autant d'instances ou concrétisations des principes transcendantaux de la substance, de la causalité et de la communauté, comme si les lois newtoniennes résultaient d'une substitution du concept empirique de la matière en mouvement à la catégorie en jeu dans le principe transcendantal correspondant ? À partir du modèle fourni par la relation, pourra-t-on aller plus loin, et dire que la correspondance est parfaite entre l'ensemble des principes transcendantaux et l'ensemble des propositions fondamentales de la physique newtonienne ? Est-ce bien de cette façon que Kant vise à « légitimer » une fois pour toutes la physique newtonienne, cherchant à recouvrir les hypothèses de la physique avec les conditions de la conscience en général ?

Passant à la métaphysique de la nature, il est apparemment question d'empiètement de l'*a priori* sur l'empirique ;

ici, ce qu'il y a de pur dans la connaissance semble dangereusement dépendre de l'empirique. Le problème est bien résumé par Cavaillès[62] : de la « partie pure et nécessaire d'une science » on déduira « son développement par l'adjonction de principes empiriques ». Mais dans la réalisation du programme, les éléments *a priori* et empiriques « s'enchevêtrent de façon inextricable ». Kant utilise des notions comme celles de vitesse et de force. De quel ordre relèvent-elles ? « S'agit-il d'un processus d'abstraction incomplète : on ne voit pas la borne qui l'oblige à s'arrêter, sinon la considération extra-scientifique d'un univers physique, ni par suite l'autorité qui peut en résulter… il faudrait que, dans la synthèse qui engendre ces notions, se trouvent déjà réunis tous les éléments empiriques à venir ». L'*Übergang* se trouverait donc acculé à cette conséquence fâcheuse : « Une expérience particulière ou n'offre aucun intérêt ou renverse l'édifice ». Cela ne nous avancera pas de dire qu'ici, contrairement à la métaphysique générale dont il est question dans la *Critique*, Kant doit bien s'accommoder d'une connaissance hybride, comme la loi de gravitation qui combinerait des lois *a priori* de l'entendement et de la sensibilité aux données a posteriori de l'expérience[63]. En effet, ce caractère hybride est présent partout et depuis le début : la *Critique* ne s'ouvre-t-elle pas sur cette affirmation hors de doute, « que toute notre connaissance commence avec l'expérience ». Inversement, « ce que l'entendement tire de lui-même, sans l'emprunter à l'expérience, n'a pourtant d'autre destination que le seul usage de l'expérience »[64]. Cette destination des principes purs, Kant l'appelle « le pur schème pour l'expérience possible ». Par conséquent, toute la question du passage de l'*a priori* à l'empirique relève de la destinée du schématisme lorsque l'entendement continue à tirer de lui ce qui est nécessaire pour la physique. Du reste, une note tardive de Kant montre que le passage du métaphysique à l'empirique reste à penser ; l'objet des *Premiers Principes* n'est pas (en-core) d'accomplir cette tâche[65]. Ainsi, la causalité est certes une catégorie, en ce sens qu'elle nous apprend que dans une succession d'événements il faut toujours faire l'expérience d'une cause qui précède à titre de possibilité. Mais en ce qui concerne la *possibilité* même de la cause, l'entendement ne nous donne *a priori* aucune vue « car cette saisie nous manque dans la plupart des connaissances *a priori* »[66]. Or, c'est la *physique* qui « est bâtie sur certaines expériences fondamentales »[67], comme par exemple le principe d'inertie qui stipule le comportement d'un corps matériel dans l'espace complètement vide. On peut présumer qu'elles sont fondamentales, non pas seulement parce qu'elles relèvent de certaines caractéristiques empiriques particulièrement importantes et significatives, mais aussi et surtout parce qu'elles vont s'avancer dans le territoire de la possibilité même des catégories. Il est donc incorrect de dire que les *Premiers Principes* se restreignent à certaines parmi toutes les conditions (en principe infinies) qui séparent l'esprit de la chose ; s'il en allait ainsi, on ne pourrait que s'étonner de l'arbitraire qui pousse Kant à choisir la notion de mobile en général au détriment d'autres conditions comme la force. Les *Premiers Principes* visent à montrer que, tout en creusant dans le domaine empirique, il est possible de penser plus avant le « phénomène pur » ; l'addition de l'empirique n'est qu'un prétexte à un nouveau point de départ pour une reprise de toute la philosophie transcendantale.

Un passage capital des *Prolégomènes* va nous mettre sur la voie d'une compréhension adéquate de ce nouveau point de départ. Après avoir déduit les conditions transcendantales de possibilité de la mathématique pure et de la physique pure, Kant justifie le passage aux conditions de possibilité de la métaphysique dans les termes suivants :

> « La mathématique et la science pure de la nature n'auraient pas eu besoin, en vue de leur *propre sûreté et certitude*, d'une déduction comme celle que nous avons jusqu'ici réalisée pour l'une et

pour l'autre ; car la première s'appuie sur sa propre évidence, tandis que la seconde, quoique issue des sources pures de l'entendement, s'appuie cependant sur l'expérience et sur la confirmation que celle-ci lui fournit constamment ; elle ne peut renoncer complètement à son témoignage et s'en passer, parce que, malgré toute sa certitude, elle ne peut jamais, en tant que philosophie, égaler la mathématique. Ces deux sciences n'avaient donc pas besoin de cette recherche pour elles-mêmes, mais pour une autre science, à savoir la métaphysique »[68].

Défendre la métaphysique et la science expérimentale ensemble, cela n'entraîne pas que ces deux domaines perdent leur autonomie en sorte que principe transcendantaux et principes de la science se chevauchent aussi parfaitement que possible[69]. Kant montre ici que dans la science moderne rien n'est justifiable d'une manière absolue, la science n'est pas (ou plus) la connaissance des premiers principes. « Légitimer » la science à la manière kantienne, cela implique que nous partions de quelque chose d'injustifiable. Réduire Kant au dernier épisode d'une histoire de la fureur cartésienne à tout expliquer, c'est donc ne pas voir que, dans sa partie théorique, le projet critique ne s'intéresse aux phénomènes donnés dans l'expérience *que comme un tremplin* vers « ce qui a bien plus de portée », savoir les « connaissances [qui] quittent même le champ de toutes les expériences possibles… vont au-delà du monde sensible, où l'expérience ne peut donner *aucun* fil conducteur, ni aucune rectification »[70]. Or, « la science dont la visée finale… est proprement dirigée vers la seule solution de ces problèmes s'appelle la *métaphysique* »[71], dont l'objet est l'extension de la connaissance par la seule raison, sans recours à l'expérience. L'expérience ordinaire est pour ainsi dire suspendue aux desseins de la raison qui n'écoute qu'elle-même. Si donc il arrive que cette expérience est éclairée en sa possibilité et pour son propre compte, ce n'est jamais que pour servir de repoussoir aux prétentions métaphysiques de la raison. Il faut laisser aux empiristes (comme Locke) le soin de comprendre la connaissance à partir de ses premiers efforts dans le monde de l'expérience ordinaire, et sans jamais quitter ce monde ; la *Critique* laisse cette question de fait de côté[72]. Car l'expérience ne donne pas plus de fil conducteur dans le champ de l'expérience possible qu'au-delà de ce champ ; dans l'expérience possible, le fil conducteur est fourni par les catégories, parce qu'il est le seul qui « peut découvrir et faire remarquer chaque lacune de l'entendement »[73] (tant dans les concepts que dans les principes) ; les lacunes subsisteraient sans même être aperçues si l'on persistait à faire coller l'entendement pur et l'expérience ordinaire l'une à l'autre, même si pour arriver à l'accord final il fallait passer par l'immense détour de la physique mathématique.

Pour en mesurer la portée, le passage à la métaphysique implique que nous prenions une vue d'ensemble sur l'œuvre critique. La connaissance transcendantale ne se fie à aucun prototype d'une première expérience effectivement donnée que l'on suivrait comme modèle ; en particulier, elle ne se rapporte aux sciences exactes que par analogie. Un fondement au sens de la critique sera donc aussi une vérité transcendantale, et non pas simplement une construction hypothétique, de la même façon que Copernic pensait avoir trouvé le moyen de construire les mouvements célestes pour en comprendre la nature vraie, contrairement à Ptolémée qui considérait la construction comme un auxiliaire de la pensée, sans rapport *a priori* à la réalité du cosmos. Mais lorsque, sous l'injonction de la raison, il veut dépasser les limites de l'expérience possible et entrer dans le domaine traditionnellement réservé à la métaphysique, l'entendement peut-il faire autre chose que s'appuyer sur lui-même comme s'il était *aussi son propre auxiliaire*, et pas seulement le *fondement* des objets de la connaissance en leur possibilité ? Même si dans l'histoire rien n'atteste de l'existence de la métaphysique comme science, il reste que l'activité métaphysique n'a jamais cessé, il y a toujours eu des tentatives pour résoudre définitivement des problèmes qui relèvent d'objets au-delà de l'expérience possible : le monde est-il créé ou éternel ? notre âme survit-elle à la mort du corps ? la liberté n'est-elle pas qu'une illusion ? Dieu existe-t-il ? La métaphysique est tout de même un fait dans la mesure où elle est une « disposition naturelle »[74] des hommes, elle reflète un désir irrépressible de poser un pied ferme sur le terrain au-delà des limites de l'expérience. Kant montre dans la Dialectique Transcendantale que lorsqu'elle dépasse les limites de l'expérience sensible du monde, la connaissance pure *a priori*, au lieu de se dissoudre et de tourner pour ainsi dire à vide, s'auto-dépasse et se mue en connaissance illusoire (dialectique), tout aussi universelle et nécessaire (et donc inévitable) que la connaissance d'objets d'expérience possible. Se servant de l'entendement à la fois comme fondement et auxiliaire de lui-même, une Idée de la raison est une catégorie dont l'usage n'est plus empirique mais transcendantal. Partant de la connaissance transcendantale comme détermination de temps selon l'entendement dans son usage empirique, la raison, faisant fi des limites de l'expérience possible, cherche à étendre le pouvoir de cette détermination jusqu'à la détermination de l'objet. Un exemple d'illusion transcendantale a déjà été évoqué : l'antinomie du monde créé et du monde éternel ; ces deux objets sont des objets de pure pensée, des noumènes, auxquels notre raison ne peut cependant s'empêcher de se rapporter comme s'ils étaient aussi des phénomènes. La psychologie, la cosmologie et la théologie rationnelles correspondent aux trois Idées de la raison (l'âme, le monde, Dieu) dont les objets sont autant d'illusions, illusions dont on peut prendre conscience en jouant de l'impossibilité d'une intuition intellectuelle contre la métaphysique dogmatique. Mais comme le désir de métaphysique survit à son échec, cette prise de conscience ne contribuera cependant pas à éliminer les illusions une fois pour toutes.

Des noumènes, nous savons seulement qu'ils sont, non ce qu'ils sont[75]. Entrant dans le chemin de la pure spéculation, la raison trouve que les objets inconditionnés qu'elle vise fuient devant elle ; le terrain suprasensible n'existe même pas comme terrain solide dont les objets ne peuvent être atteints, mais comme sol qui s'effondre sous nos pas. Toutefois, ajoute Kant, « on peut espérer pour elle un plus heureux succès sur la seule voie qui lui reste encore, celle de l'usage *pratique* »[76]. La raison pratique va occuper l'espace en ruine (le monde nouménal) abandonné par la raison théorique. La philosophie pratique concerne la volonté et ses actions. Apparemment, une fois passé le cap des illusions suprasensibles, il semble qu'on retombe sur une visée finale, une expérience à venir qui paraît à nouveau nous placer dans une attente en un sens plus proche du sens courant. De fait, Kant ne s'intéresse directement à un éclaircissement de l'expérience ordinaire que dans le cas de l'éthique. Le but d'une philosophie pratique est de démontrer la raison humaine commune en sa source, de remonter à son principe *a priori* (une volonté bonne) afin de la justifier en rendant la raison présente à elle-même, parce que prise en soi cette raison commune sait déjà ce qu'il y a lieu de faire « pour être honnête et bon, et même sage et vertueux »[77]. Le commun des mortels sait fort bien faire la distinction entre le bien et le mal ; la philosophie pratique vise seulement à rendre explicite une loi connue au moyen du sens ordinaire, et elle la protège également contre une « dialectique naturelle »[78] qui nous pousse à chicaner contre les règles strictes du devoir, lorsque nous essayons de nous convaincre que la moralité n'est après tout qu'une chimère. Kant a besoin de *Fondements* pour une prochaine métaphysique des mœurs, et il ne commence pas immédiatement avec une *Critique* de la raison pratique qui pourrait faire office de fondement, précisément parce qu'après avoir quitté le champ de la raison théorique, l'expérience ordinaire est un problème absolument nouveau.

Au contraire d'une règle théorique qui est déterminée par la constitution de son objet, une règle pratique concerne seulement la volonté, avant de se demander s'il est en son pouvoir de réaliser ce qu'elle vise, donc sans considération pour ce que la causalité de cette volonté accomplit effectivement[79]. Ici seulement on procédera donc par élimination de l'impur afin d'arriver aux lois pratiques pures, car le cadre général du sens est fourni par la distinction communément admise du bien et du mal. La critique de la raison (pure) pratique devra s'efforcer à la tâche grandiose de faire le raccord entre les deux conceptions différentes de la raison qu'impose la dissymétrie entre théorie et pratique, de sorte qu'on arrive finalement à « l'unité de la raison pratique avec la raison spéculative dans un principe commun »[80]. Mais si la raison commune ne donne qu'un sens négatif à la liberté (une relative indépendance vis-à-vis des conditions matérielles de l'existence), il faudra encore en extraire un sens positif, qui n'est plus lié du tout à un concept de l'expérience. Du fait de ma volonté libre, je puis dire des actions vertueuses qu'elles auraient dû être, même si elles n'ont pas eu lieu, et même si toute l'histoire passée et future ne montrait jamais une seule action authentiquement libre ; nous connaissons la liberté par défaut d'expérience. Pour une autre part d'elles-mêmes, les actions sont aussi déterminées par la nécessité naturelle des lois de la nature : ici aussi, l'expérience de cette nécessité est manquée dans le phénomène, puisqu'elle ne peut être connue qu'au moyen du concept *a priori* correspondant, qui nous en fait connaître davantage que ce qu'enseigne l'expérience (à savoir : la possibilité de l'expérience) ; nous connaissons cette nécessité par excès d'intelligibilité[81]. Le passage à la philosophie pratique, via les illusions de la métaphysique, n'a donc pas modifié cette donnée fondamentale : l'expérience à venir, anticipée par la raison, n'est toujours pas attendue au sens de l'expérience courante ; le passage a plutôt révélé les deux faces (par défaut et par excès) de cette anticipation qui n'en est pas une.

La mathématique et la physique n'échapperont pas à l'emprise de la visée métaphysique. Reste donc à éclaircir la véritable intention de Kant dans les *Premiers Principes*, que l'on s'accorde trop vite à voir comme une spécification des principes transcendantaux en termes des lois newtoniennes. La Préface des *Premiers Principes* indique un autre sens en lequel on peut continuer à parler de métaphysique comme fait ; c'est un sens plus insidieux que dans le cas de la Dialectique Transcendantale, où il est question de l'existence d'une activité métaphysique attestée par l'histoire. En effet, les philosophes de la nature (*i.e.* les physiciens) qui ont voulu procéder mathématiquement ont fait usage (et continuent de le faire) de principes métaphysiques *à leur insu.* Il s'agit de porter cette métaphysique à la pleine clarté. Mais ce qui donne au projet des *Premiers Principes* une portée absolument irréductible, c'est que la délimitation des frontières d'une science va s'effectuer sur un double plan : non seulement d'après la constitution de son objet, mais aussi, et simultanément, « en fonction du but que l'on s'est proposé dans l'usage ultérieur de cette science »[82]. Ce but, dans le cas de la théorie de la matière en mouvement, ne pourra donc être confondu ni avec le triple dessein de la raison dialectique (Dieu, la liberté et l'immortalité de l'âme), ni avec la métaphysique qu'un Galilée aurait utilisée implicitement sans le savoir, en remplacement de l'ancienne métaphysique qu'il combattait[83]. Il doit exister une métaphysique de la science qui relève de la seule philosophie transcendantale.

Reprenons le texte des *Prolégomènes* où Kant s'explique sur le passage de la philosophie transcendantale à la métaphysique. On peut distinguer entre trois sens différents de certitude, imbriqués l'un en l'autre d'une manière originale. Chaque sens comporte un déplacement de sens par rapport au précédent, déplacement qui est justifié par la position critique elle-même. (i) La certitude de la mathématique et de la physique pour leur propre compte : c'est la science exacte en sa cohérence et son développement internes, telle qu'elle nous est léguée par la tradition (tout comme les systèmes de la métaphysique dogmatique) ; (ii) la nouvelle perspective sur cette certitude, telle qu'elle est inférée depuis la déduction transcendantale de la possibilité et de la connaissabilité des objets de l'expérience : c'est le niveau transcendantal ; (iii) comme l'examen de la certitude transcendantale relative aux objets de l'expérience possible pousse cette certitude bien au-delà du domaine de l'expérience possible, la tâche qui reste est de réévaluer (i) à la lumière de (ii), ce qui conduit à dégager en fait un troisième sens de certitude : c'est le niveau métaphysique, ou la réflexion en retour sur le point de départ. Cette dernière tâche est l'objet des *Premiers Principes Métaphysiques de la Science de la Nature.* A partir de ce moment, la science n'est plus un fait dont on pourrait faire usage par analogie, mais elle est réfléchie dans la visée qui la dépasse et qui pourtant la détermine pour une part inconnue encore. Il est indéniable qu'une partie au moins des objets dont la possibilité est déduite transcendantalement sont « couverts » par les propositions mathématiques des sciences de la nature. Entre la philosophie transcendantale et la physique mathématique, il ne sera question ni de fondation, ni de voie parallèle, ni même de substitution. Il s'agit plutôt de *forcer* la physique mathématique à se plier aux exigences de la visée la plus haute de toute connaissance humaine, savoir la métaphysique. Dans sa pratique courante, la science ne s'occupe pas de métaphysique, ou bien elle s'en occupe maladroitement en confondant l'idée de monde avec une autre idée de la raison, celle de Dieu. En effet, dans un geste irréfléchi, les objets idéaux dont se sert la physique (comme l'état inertiel d'un corps qui n'est soumis à aucune force) sont facilement confondus avec le domaine de l'action divine.

Kant parle bien de forcer la nature à répondre à nos questions, au lieu de se laisser guider passivement par elle. Du reste, dans la Dialectique Transcendantale de la *Critique de la Raison Pure*, Kant montre explicitement que toute la révolution copernicienne entreprise en métaphysique, inspirée par l'exemple de la physique mathématique, doit être interprétée du point de vue de la raison et ses idées, non de l'entendement et ses catégories[84]. La nature est interrogée d'après nos idées, qui ne sont pas des concepts d'objets mais bien de l'unité intégrale de tels concepts. On voit alors pourquoi le domaine de la chimie ne peut pas se constituer comme une authentique science de la nature. (Kant dira dans la Préface des *Premiers Principes* qu'elle n'est qu'un art systématique ou théorie purement expérimentale.) En effet, les actions chimiques ne sont intelligibles qu'à la lumière d'éléments purs comme la terre pure, l'air pur, etc., qui interviennent comme unités dans la construction de leurs diverses opérations ; mais la pureté parfaite de ces éléments ne peut être fournie que par la seule raison, c'est-à-dire que la chimie n'est pas capable de fournir à la raison un matériau qui puisse la *pousser* vers la métaphysique.

Il est un autre endroit où Kant parle de forcer pour comprendre. Forcer peut se dire par analogie avec l'interprétation des écritures saintes dont on veut tirer des fins morales (en vue de l'éducation)[85]. Car une exégèse littérale de la Bible est en fait au-delà des limites de la raison. Plus modestement, la raison doit ignorer le sens « en soi » du texte et, au nom des intérêts supérieurs de l'enseignement moral, laisser en suspens la question de savoir si le sens est bien celui de l'auteur ou si c'est nous qui l'y mettons. Par rapport au texte de la révélation, la lecture critique apparaîtra donc comme une manière de forcer le sens afin de surmonter l'obstacle de l'en soi incompréhensible ou de la morale pernicieuse. La physique mathématique a substitué le « livre de la nature » au livre biblique, mais le sens n'en est pas déchiffrable s'il n'est pas forcé pour servir les intérêts supérieurs de la raison.

Nous savons que la révolution scientifique du XVIIe siècle a consisté à investir la mathématique du pouvoir d'infléchir la physique à ses méthodes et principes. Les qualités secondes des objets ne sont qu'un reflet des impressions sensibles de notre propre corps, tandis que les qualités premières transcendent l'individu et se prêtent à la mathématisation. Entre la mathématique qui force la physique à parler son langage, et la raison critique qui force la nature à répondre à ses questions, on est loin d'avoir un parallèle qui justifierait une fondation de la science par la raison soi-disant maîtresse absolue du sens. Passant aux *Premiers Principes*, Kant dit bien que la métaphysique de la nature corporelle va s'occuper de la partie *pure* de la *physica generalis* (science naturelle)[86]. Or, ce qu'il y a d'authentiquement pur dans la philosophie critique a le pouvoir de placer cette philosophie dans une situation elle-même critique : tentant de se voir à l'œuvre dans son propre exercice de réflexion, elle a perdu ses repères dans le monde, elle ne sait plus où elle est, il faut donc « qu'elle trouve une position ferme sans avoir, ni dans le ciel ni sur la terre, de point d'attache ou de point d'appui »[87]. La progression qui sous-tend le mouvement des quatre parties des *Premiers Principes* constitue bien pour la nature corporelle une navigation périlleuse entre ciel et terre.

La Phoronomie (qui correspond à la catégorie de quantité) est le moment purement mathématique de la physique. On commence faire comme si la physique mathématique avait complètement réussi : qu'est-ce qui, en elle, relève de la seule mathématique ? De même Newton conclut le premier moment des *Principia*, l'exposé des Définitions, en signalant qu'il n'a voulu attribuer aucune force réelle aux centres d'attraction : il les considère seulement comme des points mathématiques[88]. À cette constatation se joint le pouvoir propre à la raison, qui pousse cette physique absolument mathématisée vers sa fin métaphysique. Sous cette double contrainte, la science pure de la nature se met à parler le langage de l'espace au détriment du temps, alors que le Scholie qui suit les définitions newtoniennes ne fait pas vraiment de différence à cet égard. Pour y arriver, Kant fait appel au Corollaire 1 qui suit l'énoncé des trois lois du mouvement (le parallélogramme des forces), ainsi que le Corollaire 5 qui énonce ce que nous appelons le principe de relativité. Ensuite, la Dynamique (moment de la qualité) fait retour sur les qualités non mathématisables des corps physiques. Mais ce ne sont plus les qualités secondes, qui ont été définitivement laissées de côté en raison de la mathématisation ; il s'agit des forces propres à la matière en mouvement, savoir les deux forces fondamentales de la nature (répulsion et attraction), dont l'intelligibilité s'apparente à des postulats de la raison au sens pratique. Une conséquence capitale de l'élimination du temps au moment précédent est qu'il devient impossible de concevoir un glissement d'une catégorie de qualité à l'autre : de la répulsion on ne peut déduire l'attraction comme si celle-ci était une répulsion prise à rebours. La Mécanique (moment de la relation) est une reprise quasi littérale des trois Analogies de l'Expérience, par où nous retombons sur le travail de l'entendement ; Kant s'y réfère à la première et à la troisième loi du mouvement chez Newton, ainsi qu'aux Corollaires 3 et 4. Enfin la Phénoménologie est une reprise subjective des trois premiers moments : une réflexion sur la matière en mouvement comme objet d'expérience en général, qui fait retour aux discussions métaphysiques de Newton sur la nature de l'espace, du temps et des forces dans le Scholie qui suit les Définitions et celui qui suit les Corollaires. De la sorte, les *Premiers Principes* constituent presque exclusivement une réflexion critique systématique sur les définitions et lois du mouvement, c'est-à-dire sur la partie des *Principia* qui précède ses trois Livres proprement dits. Mais entre la *Critique* et les *Premiers Principes,* donc à l'intérieur de l'usage théorique de la raison au sens large, il y a inversion : alors que la première procède de l'entendement à la raison (comme faculté), les seconds procèdent de la raison à l'entendement. Si donc les deux mouvements ne se neutralisent et n'en viennent à « coller » vraiment l'un à l'autre que dans la Mécanique, le point essentiel pour la philosophie critique de la nature est le suivant : quel est le statut épistémologique et métaphysique de la Phoronomie et de la Dynamique ? S'agit-il d'une exercice de « fondation transcendantale » de la physique newtonienne, comme si l'essence de cette dernière était contenue dans la seule Mécanique ? (La physique entièrement mathématique de la Phoronomie s'apparente à Descartes, celle des forces de la Dynamique à Leibniz.) Si la philosophie critique navigue entre ciel et terre, et si la science exacte ne saurait se satisfaire d'une telle précarité, faudra-t-il s'en remettre à la forme la plus achevée de cette dernière pour trouver le point d'attache ? Or, la navigation périlleuse n'est pas l'apanage de la seule raison, elle affecte aussi les qualités du monde lui-même comme on le voit dans la Dynamique, qui pose les conditions de possibilité de l'expérience en termes de deux forces fondamentales de la nature. Là aussi, comme pour la Mécanique, Kant spécifie la correspondance terme à terme entre les catégories qui tombent sous la qualité et les moments dynamiques : à la catégorie de réalité correspond la force de répulsion, à la catégorie de négation correspond la force d'attraction[89]. Mais ces moments constituent la pointe du danger, puisque la force de répulsion implique la dispersion possible du solide réel, tandis que celle d'attraction pourrait l'anéantir. Reste le troisième moment, celui de la limitation d'une force par l'autre, où les formes de l'esprit et les matières du monde vont se rencontrer de la manière la plus directe qui soit, chacune d'elles étant en danger de se perdre si le contact n'est pas établi.

Forcer la physique à regarder vers les sommets métaphysiques, cela ne veut pas dire que les premiers principes résultent d'une subsomption du concept de matière en mouvement sous les principes transcendantaux déjà établis. Cela entraînera-t-il à dire que Kant aurait fourni une sorte de matrice transcendantale susceptible d'être remaniée et élargie en fonction des progrès de la science ? On rejoint alors l'idée selon laquelle le rapport du transcendantal au métaphysique consiste toujours en ce que ce dernier est une réalisation concrète du premier. Kant aurait trouvé dans la *Critique de la Raison Pure* une métaphysique générale, qui le laisserait avec le problème de la « spécialiser » pour déterminer les différentes métaphysiques particulières qui correspondent aux différents objets régionaux possibles. En physique newtonienne, l'objet régional, c'est l'étude des trajectoires des corps matériels. Mais il n'y a aucune raison pour que l'objet trajectoire soit le seul objet des sciences exactes de la nature ; la physique post-newtonienne nous donnant de nouveaux objets, il suffirait d'élargir le sens kantien de l'*Übergang* (le passage du transcendantal à la physique mathématique) pour comprendre le fondement transcendantal de la physique contemporaine[90]. Kant définit explicitement la différence entre un principe transcendantal et un principe métaphysique. Si le premier représente la condition universelle *a priori* qui force les choses à devenir objets d'une connaissance en général, le deuxième « représente la seule condition *a priori* sous laquelle des objets, dont le concept peut être donné empiriquement, peuvent continuer à être déterminés *a priori* »[91]. Soumettre la physique mathématique à la métaphysique, cela consiste à représenter sur nouveaux frais le champ *a priori* et pur de l'intuition et de la pensée de telle sorte qu'il puisse être poussé aussi loin que possible à la rencontre de l'empirique, *i.e.* d'objets dont le concept est donné empiriquement en dehors de la législation transcendantale ; or, parmi les domaines qui n'échoient pas à la législation transcendantale se trouvent bien entendu les propositions mathématiques de la science de la nature, où l'empirique a déjà subi un remaniement au moyen d'une législation très différente. Au lieu d'une spécialisation ou rétrécissement d'un champ *a priori* qu'on persiste faussement à prendre comme le plus grand, le contact avec la science entraîne que toute la clarté soit faite sur la façon dont les règles *a priori* du champ transcendantal peuvent supporter le poids d'un champ empirique en expansion continuée. Répondre à l'appel d'une visée finale (la métaphysique), c'est pour l'*a priori* transcendantal s'efforcer d'agrandir son territoire jusqu'à empiéter le domaine empirique, mais sans jamais tomber dans la totalité de ce domaine, ce qui reviendrait à une détermination de l'être des objets (un saut dogmatique). Privé du rapport à une totalité empirique, l'*a priori* ne touchera tout au plus que la pointe de l'empirique effectivement donné (même si celui-ci est indéfiniment remanié par la science). Tout le programme est annoncé à la fin du texte de la deuxième édition de la Déduction transcendantale : « Des lois particulières, puisqu'elles concernent des phénomènes empiriquement déterminés, ne peuvent être *complètement dérivées* des catégories, quoiqu'elles leur soient toutes dans leur ensemble soumises »[92]. Les lois empiriques particulières ne sont soumises aux lois de l'entendement que lorsqu'elles sont prises dans leur ensemble, c'est-à-dire lorsqu'elles se sont pliées à la visée métaphysique de la raison ; cependant, prises en tant que particulières, ces lois empiriques ne sont pas incluses dans la sphère de l'entendement.

On voit maintenant pourquoi nous avons pu caractérisé l'expérience transcendantale comme anticipation d'une expérience à venir qui n'est pas vraiment attendue : la rencontre de l'empirique déjà remanié par la science est un choc que rien pour l'instant ne prépare. L'expérience transcendantale ne recouvre ni l'expérience ordinaire ni l'expérience scientifique, et c'est pourquoi elle circonscrit le champ le plus petit de la pensée. Mais l'expérience ordinaire ne touche à l'expérience scientifique que dans la mesure où toutes deux, par des voies différentes, sont dégagées de ce tronc commun qu'est l'expérience transcendantale. Dans ce contact, comment le champ théorique des règles de l'entendement peut-il poursuivre son œuvre de détermination selon les limites assignées à la raison pure ?

3. *Le moment de la réflexion*

Parler de spécification d'une généralité *a priori* est l'apanage de la seule philosophie pratique. La critique fournit la connaissance du devoir en général, c'est-à-dire qu'elle détermine les principes de possibilité, l'étendue et les limites de cette connaissance mais sans référence à une généralité comme la nature humaine. Ensuite, une connaissance du sujet de cette détermination (l'être humain) va permettre la détermination particulière des devoirs en tant que devoirs humains. Mais une telle spécification n'est possible que parce que, en contrepartie, l'impératif catégorique ne peut pas lui-même être déduit ; il est posé comme expression du fait irréductible de la raison. La raison pratique, comme expression d'une volonté souverainement libre, ne se prête à aucune concession à l'empirique. Vues sous cet angle, théorie et pratique constituent deux démarches inverses l'une de l'autre.

La raison théorique part d'un *a priori* posé d'avance, d'où découle la connaissance transcendantale : expérience des objets en leur possibilité, qui médiatise notre rapport cognitif au monde. La raison pratique, de son côté, part de l'expérience ordinaire, ce qui la conduit d'emblée à une dialectique naturelle entre ce qui est et ce qui doit être, d'où elle tire son principe *a priori* (l'impératif catégorique) ; le résultat, c'est qu'elle ne pourra pas aller plus loin que le fait brut, devenu sublime, de la liberté incompréhensible[93] ; on aura au bout du compte élevé et magnifié le fait ordinaire, mais c'est aussi l'arme ultime contre le dogmatisme, parce que ce fait transfiguré permet au moins la découverte du « moi véritable »[94]. Or, si la concrétisation de l'*a priori* invoque la sagesse pratique, Kant ne se retrouve pas pour autant dans la situation d'un conservatisme dépassé. Ainsi Leibniz avait-il recours à la métaphysique pour disculper notre entendement de sa faiblesse naturelle[95]. Les lois de la nature, lorsque nous les avons découvertes suivant un raisonnement adéquat, sont certes vérifiées par l'expérience, mais cette vérification ne va justement pas plus loin que l'expérience, c'est-à-dire que les lois de la nature ne sont pas démontrables absolument comme le seraient des propositions géométriques. Logiquement, des lois différentes restent compatibles avec l'expérience, aussi loin qu'aille celle-ci. La métaphysique vient alors en renfort pour suppléer une sagesse morale (la perfection et l'ordre choisis par Dieu) à la limitation de notre entendement. Rien de tel chez Kant, où le passage à la morale demeure confiné dans les limites assignées à l'entendement dans son usage empirique. Comme une détermination de temps, qui est une connaissance transcendantale fournie par l'entendement dans son usage empirique, ne pourrait être poussée jusqu'à une détermination complète du côté de l'objet, la cause dans le phénomène n'est jamais déterminante « au point qu'il n'y eût pas dans notre arbitre une causalité capable de produire, indépendamment de ces causes naturelles et même contre leur empire et leur influence, quelque chose de déterminé dans l'ordre du temps d'après des lois empiriques, et par conséquent de commencer *tout à fait de soi-même* une série d'événements »[96]. La liberté pratique ne reconstruit pas l'espace en ruine laissé en amont par les combats de la raison théorique aux prises avec les illusions dialectiques (comme le combat de la liberté et du déterminisme) ; elle se fabrique plutôt un espace qui ne peut pas même être « senti », sinon par le sentiment du respect vis-à-vis de la loi purement intelligible. Le jugement cognitif, par contre, se gagnait à la faveur d'une répression de ce qui dans le sujet relève de son sentiment intérieur. Résistant à la causalité naturelle, mais sans modifier le cours de la régression empirique dans le temps, la liberté pratique s'engouffre dans l'espace laissé vacant par la détermination paisible ; son lieu est celui d'une détermination inouïe.

Avant d'arriver à la métaphysique proprement dite, restait à montrer comment l'expérience « ordinaire » et l'expérience « transcendantale » se croisent à l'intérieur du cadre de la réflexion critique, sans qu'on puisse encore parler d'empiètement (et encore moins de spécification). Cela se fait sur deux types d'objets « ordinaires » qui sont *par eux-mêmes* exceptionnels, en ce sens qu'ils se montrent à nous *comme s'ils* contenaient en eux-mêmes la règle qui nous permet de les juger : telle est la chose belle, tel est l'organisme vivant. Il nous font retomber sur une attente, mais d'un type nouveau : la finalité.

Si l'entendement produit des règles, la faculté de juger permet de « *subsumer* sous des règles, c'est-à-dire de discerner si quelque chose rentre ou non sous une règle donnée »[97]. Ici pointe le danger de la régression infinie signalé par Cavaillès : l'entendement produit des règles, mais selon quelles règles ? Discerner si quelque chose rentre ou non sous une règle donnée, cela se fait selon quelle instruction ? Kant répond que ce danger de la régression infinie affecte la logique générale d'une manière différente de la logique transcendantale. La logique générale fait abstraction de tout contenu de la connaissance, et s'occupe seulement de trouver dans la forme de la connaissance ce qui correspond au concept, au jugement et au raisonnement. Quand avec elle on se trouve face à face au donné empirique, on ne peut que se demander : quelle est la nouvelle règle qui va permettre de subsumer ce donné sous les règles existantes ? Pour couper court à la régression infinie, la faculté de juger produit des exemples, non des règles. Une abondance de règles empruntées à une connaissance étrangère à la logique ne pourra jamais compenser l'usage judicieux d'exemples qui rendent sensible une forme disponible *a priori*. Car dans l'abondance de règles qui lui viennent d'ailleurs, la faculté de juger se perd vite, et l'entendement ne peut alors que répéter automatiquement ce qu'il fait déjà sans discernement[98]. Trouver les exemples qui aiguisent la faculté de juger à bon escient (*i.e.* qui indiquent le cas où s'applique la règle empruntée à la logique générale), c'est ce qui requiert un talent particulier. Mais dans la logique transcendantale, où il n'est pas fait abstraction du contenu de la connaissance, la règle indique aussi *a priori* le cas où elle doit être appliquée[99]. Cette logique se dispense du talent dans l'art de juger : elle donne des règles à la faculté de juger qui tout à la fois, et d'emblée, l'*assurent* et la *rectifient*. L'entendement ne prend les devants (et se constitue soi-même) que si, avec peu de règles, il produit beaucoup d'exemples. C'est en ce sens que le champ transcendantal est le plus petit. On retrouve la pyramide d'Einstein, mais renversée : le minimum de règles définit la nature dans sa plus grande plénitude formelle, ce que Kant dénomme « nature en général ».

Or, lorsque son objet est le beau ou la vie, la faculté de juger se retrouve dans une situation assez similaire à la logique générale, parce que d'aucun jugement sur le beau on ne peut tirer de règle contraignante pour que tous en jugent de la sorte, d'aucune règle tirée de l'ordonnancement mécanique des choses on ne produira un objet vivant qui se montre sous la forme d'un mécanisme dont la complexité continue de défier l'entendement. Ici la logique transcendantale est incapable d'assurer et de rectifier la faculté de juger. L'objet beau ou l'organisme vivant est par soi un exemple du beau ou de la vie, qui va au-devant de l'acte par lequel la faculté de juger subsumante le reconnaît comme tel. La faculté de juger ne pourra donc que chercher l'universel qui correspond à ces exemples, et pour arriver à mettre cette recherche en mouvement, elle devra se donner la règle à elle-même au lieu d'attendre de la logique (générale ou transcendantale) qu'elle la lui fournisse : elle devient réfléchissante. Ici la raison retombe sur une attente, la seule qui soit à la hauteur de la philosophie transcendantale. J'attends des autres qu'ils partagent mon goût (finalité subjective esthétique) ; j'attends de l'organisme vivant que son but naturel m'« explique » ce qu'il est (finalité objective téléologique).

Attentes certes déçues, puisque dans la réflexion l'universel n'est jamais trouvé : il est toujours cherché, sinon la réflexion ne pourrait être distinguée de la détermination (subsomption sous des règles données). Or, à l'opposé du beau et de la vie, pour ce qui est de la nature corporelle inerte, l'aspiration de la physique mathématique à l'universalité et la nécessité la fait se contenter en ses principes de la répétition du même : aux mêmes causes les mêmes effets ; une expérience n'offre d'intérêt que si l'on est certain que sa reproduction exacte conduit en principe aux mêmes observations ; s'il y a anomalie, celle-ci ne sera reconnue comme telle que si justement elle tombe à la limite du sans-surprise[100]. Dans ces conditions, l'exemple est pour ainsi dire presque automatiquement une règle, où la faculté de juger applique son discernement de la manière la plus simple possible : l'observation confirme ou infirme.

Forcer la physique mathématique à parler le langage transcendantal, cela voudra dire « réfléchir » sur elle, lui trouver une aspiration qui excède ce qu'elle conçoit d'elle-même sur elle-même. Or, l'agrandissement du champ théorique des règles de l'entendement se fait justement par réflexion, c'est-à-dire par la recherche de l'universel au moyen de la faculté de juger, lorsque seul le particulier est donné. Lorsqu'il s'agit d'établir un principe de l'entendement pur qui sera véritablement premier en un sens absolu par rapport aux principes premiers utilisés en mathématique, c'est-à-dire un « principe des principes » (« *Principium dieser [mathematischen] Grundsätze* »)[101], Kant montre que la philosophie transcendantale ne peut s'inspirer de l'exemple mathématique que moyennant un changement de direction. La mathématique procède par construction de concept dans l'intuition, c'est-à-dire qu'elle procède de l'intuition au concept. Mais pour être absolument premier, le principe transcendantal doit procéder du concept à l'intuition, montrer comment la sortie du concept hors de soi ne maintient pas l'entendement dans l'espace vide de ses formes intellectuelles. Ainsi, l'approfondissement du sens des mathématiques déjà constituées conduit à un renversement de la pente naturelle que suit le raisonnement mathématique comme construction de concept dans l'intuition. Le passage de la mathématique au principe transcendantal est un cas remarquable de réflexion, où l'on voit un premier pas pour forcer la science exacte à se plier aux visées de la métaphysique[102]. Mais l'exemple mathématique a cela de particulier qu'il emporte avec lui un degré éblouissant d'évidence. Tout se passe comme si, dans l'exercice de la pensée mathématique, je ne pouvais réfléchir (chercher l'universel), et permettre en même temps un progrès de cette réflexion, sans constamment me fixer sur telle ou telle détermination temporaire. D'où le besoin de *tracer* le concept mathématique dans l'intuition. En mathématique, il n'y a pas de généralité pure en tant que telle (d'où l'on pourrait tout tirer par déduction analytique), mais *des* généralités historiquement repérables qui chaque fois (en vertu de leur éblouissante évidence) passent pour «la» généralité. Inversement, Kant montre qu'il doit y avoir au moins des *traces* de réflexion dans la détermination : tel est le rôle de l'exemple mathématique dans l'Esthétique Transcendantale et l'Analytique des concepts, où il ne s'agit jamais de prendre la mathématique pour un modèle de connaissance que les autres connaissances seraient tenues de copier tant bien que mal. Du reste, dans la philosophie pure de la nature en général, la fonction analogique de la mathématique s'épuise vite, car une telle philosophie est possible sans mathématiques[103]. Donc, quand dans l'Introduction à la *Critique de la Raison Pure* Kant écrit que la ligne droite (euclidienne) entre deux points est la plus courte[104], c'est la réflexion mathématique qui avoue sa difficulté à progresser dans la réflexion sans se fixer momentanément sur des déterminations ; à cet égard, le philosophe critique sort indemne des dégâts de l'histoire.

Pour ce qui est de la nature empirique (*i.e.* les choses déterminées de la nature), il ne paraît plus possible à la réflexion de se fixer sur des déterminations, fussent-elles temporaires. En effet, les formes de la nature sont si hétérogènes et les lois empiriques de la nature si diverses que, quand bien même nous aurions trouvé des concepts transcendantaux universels valables pour toute la nature, ceux-ci seraient toujours soumis à des modifications possibles[105]. Pour justifier la légitimité d'une recherche de ce qui nous est complètement inconnu dans son universalité dernière, il nous faut partir d'une analogie avec la technique. Les propositions techniques, dit Kant, relèvent de « l'art de réaliser ce dont on veut qu'il vienne à être »[106]. La physique ne produit pas d'objet, mais seulement une connaissance, donc un ordre d'intelligibilité du monde qui s'adosse aux objets donnés. Toutefois, l'organisation du savoir, la mise en rapport de diverses lois pour arriver au « principe de l'unité du divers, quand bien même celui-ci nous serait inconnu » implique le présupposé que la nature est artiste. Il faut faire comme si la nature avait une organisation pour penser la nature selon l'organisation que nous y mettons (tel le rapprochement entre la loi de la chute des corps et la gravitation universelle). La venue à l'être s'effectue à partir de rien, elle n'a aucune modalité d'être parce que cette venue n'a lieu que pour nous. Cherchant l'universel à partir d'exemples, la faculté de juger ne pourra y arriver qu'en se donnant à elle-même la règle de l'unité du divers ; règle qui doit se préparer à l'affront d'une révision indéfinie.

Or, la voie d'accès privilégiée pour aborder la réflexion teintée de détermination, c'est précisément l'erreur. L'essence de la logique transcendantale est non seulement d'*assurer* la faculté de juger par des règles pour que l'entendement pur puisse remplir sa fonction déterminante, mais aussi et simultanément, nous l'avons dit, de la *rectifier*. Le danger d'erreur, pour la faculté de juger dans la logique transcendantale, est présent dès le départ et n'apparaît pas seulement comme la conséquence d'un manque de talent dans l'art de juger. C'est justement parce qu'il inclut immédiatement une provision pour l'erreur qu'on peut soutenir que l'entendement s'auto-constitue sans rien devoir à autre chose que lui-même. Confondre une règle avec une autre, inventer des règles impropres pour les besoins de causes nouvelles, telles sont les erreurs qui menacent. L'erreur est le prix à payer pour la hâte avec laquelle la raison veut implanter l'unité dans les diverses règles de l'entendement, et atteindre ainsi son but final. D'une attente qui n'en est pas une à l'impatience pure et simple, la distance à franchir n'est pas si grande. En effet, l'extension de la connaissance par purs concepts (qui est l'objet de la métaphysique), lorsque par impatience elle se porte au-delà de l'expérience possible, se heurte aux antinomies cosmologiques de la raison pure. Les antinomies représentent cette contradiction de la raison avec elle-même, qui met un frein à une extension illimitée par quoi la connaissance de la totalité du monde passerait pour une détermination de son être. Pour reprendre les termes de d'Alembert, chaque thèse et antithèse relative au monde affirme le pour et le contre avec une égale apparence de vérité. Là où d'Alembert voit le signe d'une extravagance à expliquer tout, Kant situe le point d'arrêt à ces mêmes extravagances. La complétude visée par la raison pure doit être rectifiée : « cette complétude ne peut être qu'une complétude des principes, et non des intuitions et des objets »[107]. Comme aucun objet de l'expérience ne correspond à une totalité absolue de toute l'expérience possible, la raison ne peut que réfléchir sur cette complétude, sans jamais réussir à la déterminer : la règle qu'elle cherche serait identique à l'objet total ; l'Idée de la Raison, dit Kant, est toujours un problème. Or, la raison va trop vite, sur la foi des objets qu'elle a déjà parcourus elle ne peut s'empêcher de se représenter cette complétude de façon déterminée : « elle se la figure comme une connaissance d'un objet, parfaitement déterminée relativement à ces règles [principes] » ; la causalité libre pratique étant un domaine vide pour elle, elle l'enjambe comme s'il n'existait pas, et ne s'aperçoit donc pas qu'elle vient de traiter son objet comme une chose en soi.

Par suite, la réflexion dialectique se trouve aussi dans un rapport très ambigu à la mathématique. Tout se passe comme si la mathématique lui est à la fois bienfaisante et néfaste. Elle constitue l'exemple d'une réflexion à l'œuvre à l'intérieur d'une détermination qui n'aboutit pas, au lieu que la réflexion mathématique *semble* tout de même aboutir. Qu'on force la réflexion dialectique à aboutir (*i.e.* que la dialectique naturelle de la raison devienne une dialectique transcendantale), elle se heurte au mur de l'opposition antinomique, qui sert justement à freiner les extravagances d'une raison qui veut tout expliquer. Sans l'antithétique, la réflexion incapable d'aboutir continuerait paradoxalement jusqu'au bout de l'expérience. De son côté, la physique mathématique force la raison à étendre le champ transcendantal de l'*a priori*, sans quoi l'*a priori* et l'empirique ne viendraient jamais en contact. La raison peut-elle étendre ce champ sans tomber dans l'erreur ? Ici la mathématique se montre bienfaisante. Elle vient au secours du philosophe, précisément parce que Kant définit la mathématique comme une connaissance par *construction* de concepts. La construction est cette médiation qui pourra judicieusement ralentir l'impatience métaphysique de la raison, alors qu'inversement, du point de vue des conditions transcendantales de possibilité, la construction se présentait au contraire comme immédiate ; c'est pour avoir méconnu cet apaisement, pour s'être livré complètement à l'impatience et au mystère des choses en leur être, que Kant accuse de dogmatisme l'enthousiasme platonicien pour une mathématique de l'être. La construction va ouvrir un sens nouveau de l'attente, qui sera l'expérience à venir au sens propre à la physique mathématique.

Nous touchons ici à l'un des horizons ultimes de l'entreprise critique. Entre la philosophie, connaissance par concepts, et la mathématique, connaissance par construction de concepts, il n'y a pas opposition contradictoire (comme ce serait le cas dans une antinomie), mais néanmoins les deux termes sont des *disparata*, c'est-à-dire qu'ils s'opposent comme les extrêmes de toute pensée : dans la philosophie transcendantale, « la mathématique est employée philosophiquement, c'est-à-dire comme moyen du progrès dans une autre classe, à savoir la philosophie »[108]. Pour que la pensée puisse négocier son progrès en maintenant ensemble ses deux extrêmes, elle doit forcer la mathématique à se plier à un usage philosophique. Ensuite seulement la physique mathématique pourra se plier à une visée métaphysique. Newton faisait l'inverse : tout l'édifice des *Principia* vise la manière purement mathématique de considérer les forces d'attraction et autres impulsions, sans égard pour la raison physique[109]. Pourtant, lorsqu'il met ses définitions en pratique, par exemple lorsqu'il déduit la force centripète d'un corps de la loi des aires de Kepler[110], il évoque la « tendance » d'un corps vers un point immobile ; Newton ne peut se passer complètement du langage ontologique de la cause. Restait à montrer que lorsque Newton est rattrapé par la métaphysique, les extrêmes de la pensée se sont rejoints d'une manière qui n'est justement pas encore pensée.

Chapitre 2

Critique et relativité

1. *De l'absolu au relatif, en passant par le possible*

Au début de toute son entreprise critique, Kant annonce que la philosophie transcendantale bannit complètement et définitivement tout ce qui relève de l'ordre de l'*hypothèse*[1]. Est-ce que ce rejet montre son assurance qu'il ne feint pas d'hypothèse, comme Newton l'a fait avant lui ? S'il en allait de la sorte, il serait tentant de dire que toute connaissance *a priori* selon Kant ne relève non seulement que des seules lois mathématisables de la nature, mais encore que ces lois épuisent le sens des conditions de possibilité de la connaissance des objets en général. La connaissance des principes à la base des mathématiques et des lois de la physique newtonienne serait dès lors identique à la connaissance de la structure *a priori* des catégories et des principes de l'entendement, ces derniers étant fournis par une activité de l'esprit indépendante de toute expérience. Or, avant même de déterminer ce qu'il en est des rapports entre la connaissance transcendantale et la connaissance de la nature, il faut prendre garde à l'avertissement que Newton nous donne lui-même : son « hypothèses non fingo » est seulement destiné à couper à la racine la multiplication des hypothèses redondantes en physique. Une hypothèse, au sens de Newton, est une proposition qui ne se rattache ni directement ni indirectement à des phénomènes observables ; elle procure une conscience claire de ce qui est démontrable et de ce qui ne l'est pas. Ne pas feindre des hypothèses, c'est se garder des fictions, des propositions fausses, ou des imaginations gratuites ; de fait, l'historiographie récente a montré l'existence d'un nombre considérable d'hypothèses fertiles dans les différents domaines de la physique newtonienne[2]. Dans la préface qu'il a rédigée pour la seconde édition des *Principia* de Newton, Cotes a bien souligné qu'une hypothèse comme celle des tourbillons cartésiens doit être bannie une fois pour toutes[3]. Supposons que la cause de la gravité soit expliquée au moyen de « quelque matière subtile, invisible, impalpable, qui ne peut tomber sous aucun sens ». Si les corps des planètes et des comètes étaient effectivement emportés par de tels tourbillons, il faudrait que les parties des tourbillons voisines de ces corps aient la même vitesse et la même direction que ces corps eux-mêmes, c'est-à-dire que « tous les mouvements [des tourbillons] doivent être parfaitement analogues à ceux des corps qu'ils entraînent ». Mais n'est-il pas plus difficile d'expliquer les mouvements imaginaires des tourbillons invisibles que les mouvements réels des planètes et des comètes ? Feindre des hypothèses de ce genre, cela revient à se donner la liberté d'imaginer tout ce que bon nous semble, sous le seul prétexte de retomber sur les phénomènes donnés qui seront alors « à la portée même du commun ». Le problème de l'origine du mouvement des corps n'est pas expliqué mais obscurci dans l'hypothèse cartésienne : un long détour qui nous ramène, sans bénéfice, au point de départ. Le milieu qui emporte les corps est impossible à distinguer des corps eux-mêmes : on part d'une conjecture idéale sur l'existence non directement sensible d'un tourbillon, et on finit par une vision des causes ultimes des choses qu'on aurait pu lire à l'avance à même la surface immédiate des phénomènes. Pour étayer l'espoir d'une rencontre entre l'intelligence et les faits, la stratégie cartésienne consiste donc en une manipulation des phénomènes, une transformation des phénomènes bruts en phénomènes accessibles à l'intellect. La philosophie newtonienne est travaillée par un souci du respect des phénomènes.

Peut-être Newton prétend-il ne pas « feindre » d'hypothèse parce qu'il opère avec un ensemble de principes à la fois ambigu et pourtant extraordinairement efficace. En effet, la synthèse newtonienne de la représentation de la matière en mouvement est minée par une difficulté de logique interne. D'un côté, pour comprendre le mouvement, nous devons nous abstraire des données immédiates des sens et considérer les choses elles-mêmes, distinctes de leurs mesures seulement sensibles[4]. Pour représenter le mouvement absolu et les forces réelles qui lui sont associées, il faut se rapporter à l'espace absolu dont les parties sont inaccessibles aux sens, parce qu'un corps absolument immobile pourrait n'être jamais identifié. Quel est le système de référence valable *en droit* qui va nous permettre de représenter ce mouvement, seul mouvement *vrai* parce que non assujetti au relatif sensible ? Mais d'un autre côté, l'intelligibilité des qualités universelles de la matière reste enracinée dans le contact sensible immédiat avec les objets. En effet, nous ne connaissons l'étendue des corps que par le moyen de nos sens[5]. Ce qui est vrai pour l'extension l'est aussi, par suite, pour les autres qualités comme la dureté, l'impénétrabilité, la mobilité, et l'inertie. Notons dans cette liste l'inclusion de la mobilité qui, comme qualité associée au corps connu par expérience, se distingue donc du fait du mouvement en général. Contrairement à ce dernier, toutes les qualités des corps matériels sont dérivées, non de la raison, mais de la sensation. La méthode permettant d'établir les qualités de la matière va du tout donné aux parties ; par exemple, de la dureté ou de l'impénétrabilité du tout, on infère, sans qu'il soit besoin de le démontrer physiquement, que les parties de ce tout sont également dures et impénétrables. Par suite, le processus par lequel les qualités en question sont découvertes (via la sensation) indique jusqu'où nous pouvons aller dans la compréhension des propriétés essentielles des choses. Là où le pouvoir de la sensation s'arrête, la mathématique et l'expérimentation prennent le relais, sans cependant que soit affectée la chaîne continue des parties des corps projetée depuis le domaine connu de la sensation. En effet, Newton soutient que « s'il était certain, par une seule expérience, qu'une des parties, qu'on regarde comme indivisibles, eût souffert quelque division en séparant ou brisant un corps dur quelconque : nous conclurions par cette règle, que nous seulement les parties divisibles sont séparables, mais que celles qui sont indivisées peuvent se diviser à l'infini ». Pour les qualités de la matière accessibles à la sensation, un seul fait pris en lui-même peut jouer le rôle d'une règle valable en principe pour la totalité du monde sensible, alors que dans le cas du mouvement la règle doit précéder le fait afin de départager en lui l'absolu du relatif.

Newton a une raison impérative pour postuler une continuité sensible dans le cas des atomes : il s'agit de la règle intouchable selon laquelle « on ne doit point abandonner l'analogie de la nature qui est toujours simple et semblable à elle-même ». Par l'esprit on peut certes conjecturer que leur division peut se poursuivre à l'infini, mais cette conjecture ne tient pas face à l'analogie de la nature avec elle-même. Car s'il n'y avait pas en fait des atomes indivisibles, nous ne pourrions même plus parler de la nature des choses qui est telle qu'elle est : les particules élémentaires qui constituent le matière sont nécessairement toujours plus solides que les composés formés par elles, donc elles sont toujours plus solides que n'importe quelle dureté donnée, parce que, « tandis que ces particules continuent dans leur entier, elles peuvent constituer dans tous les siècles des corps d'une même nature et contexture ; mais si elles venaient à s'user ou à être mises en pièces, la nature des choses qui dépend de ces particules, telles qu'elles ont été faites d'abord, changerait infailliblement »[6]. Mais ce qui est vrai pour les atomes ne l'est pas pour la gravité, en tant qu'elle est une force reliée au mouvement. Dans le cas de la gravité, en effet, Newton avoue qu'il ne lui a pas encore été possible d'en découvrir la nature à partir des phénomènes[7]. Alors que la connaissance des atomes par leurs qualités sensibles allait trop loin dans la décomposition des particules, dans le cas du mouvement il s'agit d'une ignorance riche en enseignements, puisque Newton en conclut que la gravité n'est à tout le moins pas une qualité essentielle des corps matériels : qu'ils soient ou non soumis à la force de gravité, leur nature n'est pas modifiée.

Deux conceptions inverses de la certitude sont donc à l'œuvre dans la théorie de la matière et dans celle du mouvement. La première part du sensible pour se faire relayer par l'esprit, mais l'expérience fait toujours la loi; tandis que la seconde fait abstraction du sensible dès le début. Comment cette dernière retrouve-t-elle le monde de l'expérience ? Ce retour n'a rien d'évident, parce que les absolus du mouvement (l'espace et le temps) ont un statut hybride. D'un côté, du fait que l'espace et le temps sont constitués de parties (la succession et la coexistence), il s'en faut de beaucoup qu'ils soient semblables à eux-mêmes comme peut l'être le principe pensant d'un homme durant toute sa vie. Par contre, Dieu, bien qu'il ne soit ni la durée ni l'espace, dure et est présent, car du fait qu'il est existant toujours et en tout lieu, il constitue l'espace et la durée »[8]; Dieu sent les parties de l'espace et du temps comme s'il les pensaient, ce qui élimine le dissemblable en elles. Par suite, il y a deux manières opposées, mais également possibles, d'« entrer » dans la physique newtonienne. D'une part, l'espace et le temps sont d'abord posés comme des termes absolus, au sens de ce qui est cause de soi, sans relation à rien d'extérieur; ces absolus n'ont dans le monde sensible qu'une présence virtuelle, dans la mesure où ils permettent de parler d'effets dynamiques en vraie grandeur pour satisfaire aux seules exigences d'invariance dans les mesures physiques. D'autre part, l'espace et le temps absolus sont immédiatement des attributs de Dieu, dans la mesure où ce dernier « est présent partout, non seulement *virtuellement*, mais *substantiellement*, car on ne peut agir où l'on n'est pas »[9] ; sans cette action de la volonté et la sagesse divines, c'est toute la diversité spatio-temporelle des choses qui ne pourrait venir à être ; or, de ce Dieu qui donne valeur de substance à l'espace et au temps absolus, il faut dire qu'il « n'éprouve rien par le mouvement des corps, et sa toute-présence ne leur fait sentir aucune résistance » ; cette résistance (par laquelle se définissent les forces d'inertie) est une qualité intrinsèque aux corps, par le fait même que Dieu détermine les changements dans le monde depuis son retrait vis-à-vis de l'expérience sensible. Dieu est une identité à soi, qui est cependant capable de produire des effets extérieurs à elle. En termes plus modernes : l'espace absolu produit des effets, mais n'est lui-même affecté par rien.

Les *Principia* jouent d'emblée sur cette double dimension. Dans les Définitions l'espace et le temps sont posés comme des absolus distincts des mesures sensibles ; mais dans le Scholie qui suit, on part des mouvements apparents pour ensuite remonter aux mouvements vrais, une démarche qui culmine dans le Livre III où les lois du mouvement sont appliquées aux phénomènes donnés empiriquement, ce qui permet finalement de déduire la loi de l'inverse carré et la loi de la gravitation universelle. Quelle est la réponse de la philosophie transcendantale à cette situation ? Il faut d'abord tenir compte de cet avertissement : l'expression même de principes mathématiques de la philosophie de la nature, titre de l'ouvrage de Newton, est parfaitement scandaleuse ; la philosophie ne peut plus emprunter ses principes à la mathématique, et pourtant la mathématique doit pouvoir être employée philosophiquement[10]. Il n'y aura recouvrement complet que dans le cas où la mathématique est mathématique appliquée au sens de *Meßkunst*[11], ce qui est justement le cas dans les *Premiers Principes Métaphysiques de la Science de la Nature.* Ensuite, on peut s'étonner d'un paradoxe dans cet ouvrage : Kant prend le concept de matière en mouvement comme concept fondamental de la physique, non celui d'espace-temps qui semble fonctionner explicitement comme prémisse chez Newton[12]. Or, on vient de voir que le concept de matière chez Newton implique que le contact avec l'expérience possible n'est jamais rompu. Ce fait justifie à lui seul les bouleversements introduits par Kant dans l'ordre des arguments exposés par Newton dans les Définitions et les Lois du Mouvement. Kant donne quatre définitions du concept de matière dans les *Premiers Principes,* qui correspondent aux quatre groupes de catégories dans la *Critique de la Raison Pure.* La définition selon la Phoronomie (dans notre langage actuel, nous parlerions de cinématique) stipule que la matière est ce qui est mobile dans l'espace ; il s'agit de l'aspect purement géométrique de son mouvement. La définition selon la Dynamique dit que la matière est le mobile en tant qu'il remplit un espace par son impénétrabilité ; ce remplissement est la source des forces fondamentales qui résident dans la matière. Dans la Mécanique, la matière est le mobile en tant qu'il est doué de force motrice ; les interactions entre corps matériels trouvent leur origine dans des forces de ce genre. Enfin, la Phénoménologie réfléchit les trois représentations ensemble, et définit la matière comme le mobile en tant qu'il peut être un objet d'expérience. On voit donc que seule la Phoronomie, qui réduit toute matière réellement existante à un point purement mathématique, sépare le mouvement de la matière en sa force interne ; chacune des autres définitions ajoute une condition au niveau cinématique. À partir de la Dynamique, grâce au concept de force, la matière retrouve ses qualités proprement physiques. Or, dès la Phoronomie, Kant réfute l'idée selon laquelle il faut s'abstraire des sens afin de rendre le mouvement intelligible, ce qui entraîne le problème suivant : qu'est-ce que cette inséparable connexion implique au niveau de la nature des forces ? Comment passer d'un monde simplement possible mathématiquement (la phoronomie) au monde des phénomènes et leurs forces ?

La question du passage du possible au réel est associée à la question de savoir si des choses sont possibles au-delà de tout ce qui nous est donné dans l'expérience ; elle est, pour Kant, une question qui relève éminemment de la *relativité* au sens le plus large. La philosophie transcendantale détermine les conditions de possibilité des choses en général qui tombent dans le domaine de l'expérience accessible à nos sens et à notre entendement. On peut admettre beaucoup de possible (au-delà de notre expérience) qui n'est pas réel (objet de l'expérience), mais le *passage* de l'un à l'autre réclame quelque chose qui s'ajoute au possible afin qu'il devienne réel. Or, dit Kant, « je ne connais pas cette addition au possible : car ce qui devrait y être ajouté serait impossible »[13]. Je peux concevoir une addition au réel, c'est-à-dire une liaison entre quelque perception et quelque chose qui n'est pas encore perçu. Mais nous ne comprenons ce réel lui-même que par l'intermédiaire du seul champ de possibilité qui nous soit donné, savoir les conditions formelles de l'expérience qui *précèdent* toute expérience réelle. Par conséquent, une *addition* au possible ne nous fera jamais que retomber sur le seul point de vue qui soit possible pour nous : «Ce qui n'est possible que sous des conditions elles-mêmes simplement possibles ne l'est pas *à tous les points de vue* [*in aller Absicht*] »[14]. Si la sphère de l'expérience possible est dépassée, par exemple lorsque nous posons l'existence d'un être divin, la vue intérieure *(Einsicht)* que nous pourrions espérer avoir de la nature des choses à partir de ce point doit laisser place au simple intérêt spéculatif de la raison, par quoi nous nous situons à « un point si haut placé au-dessus de [cette] sphère » que nous pouvons seulement survoler « ses objets dans un ensemble intégral »[15]. À la connaissance de l'être suprême et de la soi-disant nécessité absolue des choses qu'elle fonde, la raison ne peut que substituer une vision de la totalité de tous les points de vue possibles, mais cette vision d'une raison suffisante n'est à son tour que *relative* à la constitution de nos seules facultés de connaissance.

On ne pourra donc pas se contenter de dire que les principes purs de l'entendement représentent un système de possibilités réelles au sens de Leibniz, c'est-à-dire les conditions de possibilité de n'importe quel monde, et que les *Premiers Principes* entreprennent la construction de la vraie structure du monde dans lequel nous vivons effectivement[16]. Dans la Phoronomie, Kant pose comme *principe (Grundsatz)* ce qui correspond chez Newton au Corollaire 5 qui suit l'énoncé des lois du mouvement ; cette formulation du corollaire est identique au principe de relativité au sens où nous l'utilisons aujourd'hui. Il le fait en montrant comment le principe peut être appliqué au mouvement d'un corps pour que celui-ci devienne objet d'expérience : « Tout mouvement, en tant qu'il est l'objet d'une expérience possible, peut à volonté être considéré, soit comme le mouvement d'un corps dans un espace au repos, soit au contraire, le corps étant au repos, comme le mouvement de l'espace en sens opposé avec une vitesse égale »[17]. Espace signifie ici quelque chose de matériel, c'est-à-dire ce que nous entendons aujourd'hui par système de référence. De fait, il n'existe aucun moyen mécanique qui nous permette de distinguer entre un mouvement rectilinéaire uniforme et un état de repos. À ce niveau cinématique, sans forces, il n'existe que du mouvement relatif. Le mouvement absolu serait celui qui se rapporte à un espace non matériel, mais un tel espace n'est rien pour l'expérience. Au sens critique indépendant de toute physique, Kant avait annoncé les *limites* d'une relativité indéfinie des points de vue dans des termes identiques : qu'une série de phénomènes absolument autres que ceux qui sont donnés dans l'enchaînement général de notre expérience possible soit posée, aucun passage à partir du donné ne peut le prouver, parce que « rien ne se laisse jamais penser sans matière »[18].

Par contraste avec la cinématique, la dynamique est définie par Kant comme la théorie qui s'occupe, non plus du mouvement en général comme objet d'expérience, mais du corps mobile proprement dit. C'est précisément l'interprétation correcte des effets de son mouvement par rapport à un espace indépendant qui en constitue le problème fondamental. En effet, dans le cas de la dynamique, la différence entre l'espace comme ensemble des systèmes de référence et l'espace comme condition de possibilité *a priori* de l'expérience devient beaucoup plus délicate à comprendre. Le mouvement circulaire de rotation est l'exemple typique d'un phénomène qui engendre des effets dynamiques. Ainsi, la rotation de la terre autour de son axe est un phénomène qui peut être établi par un certain nombre de faits expérimentaux, mais la caractéristique de ces faits est que l'équivalence avec un espace environnant (ici, le mouvement de la terre considéré relativement au ciel étoilé) ne peut plus être complète. Le célèbre pendule de Foucault ou la simple observation du bourrelet équatorial de la terre sont des preuves du mouvement circulaire de la terre, parce qu'elles attestent de la présence de forces comme effets de ce mouvement ; ces preuves sont tout à fait indépendantes de la relation de la terre aux étoiles (un espace matériel)[19]. Avec l'aide de tels faits d'expérience, il devient possible de distinguer le mouvement vrai de la simple apparence, c'est-à-dire de distinguer le cas d'une terre au repos avec les étoiles en mouvement d'une terre en mouvement avec les étoiles au repos. L'accélération à la surface de la terre est considérée comme absolue, parce qu'elle est détectable à même la surface, indépendamment de toute relation à des étoiles lointaines. Passant de la cinématique à la dynamique, il apparaît donc que la relativité est limitée à la classe des états inertiaux (sans forces) définis par le principe de relativité.

Or, cette limitation de la relativité peut être établie non seulement par rapport à la définition du système de référence, mais également par rapport à la nature des moyens opérationnels (ce que Kant désigne par la possibilité de l'expérience) grâce auxquels les effets du mouvement peuvent être constatés. De ce point de vue, la dynamique n'est plus une restriction mais simplement l'inverse de la cinématique : alors qu'*aucun* moyen cinématique ne permet de distinguer le mouvement rectiligne uniforme de l'état de repos, il n'y a *que* des moyens dynamiques à notre disposition pour déterminer si un corps se trouve dans un état non inertiel de mouvement[20]. L'association entre des forces présumées réelles et les mouvements accélérés (comme les mouvements de rotation) est établie par rapport à un espace non matériel, mais ni l'existence des forces ni l'existence des accélérations ne sont identifiées indépendamment l'une de l'autre. Telle est la circularité du raisonnement : la seule preuve en faveur du caractère absolu de l'accélération est fournie par la force qui se manifeste dans les corps soumis à certains mouvements, mais inversement cette accélération présumée absolue est censée expliquer l'apparition des forces en question. Pour Newton comme pour tous les physiciens de l'époque classique, une telle circularité n'a tout au plus qu'une signification empirique. Il se fait qu'il n'y a pas d'autre moyen, il est parfaitement accidentel que la nature ne nous munisse pas directement d'un système cinématique suprême qui permettrait de distinguer entre états inertiaux et états non-inertiaux. Pour ces physiciens, une telle situation n'est pas considérée comme suffisamment inquiétante pour modifier les raisons d'admettre le caractère absolu d'un mouvement comme la rotation.

C'est en ce point que Kant soulève la question capitale des fondements de la théorie newtonienne. Il définit le mouvement *vrai*, au sens dynamique, comme le changement continu des relations des parties d'un corps entre elles. Ce mouvement vrai ne peut pas être considéré comme *absolu*, précisément parce qu'il est relatif aux seules parties du corps. Par exemple, le pendule de Foucault, attaché à la terre, détermine la rotation de la terre comme un mouvement vrai parce que cette détermination n'est relative ni aux étoiles ni à l'espace absolu, mais seulement à la terre. Par suite, dit encore Kant, le seul mouvement absolu qui soit pensable dans une théorie newtonienne cohérente avec elle-même est le mouvement de tout l'univers dans l'espace vide. Dans ce cas, en effet, on a affaire à un mouvement vrai sans relation à une autre matière. Mais un tel mouvement n'est pas non plus une expérience possible : ce n'est plus par accident, mais par principe que les moyens nous manquent pour distinguer les effets d'un tel mouvement des autres effets locaux[21]. Dans la note qui conclut la preuve de l'antithèse de la première antinomie, Kant s'appuie sur un autre argument qui va dans le même sens. Après avoir indiqué que l'espace, qu'il soit plein ou vide, n'est pas seulement quelque chose qui se laisse déterminer ou limiter par les phénomènes, mais qu'il est aussi la forme pure et *a priori* des objets possibles, Kant discute le cas du mouvement de tout l'univers : « le mouvement ou le repos du monde dans un espace vide infini [est une] détermination du rapport du monde et de l'espace entre eux, qui ne peut jamais être perçue et qui, par conséquent, est elle-même le prédicat d'un simple être de raison »[22]. Kant ne spécifie pas ici le genre de mouvement de tout l'univers : translation uniforme ou mouvement accéléré. Dans sa correspondance avec Leibniz, Clarke avait bien insisté que, conformément à la physique de Newton, seule une accélération pourrait être mesurée, parce que la translation n'a pas d'effet sensible au niveau des forces. Clarke trouvait de la sorte une expression physique des conditions qui rendent indissociables l'une de l'autre une physique de l'objet univers et une physique des objets dans l'univers. Mais Kant n'a plus besoin d'une telle distinction, et il montre donc implicitement qu'une telle expression n'est qu'une construction de l'esprit, parce que son problème n'est pas celui des *effets* observables de la matière dans l'espace, mais la *relation* vraie de la matière à l'espace.

En critiquant les fondements métaphysiques de la science newtonienne en ce sens, Kant parvient à montrer les limites du principe classique de relativité. Il le fait sans cependant toucher à la définition du système de référence postulée par ce principe, mais seulement en tant que le principe détermine la possibilité de l'expérience. L'espace absolu ne peut jamais être pris dans un sens physique. Alors que l'espace dans lequel nous faisons l'expérience du mouvement doit aussi être sensible, et pas seulement une forme de l'expérience[23], l'espace absolu n'est pas empirique et ne sert qu'à présupposer tout mouvement en lui comme un mouvement simplement relatif.

L'absolu comme présupposition du relatif : que reste-t-il alors d'absolu dans la présupposition elle-même ? C'est à cette question que tente de répondre le renversement copernicien opéré par la philosophie critique. Nous découvrons dans la nature ce que nous y transportons nous-mêmes par la pensée ; la pensée trouve dans la nature cela même qu'elle se donne d'avance comme lui appartenant, « avant » mais aussi « en vue » de toute expérience. Le renversement copernicien rend tout savoir irrémédiablement humain et fini, même s'il vise quelque chose qui le dépasse. Il doit bien exister un monde des choses telles qu'elles sont en elles-mêmes, mais de ce monde nous ne pouvons rien savoir, parce qu'il n'est pas même un fragment du monde connu et connaissable – il n'est que la visée d'un monde en soi que nous devons prendre nous-mêmes en charge afin de nous assurer en nos limites. Tout ce que nous savons et pouvons savoir, nous le savons depuis notre terre à laquelle nous sommes rivés. Cette terre, perdue dans l'immensité des cieux, nous condamne à sa propre relativité.

Parce que la terre n'est en rien privilégiée, n'importe quelle vision du monde est liée à sa référence. Il appartient à l'esprit du renversement copernicien dans les sciences de la nature de poser que toutes les références sont au moins équivalentes dans leur limitation même. À partir de cette équivalence, la seule connaissance certaine de la nature que nous puissions obtenir est celle par laquelle nous sommes en mesure d'anticiper le passage d'une référence à l'autre. De cette quête infinie, le renversement copernicien nous assure d'avance que nous ne retirerons jamais une vision des choses qui nous transporterait au plus près d'elles : la position centrale qui correspondrait à une vision « absolue » est elle-même un point idéal, accessible au seul calcul. C'est pourquoi l'annonce par Kant d'un renversement copernicien en métaphysique a quelque chose d'éminemment paradoxal. D'un côté, la physique mathématique moderne nous enseigne que le monde ne peut être pensé dans sa possibilité et sa nécessité que par le biais d'une série de références qui renvoient les unes aux autres sans fin ; donc, que toute représentation implique un rapport irréductible à l'extériorité des choses, que pas même une vision centrale ne pourrait résorber. Mais d'un autre côté, la raison humaine selon Kant prétend atteindre l'absolument universel et nécessaire enfoui en toute connaissance humaine et finie : elle prend une référence à ses propres prérogatives comme l'indice d'une position absolue, comme ultime cour d'appel. Pourquoi la raison n'est-elle pas également prise dans le réseau illimité des références qui renvoient les unes aux autres, pourquoi semble-t-elle échapper à la relativité de toute auto-position ? La conception précritique de la raison était sans doute plus proche de la relativité lorsqu'elle prétendait engager une sorte de dialogue entre la raison humaine et d'autres entendements possibles, comme l'entendement divin. Mais dans un tel dialogue la raison humaine perdrait bien vite pied. Il faut trouver pour elle le moyen de faire retour sur elle-même : si nos concepts *a priori* résultaient de l'accumulation de perceptions, leur fonction de règle *s'assombrirait* au fur et à mesure de l'expansion du champ sensible, puisque la validité de la règle serait tributaire du moment empirique atteint par induction ; tirer de l'expérience ce que nous avons mis en elle, telle est la condition pour obtenir la *clarté* nécessaire aux concepts a priori[24]. D'un dialogue où notre raison se transposerait dans d'autres points de vue sans faire retour sur soi, Kant ne retient qu'une distinction radicale entre le domaine des objets d'expérience possible, que la raison peut connaître absolument en les constituant selon ses présuppositions, et les objets situés au-delà de toute expérience (comme un être suprême), que je ne peux connaître en soi et que je ne connais donc pas du tout (d'aucun point de vue). Or, un tel être doit tout de même être posé comme but final des idées de la raison pure, parce que c'est lui qui donne au monde sensible cette unité systématique (l'enchaînement des perceptions) que la raison ne pourrait obtenir, en dépit de son absoluité, si elle n'était pas poussée par ce but final jusqu'à son plus grand usage empirique possible. Par conséquent, afin d'arriver à la plus grande unité possible de l'expérience, je peux faire de l'absolument inconnaissable, en vertu même de l'absoluité de ma propre raison, un usage que Kant dénomme « relatif »[25] : à l'absolument inconnaissable peuvent être attachés des prédicats sensibles, pourvu que ceux-ci désignent la plus grande unité possible de l'expérience.

Entraînée de la terre au soleil, la raison à l'œuvre dans la physique mathématique a engagé le dialogue avec son au-delà au moyen d'une transposition du relatif à l'absolu plutôt que de l'absolu au relatif. Les conditions de la connaissance objective, tout irréductiblement humaines qu'elles soient, ne peuvent pas être simplement celles qui appartiennent aux données immédiatement terrestres et sensibles. Il en va de la sorte dans la physique de Newton, qui n'a pas renoncé complètement à établir une certaine discrimination dans le champ relatif des références. La distinction est introduite entre, d'une part, des forces dites fictives qui n'apparaissent que dans un système de référence « inapproprié » et, d'autre part, des forces vraies (comme les forces de gravitation et leurs effets, les forces d'inertie) qui manifestent directement l'existence d'un espace absolu[26]. Une distinction de ce genre résulte du renversement copernicien dans son sens astronomique : le déplacement du centre du monde, de la terre au soleil, prouve l'existence d'une force unissant toutes les parties du système solaire, et donc aussi le caractère fictif d'autres forces (comme les forces de Coriolis) qui n'appartiennent qu'à la terre. La théorie de Newton va même plus loin que le seul déplacement de la terre relativement au soleil : elle est construite pour assurer à n'importe quel observateur, en n'importe quelles circonstances, la distinction entre le fictif et le vrai ; moyennant l'espace absolu qui saute d'emblée par-dessus les particularités sensibles du monde, un choix du système de référence à la fois « absolu » et approprié à sa situation particulière est toujours possible.

En quoi la relativisation de l'absolu (Kant) permet-elle de comprendre l'absolutisation du relatif (Newton) ? L'espace absolu, qui résulte d'une transposition toujours identique à soi du relatif, rend universelle une certaine limitation, tandis que la critique de la raison pure limite les propres prétentions de la raison à l'universalité. Justifier ce passage ne va pas sans soulever une tension à l'intérieur des fondements de la physique newtonienne. C'est pourquoi il y a lieu de distinguer entre deux sens du renversement copernicien[27]. Le premier est le sens proprement astronomique, qui définit ce que nous appellerons le *principe copernicien* : nous ne sommes pas au centre de l'univers. Avec un tel principe, nous ne disons rien de ce qui se passe effectivement au-delà de nos possibilités d'observation, c'est-à-dire de prédiction des mouvements par le calcul. En physique classique, la prédiction des mouvements réussit principalement pour cette région limitée qu'est le système solaire, à l'intérieur duquel un centre absolu des mouvements est définissable ; en physique relativiste, étant donné la limite absolue de vitesse pour tous les événements qui est donnée par la vitesse de la lumière, ce calcul est possible à l'intérieur de la « sphère de Hubble », c'est-à-dire cette portion de l'univers où la vitesse de récession des galaxies est égale ou inférieure à la vitesse de la lumière. Le deuxième sens du renversement copernicien n'est pas négatif mais positif. Il a été thématisé pour la première fois par Giordano Bruno, et on peut l'appeler *principe cosmologique* : notre vision limitée n'est en rien particulière, l'univers est partout le même en droit, sinon en fait. Ce principe est une idéalisation, mais il permet de faire des prédictions sur ces régions qui dépassent le champ d'application des lois du système solaire ou même le champ d'observabilité. Toute la physique mathématique moderne est traversée par une sorte d'amalgame plus ou moins ta-cite de ces deux sens, l'un négatif et l'autre positif, du renversement copernicien. Ainsi, d'après Newton, la situation du système solaire doit être typique, non pas de tout l'univers, mais de toutes les *régions* de l'univers : « si chaque étoile est le centre d'un système semblable au nôtre, ... on voit que celui qui a arrangé cet Univers, a mis les étoiles fixes à une distance immense les unes des autres, de peur que ces globes ne tombassent les uns sur les autres par la force de leur gravité »[28]. Dans les théories cosmologiques contemporaines, la séparation entre régions tend à disparaître au profit d'une uniformité plus complète ; l'expansion de l'univers doit même permettre de prédire le mouvement de toutes les galaxies grâce à une théorie généralisée de la gravitation, qui incorpore le domaine subatomique de la mécanique quantique. Ceci indique que la tendance des conceptions relativistes a été d'incorporer le principe copernicien dans le principe cosmologique.

Or, une telle tendance est déjà largement à l'œuvre en physique classique, et il revient à Kant de le montrer grâce à la mise en perspective transcendantale du double problème de la relativité et de la totalité. Déjà dans le cadre de la physique newtonienne, qu'advient-il d'une interaction entre les deux sens du renversement copernicien ?

La distinction entre le fictif et le vrai justifie l'exigence d'universalité, mais le problème critique est de savoir comment il est possible d'établir et de soutenir la légitimité du « vrai » *depuis* notre position irréductiblement relative et singulière. Or, la philosophie newtonienne articule une nouvelle discrimination entre références, plus profonde encore que celle du principe de relativité. Des vraies grandeurs obtenues à l'aide de la référence adéquate à la connaissance absolue des choses telles qu'elles sont en elles-mêmes, il subsiste le fossé infranchissable qui sépare l'homme de Dieu. Dans un passage remarquable de la controverse entre Leibniz et Clarke, ce dernier, qui est le porte-parole de Newton, explique ce qu'il y a lieu d'entendre par la nature des interventions de Dieu dans le cours observable du monde. On croit à tort que tous les changements dans la nature, tels que la rénovation du système solaire après sa destruction sous le jeu des forces de gravitation, sont l'œuvre surnaturelle de Dieu. En fait, ces changements « doivent être compris non par rapport à Dieu mais par rapport à nous seulement »[29]. Le système solaire apparaît comme un système très stable[30], mais c'est une conséquence du calcul qu'au bout de temps fort longs la quantité de mouvement des planètes ne sera plus suffisante pour maintenir l'équilibre. L'application de ce type de prédiction est néanmoins incapable de rendre compte d'une rénovation possible au moyen des mêmes forces naturelles qui ont présidé à la destruction. Comment Clarke peut-il donc soutenir qu'elle a lieu seulement par rapport à nous ? La rénovation ultérieure du système est l'une des questions qui a préoccupé Newton tout au long de son itinéraire intellectuel, puisqu'elle pousse la théorie à prendre en charge ses propres limites de prédiction ; Newton a finalement imaginé que les comètes, qui devraient de temps à autre percuter le soleil, le régénèrent en quantité de mouvement. À cette interprétation physique, Clarke ajoute une réserve d'ordre purement spéculatif : tout ceci a lieu par rapport à nous seulement, la réalité étant du ressort de Dieu dans la mesure où, comme le dit encore Clarke, « le système actuel, le désordre qui s'ensuit, et la rénovation ultérieure font tous également partie du dessein imaginé dans l'idée originellement parfaite de Dieu ». Ce que *nous* interprétons comme changement (imperfection selon laquelle Dieu serait de temps à autre obligé de remonter cette horloge qu'est le monde) est une identité à soi en *Dieu*. Dieu est immédiatement présent aux choses parce qu'il les pense à la manière dont nous ne pouvons que les sentir.

Ainsi, à la distinction dans l'espace entre les grandeurs fictives et les grandeurs vraies, répond la distinction dans le temps entre un monde changeant et un monde immuable, toujours identique à soi. Les vraies grandeurs ne sont pas encore une vision de la réalité telle qu'elle vaut en elle-même, mais seulement l'expression la plus perfectionnée du monde sensible, en tant que leur langage est le langage mathématique. De la même façon que le monde changeant est immuable lorsqu'il est vu par Dieu, le temps au sens mathématique est « sans relation à rien d'extérieur » et « coule uniformément »[31]. Mais le langage mathématique ne reste-t-il pas lui aussi enchâssé dans le langage ordinaire et sensible des quantités qui ne sont pas universelles ? On trouve cette remarque révélatrice dans le scholie qui suit les définitions du livre I des *Principia* : « … les quantités relatives ne sont donc pas les véritables quantités dont elles portent le nom, mais ce sont les mesures sensibles … que l'on emploie ordinairement pour les mesures. Or comme la signification des mots doit répondre à l'usage qu'on en fait, on aurait tort si on entendait par les mots de *temps*, d'*espace*, de *lieu* et de *mouvement* autre chose que les mesures sensibles de ces quantités, excepté dans le langage purement mathématique »[32]. L'usage ordinaire des mots n'est pas adapté aux quantités mesurées elles-mêmes, parce que l'expression purement mathématique retire de ces quantités leur gangue d'imperfection sensible. L'expression mathématique est par conséquent inhabituelle en ce sens que, bien que formant le pont entre la vision sensible et les grandeurs vraies, en droit elle ne retient rien de son attache au langage des apparences. Cependant, on peut bien descendre d'un monde mathématique pour trouver un monde sensible en son imperfection, mais serait-il jamais possible de monter du sensible au mathématique pour rejoindre la même perfection supposée d'abord ? Si, contrairement à Dieu, nous ne pouvons penser à la manière dont nous sentons, il s'ensuit cette conséquence très grave : en mathématisant le réel jusqu'à poser dans les conditions ultimes de celui-ci les concepts purement mathématiques de temps, d'espace, de lieu et de mouvement, la science de la nature est-elle finalement plus qu'une pure mathématique ? Ces quantités ne tiennent-elles pas leur caractère soi-disant absolu de ce qu'elles n'ont peut-être plus rien à voir avec la possibilité de se représenter le monde physique, représentation qui commence avec les apparences et leurs quantités relatives ? Au niveau des apparences et de la possibilité de la mesure, Newton est contraint de concevoir un certain nombre d'expériences (comme le seau d'eau en rotation, dont la concavité indique la présence des forces d'inertie) telles que des effets similaires devraient être observés dans un monde différent du nôtre (ainsi les deux globes en rotation reliés par un fil dans un univers vide, où la tension du fil indique une rotation absolue). À ce compte, sait-on jamais vraiment ce qu'on mesure ?

Galilée l'avait déjà souligné avec la force de la concision dans son célèbre *Essayeur* : « Ce livre [l'univers] est écrit dans le langage mathématique ... sans l'aide duquel il est impossible d'en comprendre un seul mot ». Comment ce langage en vient-il à prendre sens pour nous qui restons attachés à la gangue sensible du langage ordinaire ? Que lisons-nous effectivement de la nature quand nous lui implantons le langage mathématique ? Il ne fait aucun doute que cette prise de sens est en rapport étroit avec les sources d'inspiration platonicienne et néo-platonicienne qui forment l'arrière-fond intellectuel des fondateurs de la physique moderne. Mais la plus décisive des innovations qui caractérisent la révolution scientifique est aussi un progrès sur la conception platonicienne : il s'agit de la découverte d'un certain nombre de techniques expérimentales qui sont censées refléter le monde d'exactitudes idéales[33]. L'expérimentation apparaît comme cette forme particulière du parler mathématique qui peut avoir une signification directe pour nous, êtres humains finis et rivés au sensible. Au lieu d'utiliser des mots, l'expérimentation utilise des instruments conçus selon un projet mathématique ; l'instrumentation véhicule d'elle-même la signification que nous accordons aux symboles mathématiques.

Le principe de relativité en physique mathématique moderne traduit bien la prise de sens du mathématique dans l'expérimentation. Il énonce l'invariance formelle des lois de la nature à l'intérieur d'une classe privilégiée de références. Deux choses sont impliquées ici. (1) La classe privilégiée des références est la classe des systèmes d'inertie, c'est-à-dire les systèmes qui sont soit en repos soit en mouvement de translation uniforme, donc soustraits au jeu des forces qui animent le monde réel de l'expérience ; c'est seulement pour cette classe, toujours définissable au moins idéalement en toute circonstance et à l'intérieur de n'importe quel système, que l'indifférence des références, exigée par le principe cosmologique du renversement copernicien, est pleinement réalisée. En effet, le principe d'inertie n'a un sens effectif que si au moins un référentiel inertiel existe ; mais si un tel référentiel existe, alors il en existe une infinité d'autres, puisque tout référentiel en mouvement rectiligne et uniforme par rapport à un référentiel inertiel est également inertiel. (2) L'invariance formelle des lois de la nature, qui correspond à ce que Newton entend par l'expression purement mathématique, s'applique en premier lieu à cette classe seulement, de sorte qu'on puisse ensuite insérer les multiples variations mises en jeu par l'action des forces. La prescription d'invariance signifie qu'étant donné la multiplicité des référentiels, une expression formulée dans les coordonnées de l'un quelconque de ces systèmes doit pouvoir être transposée dans les coordonnées d'un autre tout aussi quelconque. Or, les transformations dites « galiléennes » en mécanique classique, qui assurent la transposition, ne réussissent à préserver totalement l'invariance qu'en ce qui concerne la coordonnée « temps » de tous les systèmes ; en ce qui concerne l'espace, la position d'un corps pour un observateur au repos ne sera évidemment pas la même pour un autre observateur, en translation uniforme par rapport au premier. Cette discordance fait à nouveau basculer la mécanique classique dans le principe copernicien. Si le principe de relativité au premier sens (principe cosmologique) réussit à débarrasser la nature de ses aspects qui dépendent de la perspective sous laquelle ils sont observés, le deuxième sens (principe copernicien) ne réussit pas pleinement à évacuer les phénomènes de l'ornière des circonstances concrètes en lesquelles ils se manifestent. Affirmer le principe de relativité, qui pose l'équivalence entre systèmes de référence d'une famille donnée, revient à privilégier la conservation de la forme dans les transformations de coordonnées, au détriment de ce que Newton appelle les « quantités relatives ». Ainsi, bien qu'il n'existe jamais parfaitement dans la nature, l'état inertial d'un corps (repos ou mouvement rectiligne uniforme) est considéré comme une explication de la tendance à s'opposer aux forces extérieures qui modifient l'état de repos ou font infléchir la trajectoire rectiligne ; l'état inertial, bien qu'idéal, est *aussi* l'état naturel d'un corps. Paradoxe qui ne peut servir d'explication que si c'est la même réalité qui est décomposée en deux effets, l'un directement expérimentable qui est la force dans son inséparable association avec les changements de repos ou de trajectoire rectiligne uniforme (les accélérations), l'autre prototype de tout ce qui est expérimentable ; la réalité définie par le principe de relativité est donc la limite vers laquelle tendent toutes les expérimentations possibles, par où la distinction du fictif et du vrai, du changeant et de l'immuable, se trouverait toujours déjà assurée.

Suivant la physique classique, la différence irréductible entre savoir humain et savoir divin ne conduit donc pas non plus à deux réalités, l'une pour l'homme et l'autre pour Dieu. Il n'y a qu'une seule et même réalité inconditionnée, qui est décomposée suivant la double exigence, positive et négative, du renversement copernicien. Newton ne voit pas d'opposition irréductible entre ces deux manières de se rapporter à l'inconditionné. Ce que *nous* comprenons par division irréductible entre inconditionné et phénomènes est reflété par la distance qui sépare la nécessité métaphysique aveugle de la volonté et la sagesse divines. Tandis que la nécessité métaphysique est incapable de produire par elle-même cette diversité de choses trouvées dans la nature, Dieu est un être dont l'existence crée la diversité. Cet être, « nous le connaissons seulement par ses très sages et excellentes contraintes sur les choses et par les causes finales »[34]. Nous connaissons Dieu *par* les causes finales qu'il transmet aux choses, *par* ses propriétés et attributs (comme l'espace et le temps) que la mathématisation de la nature a réussi à saisir comme universels. La connaissance *de* ces causes et propriétés dépasse les capacités humaines, non parce que nous serions aveugles de nature, mais plutôt parce que causes finales et attributs de Dieu nous aveuglent – à tel point que lorsque nous nous rapportons à eux, nous ne pouvons plus utiliser les mots du langage courant. C'est pourquoi le hiatus entre la philosophie expérimentale et son ultime fondement ontologique n'est pas perçu par Newton comme une limite aux prétentions universelles de la physique. Pour citer encore Newton : « Quoique chaque pas que nous faisons réellement dans cette philosophie ne nous conduise pas immédiatement à la connaissance de la cause première, il nous en approche toujours plus, et par cette raison c'est une manière de philosopher très estimable »[35]. La cause première est une chose dont la connaissance est complètement différente des phénomènes conditionnés par elle. Les succès de la philosophie expérimentale nous rapprochent cependant de cela même qui reste toujours inaccessible. Cela est possible parce que expérimentation et mathématisation, prises ensemble, combinent réception passive et lecture active d'un monde qui reste absolument transcendant en son être. De fait, comme le développement de la physique après Newton n'a cessé de le prouver, la formulation des principes (comme la relativité) en termes d'invariance a joué un rôle heuristique considérable en limitant de plus en plus les indéterminations résiduelles.

La réflexion sur les relations de la physique mathématique au monde des choses telles qu'elles sont en elles-mêmes serait restée l'apanage de spéculations théologiques, si la physique ne s'était chargée elle-même d'englober son fondement ontologique suprême, irréductible à toute expérimentation, dans l'universalité de son expression mathématique. Quel est le fondement de la connaissance sur lequel repose cette incorporation ? Chez Kant, il ne reste de la théologie dogmatique qu'un écho dans l'éthique : la seule action concevable d'une Idée sur notre sensibilité est le sentiment de respect que nous éprouvons à l'égard de la loi morale. Quant à la confusion sur les domaines réservés respectivement au principe cosmologique et au principe copernicien, Kant l'appelle une *amphibolie* : c'est le procédé inverse du renversement copernicien, mais fallacieux, qui vise à le compléter du côté de l'objet. Lorsque la pensée a retrouvé dans l'objet cela même qu'elle y a mis, elle possède l'idée d'un objet sans que celui-ci soit maintenant donné simplement dans et par l'expérience. Comment retrouver l'objet dont j'ai d'abord extrait cette idée ? Je la convertis en la prétendue représentation d'un objet empiriquement donné, de sorte que la condition subjective de la connaissance se trouve hypostasiée en un soi-disant donné en dehors d'elle. L'idée est alors censée refléter les conditions de la connaissance et de ses objets dans une commune intégralité[36]. Peut-on s'assurer que l'objet ainsi produit recouvre l'objet donné dans l'expérience ? L'expérimentation est l'activité de l'observateur, qui change radicalement la position pré-copernicienne de l'homme comme spectateur passif de la nature. Mais comment l'observateur peut-il être actif et rester en même temps le spectateur passif qu'il doit être si la nature lui apprend vraiment quelque chose ? Cette double dimension du spectateur actif et passif est décrite dans la célèbre préface à la seconde édition de la *Critique*, lorsque Kant se réfère aux travaux de Galilée ou Torricelli en termes de la raison qui « n'aperçoit que ce qu'elle produit elle-même d'après son projet, qu'elle doit prendre les devants … et forcer la nature à répondre à ses questions »[37]. Ce plan, que la raison emprunte à ses propres visées les plus hautes (celles qui dépassent la nature, et qui sont de l'ordre de la métaphysique), trouve un écho affaibli dans la nature elle-même, puisqu'il produit ce minimum de contrainte sans quoi la nature ne pourrait pas du tout répondre à nos questions. Elle y répond partiellement, en limitant la connaissance *a priori* possible pour nous (les prétentions amphiboliques de la raison à la complétude dans l'objet) aux objets d'expérience possible, c'est-à-dire les objets qui se rendent réceptifs à une manipulation expérimentale.

Kant parle de forcer la nature, c'est-à-dire d'utiliser l'expérimentation. De fait, la position critique trouve sa justification ultime dans ce que Kant appelle une *expérimentation avec les concepts*. Cet écho de nos questions adressées à la nature, la physique mathématique l'attrape pour ainsi dire au vol, sans plus jamais se soucier ni d'où il vient ni de la hauteur absolue vers laquelle il se dirige : elle commence là où ses effets sont captés dans les mesures relatives, extrayant de ces dernières des vraies grandeurs qui restent des constructions idéales. La critique est à l'écoute de l'écho en sa pureté qui n'intéresse pas la physique mathématique, puisqu'il n'est qu'une image de nous-même : ainsi la conscience et la vie, dont Kant évalue la signification dans les deux premières lois de la mécanique newtonienne pour opposer radicalement cette conscience vivante à la matière inerte[38]. La visée la plus haute de la raison vivante trouve bien un écho dans les tréfonds de la nature les plus réfractaires à la science exacte, parce que cette visée ne peut finalement se comprendre par analogie ni avec la mathématique ni avec la physique, mais avec la chimie, que Kant (du moins à l'époque de la *Critique*) considère à peine comme une science. De la même façon qu'un chimiste sépare les éléments hétérogènes dans un corps composé, supposons que le métaphysicien puisse partir de l'hypothèse que la connaissance est formée de deux éléments très différents, la connaissance des choses comme phénomènes et celle des choses en soi[39]. Supposons en outre que cette distinction corresponde à celle des objets d'expérience possible et des objets qui dépassent toute expérience, et que ce point de vue réussisse finalement à « pourvoir les lois qui sont *a priori* au fondement de la nature comme ensemble des objets de l'expérience de leurs preuves suffisantes »[40]. Comment aurons-nous une preuve de la nécessité de ce résultat, comment reconnaîtrons-nous que les catégories de l'entendement, qui sont spontanément pensées *(selbstgedachte)*, ne confèrent pas au sujet connaissant une activité qui, pour être absolument libre, n'est cependant pas arbitraire ? Telle est la tâche de l'expérimentation, qu'elle doit décider « en faveur de l'exactitude de cette distinction »[41] et donc fournir la preuve de la validité de la supposition. Les lois chimiques, dit Kant, s'apparentent justement plus à l'art et à l'expérimentation qu'à la science proprement dite, parce qu'on ne peut encore les concevoir selon leur possibilité[42] ; on pourrait les connaître *a priori* « si notre intelligence était plus pénétrante »[43] ; elles ont donc un statut intermédiaire entre la connaissance *a priori* des objets en général et le principe inconnu de l'organisation du savoir et de la nature dont la réflexion tente de s'approcher. Bien entendu, aucune expérimentation ne peut être tentée avec les choses en soi, puisque celles-ci sont supposées être au-delà de toute expérience possible. Il n'y aura donc pas de preuve directe de la distinction. La preuve de cette première évaluation de notre connaissance par laquelle nous supposons que toute connaissance *a priori* se réfère aux apparences sera obtenue indirectement, *i.e.* c'est « l'expérimentation d'une contre-épreuve pour la vérité du résultat atteint dans cette première évaluation ». Ce qui est expérimenté, ce ne sont pas les objets eux-mêmes, mais ces concepts et principes que nous avons admis *a priori*. En d'autres termes, la preuve de la distinction tient dans une manière fort spéciale de forcer la nature, par où les objets qui se tiennent au-delà de toute expérience possible sont *seulement pensés* au moyen de ces mêmes concepts et principes qui sont déjà établis dans leur usage empirique. Or, « les catégories ne sont pas restreintes dans la *pensée* par les conditions de notre intuition sensible » ; elles ont plutôt un « champ illimité »[44]. Mais « la *connaissance* de ce que nous pensons, la détermination de l'objet, a besoin de l'intuition », étant entendu que le pouvoir de connaître repose sur « la spontanéité des concepts »[45]. Dans la mise en place de la contre-épreuve, il va donc s'agir de penser ce qui est déjà pensé dans la connaissance, sans que cette pensée soit encore reconnue tant qu'elle est au service de l'objet de l'expérience qu'elle éclaire en sa possibilité. Telles sont les antinomies cosmologiques, où la clarté des concepts *a priori* (prouvés dans les principes de l'entendement pur) devient si aveuglante qu'elle entraîne la raison à confondre les phénomènes avec des choses en soi ; des objets de pure pensée (c'est-à-dire les noumènes, objets de l'entendement dans son usage transcendantal) sont devenus impossibles à distinguer des objets trans-empiriques de l'entendement dans son usage empirique. La contre-épreuve est comme un tour de reconnaissance de la connaissance, précédant en droit la connaissance qui passe toujours en fait dans l'objet.

Il n'y a pas de « voie intermédiaire »[46] entre le renversement copernicien (les objets se règlent sur les concepts) et son opposé (les concepts se règlent sur les objets), parce que s'il existait une sorte d'ajustement arrangé d'avance entre les objets de la nature et nos dispositions subjectives, jamais nous ne pourrions le reconnaître. Le renversement copernicien interdit de se placer dans un dialogue où sujet et objet auraient la part égale. Or, dans les antinomies cosmologiques de la raison pure, Kant définit l'inconditionné comme la limite idéale vers laquelle tendent tous les membres connaissables de la série des phénomènes conditionnés. Parce que les idées de la raison ne peuvent tendre à l'inconditionné que dans les phénomènes (une pensée dans l'objet), alors même que l'inconditionné dépasse en droit toute expérience possible (une pensée de l'objet), elles sont entraînées dans un conflit inévitable (transcendental) avec elles-mêmes. Avant de forcer la science exacte à parler le langage de la métaphysique, il faut donc voir comment les antinomies parlent le langage de la relativité, où la raison s'attache aux prédicats sensibles de la plus grande unité possible de l'expérience.

Dans les deux antinomies mathématiques de la cosmologie rationnelle, dont Kant traite dans la Dialectique Transcendantale de la *Critique de la Raison Pure*, la raison tente d'assigner une fois pour toutes au principe copernicien et au principe cosmologique la place qui leur reviennent. Mais elle ne peut y arriver qu'en produisant un conflit entre la relativité (au sens large défini plus haut) et sa négation. Ces deux antinomies traitent de l'intégralité absolue de l'assemblage ou de la division d'un tout soi-disant donné[47]. Soit le point fixe de notre expérience ici et maintenant se perd dans une série régressive vers l'inconditionné, et cette série ne finit jamais : telle est l'antithèse (où nous reconnaissons le principe cosmologique), selon laquelle l'inconditionné n'est rien d'autre que la totalité de la série ; mais comme cette série est de toute façon trop grande pour l'expérience (elle ne se termine jamais), le point présent d'où nous sommes partis devient problème puisqu'il ne peut être rejoint en sens inverse ; ainsi une série successive infinie ne pourrait s'arrêter au moment présent. Soit ce point fixe nous renvoie immédiatement à un moment inconditionné qui sera par exemple le passé le plus lointain du monde ou la partie absolument simple d'un tout (c'est la thèse, ou principe copernicien), mais alors l'inconditionné se rapporte à la série à laquelle il donne soi-disant lieu comme le dehors de quelque chose se rapporte à ce quelque chose, c'est-à-dire la non-existence à l'existence. Chaque proposition se prouve d'une manière apagogique parce qu'elle cherche dans l'autre le moyen terme (le schème) qui devrait permettre d'assurer l'union de ces deux instances cognitives. Mais le schème qui permettrait de sensibiliser le concept de la thèse n'est reconnaissable que dans l'opération de l'antithèse qui la réfute, et vice versa. Une contradiction émerge parce que la raison dogmatique va trop vite : elle ne réalise pas qu'il arrive un point dans la série régressive où les objets de l'expérience doivent *déjà* avoir été transformés en choses en soi pour que la série puisse effectivement continuer au-delà des limites présentes de l'expérience ; la conversion du phénomène en chose en soi survient toujours trop tôt. La solution critique aux antinomies admet l'impossibilité de schématiser un concept qui voudrait rendre complètement à l'objet ce qu'il lui a d'abord pris afin de le schématiser en objet d'expérience possible ; elle garde l'activité de schématisation, mais sans but déterminé. La solution consiste à orienter la recherche vers des membres de l'expérience toujours plus éloignés de toute limite assignable dans l'expérience ; renonçant à toute grandeur déterminée ou déterminable pour la totalité, sans renoncer toutefois à l'objet, elle repousse toujours à plus tard la maléfique conversion du phénomène en chose en soi. L'arrachement à la terre n'est jamais définitif. Par là, la solution critique pose la validité des prémisses du principe copernicien avec une assurance renouvelée.

Or, Kant prépare l'analogie chimique qui va permettre d'identifier l'achèvement de la série des conditions avec la chose en soi au moyen d'une expérimentation qui, cette fois, est empruntée à la physique et à l'astronomie. La force newtonienne d'attraction, dit Kant, procure, « à ce que Copernic n'admettait au début qu'à titre d'hypothèse, une certitude achevée »[48]. La *Critique*, de son côté, passe de l'hypothèse du changement de la façon de penser à sa preuve apodictique. Mais il subsiste une différence essentielle. Sur quoi repose l'hypothèse expérimentée par Copernic qui a été prouvée avec succès par Newton ? Elle vient de ce que Copernic s'est « risqué, d'une manière contraire aux sens, mais pourtant vraie, à chercher les mouvements observés non dans les objets du ciel, mais dans leur observateur ».

Or, le résultat de la révolution astronomique n'est-il pas justement de faire de la terre un objet du ciel ? La physique s'empare alors de ce fait pour prouver les mouvements vrais au moyen de la force newtonienne qui est *invisible* (non schématisée en un objet d'expérience possible). Aussi bien dans l'hypothèse de Ptolémée corrigée par Copernic que dans l'hypothèse de Copernic proprement dite, les mouvements observés directement ne sont toujours pas les mouvements vrais. Du point de vue critique, la caractéristique du système copernicien est qu'il n'abolit pas *complètement* la position centrale de l'observateur, car les illusions qu'elle entraîne font partie de sa vérité (comme par exemple les mouvements rétrogrades des planètes) ; corrélativement, le système ptoléméen ne représente pas simplement le point de vue dogmatique puisque, une fois le point de vue copernicien adopté, quand on se retrouve dans ce système pour les besoins de l'observation, on peut dire *indifféremment* que les objets se conforment à notre mode de représentation ou que ce mode se conforme aux objets – nous n'avons pas les moyens expérimentaux pour décider, nous sommes plongés dans cette intenable voie intermédiaire entre le point de vue copernicien et sa négation. Par le renversement copernicien, les objets se conforment à la pensée en tant qu'ils sont observés. Qu'arrive-t-il si, la physique voulant trouver les mouvements vrais, le champ d'observation est dépassé ? Nous ne retournons alors pas non plus simplement à la position dogmatique, sinon l'hypothèse initiale d'une démarcation entre les deux types de conformité ne pourrait pas être testée. Pour arriver à tester l'hypothèse, il faut associer aux deux types de conformité deux types d'objets qui sont distingués en pensée seulement. Si nous arrivons au résultat que les objets non observés (baptisés choses en soi) tombent en contradiction avec notre manière de les penser, nous saurons au moins qu'il ne faut pas pousser jusqu'aux choses en soi pour prouver la démarcation en question, mais que celle-ci s'applique déjà aux choses observées (les phénomènes).

Du reste, Kant dit bien que la révolution copernicienne en métaphysique imite l'*idée première* de Copernic[49]. Qu'est-ce que cette idée, sinon le mouvement *double* qui associe d'emblée au mouvement diurne de la terre sur son axe son mouvement annuel autour du soleil ? La terre étant projetée dans les cieux, ces deux mouvements se conditionnent l'un l'autre. Dans la *Critique*, l'idée première de Copernic est le point de départ de *trois* expérimentations. La première correspond à l'essai qui consiste à régler l'objet empirique sur la faculté d'intuition :

> « Si l'intuition devait se régler sur la nature des objets, je ne vois pas comment on en pourrait savoir quelque chose *a priori* ; que si, au contraire, l'objet (comme objet des sens) se règle sur la nature de notre faculté d'intuition, je puis très bien alors me représenter cette possibilité ».

Prise littéralement, cette dernière assertion est une trivialité, car au niveau de l'immédiateté, à quoi d'autre l'objet empirique pourrait-il se rattacher ? Il fallait pourtant rappeler cette trivialité pour que la faculté sensible puisse se rassurer sur son pouvoir, elle qui vient d'être malmenée par son ébranlement à la suite de la première mise en mouvement de la terre. Il s'agit d'un transfert de nature : la nature des objets, tout à coup suspendue, est reportée sur la nature de la faculté d'intuition. Ce premier moment de la révolution copernicienne est donc l'affirmation d'une redondance du sensible : moment absolu, inarrêtable, où la faculté sensible devient maîtresse d'elle-même et se fixe un destin. Ensuite, pour passer de l'intuition à la connaissance, il faut *répéter avec le concept* l'essai qui a été entrepris avec l'intuition, c'est-à-dire régler l'expérience qui donne la connaissance de l'objet sur des concepts *a priori*. Pris ensemble, l'intuition *a priori* et le concept *a priori* démontrent que « nous ne connaissons *a priori* des choses que ce que nous y mettons nous-mêmes ». À ce moment, Ptolémée et Copernic sont renvoyés dos à dos ; l'erreur que la critique veut éviter, c'est justement que le premier représente le monde des sens et le deuxième le monde de l'intellect, comme si ces deux mondes pouvaient être séparés définitivement. Il y a un usage empirique de l'entendement même dans la physique newtonienne[50], tout comme les anciens faisaient un usage intellectuel des sens lorsqu'ils prenaient le mouvement des étoiles comme le principe du mouvement. Enfin,

> « pour l'examen des propositions de la raison pure, surtout quand elles se risquent au-delà de toute limite de l'expérience possible, on ne peut faire aucune expérimentation avec leurs objets (comme dans la science de la nature) : elle ne sera donc faisable qu'avec des *concepts* et *principes*, que nous admettons *a priori*, en les ordonnant de telle sorte que les mêmes objets puissent être considérés *d'une part* comme objet des sens et de l'entendement pour l'expérience, *d'autre part* cependant comme objets que l'on pense simplement, en tout cas comme objets pour la raison isolée et s'efforçant d'aller au-delà des limites de l'expérience, une considération faite, donc, de deux côtés différents. Or, s'il se trouve qu'en considérant les choses de ce double point de vue, il y ait accord avec le principe de la raison pure, tandis que d'un seul point de vue résulte un inévitable conflit de la raison avec elle-même, l'expérimentation décide alors en faveur de l'exactitude de cette distinction »[51].

Arrivant aux objets au-delà de l'expérience, la raison répète le même essai initial avec les concepts et principes *a priori* déjà acquis. Mais comme ces objets sont tout à fait inexpérimentables, la raison peut seulement *se risquer* ou *s'efforcer* de dépasser les limites de l'expérience. Ce risque, elle l'encourt en reprenant les objets déjà connus au moyen et à la suite des deux premiers essais, leur ajoutant un point de vue sous lequel ils sont seulement pensés au lieu d'être à la fois pensés et intuitionnés. La pensée, devenue maîtresse d'elle-même, n'est plus aussi absolue que pouvait l'être la sensibilité au premier moment. Dans l'antinomie on ne retient qu'un seul point de vue à la fois pour l'opposer à l'autre : l'empirique (antithèse) ou l'intellectuel (thèse) ; la solution critique reprend les deux points de vue ensemble, en se détournant définitivement de tout objet effectivement donné au-delà de l'expérience, mais en maintenant l'effort (la visée) de la raison au-delà d'elle-même vers un tel objet. Par suite, le saut dans la chose en soi effectué par les antinomies ne constitue pas une sorte d'anéantissement provisoire du renversement copernicien, une négation de son fondement d'où la solution critique nous tirerait une fois pour toutes, puisque la position dogmatique n'a déjà pas de signification par elle-même, en dehors de la position critique : elle ne fait que trahir une irrésolution devant les deux manières de concevoir l'ordre de priorité entre le sujet et l'objet, irrésolution coupable parce qu'elle confine dangereusement à l'entre-deux intermédiaire.

Les antinomies sont bien le test décisif du renversement. Le principe copernicien dit que nous ne sommes pas au centre : pour lire dans les choses ce que nous y avons mis, il faut d'abord s'oublier et s'y perdre, s'en remettre à la spontanéité propre au concept qui organise le donné sensible ; mais ce principe ne peut pas être étendu sans contradiction au principe cosmologique, d'après lequel nous sommes quand même au centre : en effet, pour faire retour sur soi dans la pleine clarté du concept *a priori*, nous avons dû emporter quelque chose de l'objet en soi sans même nous en apercevoir (et c'est pourquoi nous ne pourrons jamais le connaître). Kant se limite donc bien à la première pensée de Copernic : si la représentation des objets était poussée jusqu'au point de vue depuis le soleil, on ne voit pas pourquoi le soleil conserverait son privilège de point central, et la cosmologie serait celle de Bruno où tous les points sont équivalents comme centres. Mais si tous les points sont équivalents, la critique de la connaissance renvoie à une critique de la critique, et ainsi sans fin[52]. Suivre l'idée première de Copernic, cela revient à s'arrêter aux phénomènes observés depuis la terre en mouvement, et ne pas aller jusqu'aux trajectoires des *autres* corps célestes définies depuis le soleil – cette dernière vision est celle de la science qui se constitue par elle-même, sans l'aide ni de la métaphysique ni de la critique.

Interprétée par la philosophie transcendantale, la révolution copernicienne se joue dans les fonctions successives dévolues à l'élément pur de toute connaissance :

<table>
<tr><th>ESTHÉTIQUE</th><th>ANALYTIQUE</th><th>DIALECTIQUE</th></tr>
<tr><td>sentir pur</td><td>sentir
+
penser pur

=
connaissance d'objets d'une expérience possible</td><td>penser
+
idéaliser pur

=
connaissance d'objets au-delà de l'expérience possible</td></tr>
<tr><td>Copernic
(la non-vérité de notre position centrale est révélée)</td><td>Copernic=Ptolémée</td><td>Ptolémée</td></tr>
<tr><td></td><td colspan="2">(au fur et à mesure que nous avançons le nouveau centre, la non-vérité originelle redevient de plus en plus présente et incontournable)</td></tr>
</table>

La pensée pure n'est pas maîtresse de son propre sort : telle est l'implication ultime du renversement copernicien. Or, traditionnellement, il est une connaissance réputée « pure » qui passe pour fournir le modèle de la maîtrise de soi : la mathématique. La critique des fondements de la physique newtonienne n'est complète qu'en passant du statut de l'expérimentation à celui de l'usage des mathématiques. Dans son traité sur les premiers principes métaphysiques de la science de la nature, Kant est bien connu pour avoir affirmé « que la théorie de la nature contient de la science proprement dite dans l'exacte mesure où les mathématiques peuvent être appliquées dans cette théorie »[53]. Par mathématique, il faut comprendre ici la doctrine kantienne. La science proprement dite est la connaissance de la possibilité de choses déterminées de la nature, dans la mesure où cette connaissance résulte de la *construction* des concepts dans l'intuition *a priori*. La construction s'apparente donc à une deuxième schématisation, où à défaut de l'objet (puisqu'on sait par expérimentation qu'il ne peut refaire parfaitement le contact avec lui), le concept se retrouve au moins dans les formes de la sensibilité qui donnent l'objet. Or, les *principes* de la construction des concepts doivent précéder l'usage de la mathématique dans la science de la nature[54], puisqu'ils relèvent de la métaphysique qui contient « uniquement des principes non empiriques »[55]. Occupée avec elle-même et sans rien emprunter à l'expérience, la faculté de penser imagine arbitrairement toutes sortes de possibles qui dérivent du jeu libre des concepts. Tous ces possibles ne peuvent évidemment pas correspondre à une réalité, mais ils ne sont pas non plus tous arbitraires : il y a un aspect de la métaphysique qui comporte un sens de vérité, c'est celui qui est tiré « de l'essence de la faculté de penser elle-même »[56]. Ceci permet de transformer « le divers des représentations empiriques en une liaison conforme à des lois », par où ce divers devient véritable connaissance. De la sorte, la mathématisation des objets appréhendés dans l'intuition nous reporte au niveau où la pensée expérimente avec ses propres catégories, mais à un niveau plus profond encore que les antinomies parce que l'expérimentation en question nous place juste au moment où se décide la distinction entre l'arbitraire et la nécessité des constructions. Ces objets qui peuvent faire partie d'une connaissance certaine au sens des sciences mathématiques de la nature, lorsqu'une expérimentation appropriée leur est appliquée, sont fondés sur des principes qui se rapportent à l'intuition sans pouvoir y être construits au sens où le sont les concepts mathématiques. Est-ce à dire qu'ils ne peuvent pas du tout être construits ?

Kant est bien conscient du fait que, dans la partie pure de la science de la nature, les constructions métaphysiques et mathématiques ne sont généralement pas distinguées l'une de l'autre avec la netteté suffisante. C'est de cet enchevêtrement que résulte une confusion sur le sens de ce « quelque chose qui n'est pas lui-même objet d'expérience, mais doit être pourtant le fondement premier de tous ceux-ci »[57]. Faire le lien entre la physique mathématique et ses premiers principes relève d'une amphibolie, parce que de toutes les idées produites par la pensée aux prises avec elles-mêmes, on ne peut s'empêcher de considérer que celles qui reflètent l'essence de la pensée doivent se prêter à une construction qui permet de les voir dans l'intuition. Toute tentative pour distinguer entre ces deux types de construction, métaphysique et mathématique (dans leur relation aux objets donnés dans l'intuition), sera donc encore plus indirecte que la contre-épreuve fournie par les antinomies. Dans le cas des objets qui se situent au-delà de l'expérience, éviter le piège de l'amphibolie impliquait que la pensée récupère son accord avec elle-même dans l'idée, que la division du corrélat soi-disant objectif de cette idée (en thèse et antithèse) ne soit pas confondue avec une auto-division de la pensée, donc que le sujet ne se règle pas sur un caractère de l'objet, aussi complet soit-il. Ainsi, la résolution transcendantale de la connaissance des objets d'expérience entraîne la raison humaine dans ces tentatives dialectiques qui elles-mêmes conduisent à des limites *(Grenzen)*. La poussée n'a rien d'arbitraire, puisque la faculté de penser y agit selon sa nature essentielle, et finit par reconnaître son propre pouvoir de pensée en le dissociant de l'objet dans lequel il est faussement identifié : « des limites ... supposent toujours un espace qui se trouve hors d'un lieu déterminé et l'entoure »[58]. Par contre, « dans la mathématique et la science de la nature, la raison humaine reconnaît certes des bornes *(Schranken)*, mais point de limites ». Dans leur progrès interne, la mathématique et la physique nient tout rapport à autre chose qu'elles ; c'est cette négation qui leur permet de progresser sans jamais prendre une limite en charge. La connaissance scientifique est homogène, en ce sens qu'elle n'a nul besoin de se soucier du passage qui conduit des phénomènes dont s'occupe la physique mathématique aux objets qui échappent à la sphère sensible : une borne les sépare. Pour prendre l'exemple le plus simple : une telle borne explique pourquoi la physique newtonienne n'est pas vraiment gênée pour affirmer l'existence de la force d'attraction jusqu'à l'infini, bien que l'infini soit au-delà des limites de l'expérience, et bien qu'en toute logique une accumulation de matière à l'infini engendre une force de gravitation infinie. Elle n'est pas non plus gênée par l'action à distance dans le vide, bien qu'une telle action (de l'aveu même de Newton) soit difficilement concevable. Or, parmi ces objets suprasensibles, se trouve le fondement suprême de l'explication des phénomènes : c'est la métaphysique qui va les prendre en charge, non pas donc pour fonder la physique mathématique mais pour la compléter là même où un tel complément est pratiquement impensable dans les termes de cette science. La limite a cela de particulier qu'elle « appartient aussi bien au champ de l'expérience qu'à celui des êtres de pensée »[59], et la position critique n'est rien d'autre que la tâche toujours réitérée de se tenir sur cette limite, que ni la mathématique ni la physique ne peuvent reconnaître.

La limite est l'objet explicite de la Dialectique Transcendantale. Du monde comme totalité enveloppée dans une limite, nous ne pouvons avoir qu'une idée, et Kant dit de cette idée, avant même de déployer les preuves respectives de la thèse et de l'antithèse, que « comme concept d'un maximum, elle ne peut jamais être donnée in concreto d'une manière adéquate »[60] ; la considération inverse est éprouvée dans les antinomies proprement dites, savoir que le maximum, en tant qu'il serait donné, ne peut pas être pensé d'une manière adéquate. Par ce double mouvement du donné impossible à donner, les idées transcendantales de la raison nous conduisent en ce « point de contact de l'espace plein (l'expérience) avec l'espace vide (dont nous ne pouvons rien savoir, les *noumènes*) ». Or, si la métaphysique de la nature prend possession d'un domaine qui excède celui de la science de la nature proprement dite, c'est que la pensée fait ici effort pour *maîtriser un espace au dehors d'elle qui est pourtant toujours plein.* En effet, les déterminations que la métaphysique de la nature ajoutent à la connaissance transcendantale seront celles du concept universel de *matière.* La difficulté est d'arriver à forcer la détermination d'une limite *(Grenzbestimmung)* dans un objet qui, du point de vue de la science dans sa cohérence interne, ne se reconnaît que dans une borne. Il s'ensuit la question cruciale suivante : supposant que les premiers principes de la science de la nature puissent être déterminés dans leur réalité objective, la pensée sera-t-elle encore une avec elle-même lorsqu'elle prend possession d'un domaine qui, pour cette science dans l'exercice illimité de son progrès, est impensable ?

C'est à forcer une telle détermination de limite que vont s'essayer la Phoronomie (côté géométrique) et la Dynamique (côté forces). Une fois la détermination mise en place, la physique newtonienne achevée, c'est-à-dire munie de ses bornes, pourra être opposée directement à la connaissance transcendantale ; cette rencontre se produit dans la Mécanique. Le choc est particulièrement significatif, parce que non seulement il éclaire l'ensemble du projet kantien en son concept, mais il est aussi extrêmement fertile quant à la perspective historique sur ce projet. Aussi, avant de passer à l'examen de ces trois moments en tant que tels (ce que nous allons faire dans les chapitres suivants), il importe de saisir ce double éclairage à partir de la Mécanique.

La Mécanique de Kant comporte trois lois qui correspondent imparfaitement aux trois du mouvement de Newton. La première loi de la Mécanique kantienne ne correspond en fait à aucune loi newtonienne de mouvement : elle énonce que la quantité de matière reste la même au total dans tous les changements de la nature corporelle. Kant l'interprète en termes de permanence de la substance *dans l'espace* (constance de la quantité totale de matière dans tous les changements), et il ne s'y intéresse que pour lui opposer la conscience, siège des déterminations de *temps*, qui n'est pas permanente parce qu'elle est susceptible de varier par degrés. Cette première loi de la Mécanique correspond à la première des trois Analogies de l'Expérience, où l'espace est substitué au temps. Quant à la première loi newtonienne du mouvement (loi d'inertie), elle énonce qu'en l'absence de forces extérieures imprimées, tout corps persévère dans son état de repos ou de mouvement rectiligne uniforme. Chez Kant, cette loi devient la deuxième loi de la Mécanique ; elle dit seulement ce que la matière ne fait pas d'elle-même, à savoir que contrairement à la vie, elle n'a aucun principe interne qui puisse la disposer à changer d'état. Or, la possibilité d'une science de la nature proprement dite va reposer entièrement sur la loi de la persistance de la substance (transposée du temps à l'espace) et sur la loi de l'inertie[61]. C'est précisément l'opposition de ces deux lois aux principes subjectifs internes qui justifie leur fonction de possibilité pour la science proprement dite. Finalement, la subjectivité transcendantale disparaît complètement dans la troisième loi du mouvement de Newton, qui correspond directement à la troisième loi de la Mécanique de Kant : il y a toujours une réaction contraire à l'action et égale à celle-ci ; dans la mesure où la subjectivité transcendantale ne sert même plus de repoussoir pour justifier l'usage de cette loi en physique, c'est sur elle que va se reporter l'intelligibilité de ce que la matière fait effectivement (*i.e.* il faudra *construire* l'action et la réaction). Se basant sur le principe transcendantal de la réciprocité de toute action dans le monde, Kant veut démontrer *a priori* (au sens mathématique) là où Newton invoquait seulement l'expérience : la communication de mouvement présuppose une communauté de ces mouvements. La troisième loi de la Mécanique de Kant reflète le moment où peut commencer à se déployer la pleine autonomie de la science newtonienne de la nature vis-à-vis de la métaphysique.

Or, quels que soient les mérites ou les défauts de la démonstration kantienne (nous y reviendrons), il importe de voir que, historiquement, le report du sens des lois newtoniennes du mouvement sur la loi d'action et réaction constitue le point de départ d'un élargissement du principe classique d'invariance de ces lois (le principe de relativité).

2. *La portée métaphysique du principe de relativité*

« Nous avons découvert l'étrange empreinte d'un pas sur le rivage de l'Inconnu. Pour expliquer son origine nous avons bâti théories sur théories, toutes plus ingénieuses et plus profondes les unes que les autres. Nous avons enfin réussi à reconstituer l'être qui laissa cette empreinte, et cet être, il se trouve que c'est nous-même ! »[62]. Ainsi s'exclame le célèbre astronome et physicien Arthur S. Eddington en guise de péroraison au premier grand ouvrage de vulgarisation sur la théorie de la relativité générale. Ces lignes sont écrites en 1920. C'est le moment où, par la grâce d'Eddington, tant le monde scientifique que le grand public s'ouvrent à ce monument de la pensée, la nouvelle théorie de la gravitation (dite théorie de la relativité générale) qui devait contribuer à ébranler définitivement les acquis du savoir pour façonner une vision du monde insoupçonnée jusqu'alors. Einstein venait d'en établir les grandes lignes.

Il est remarquable de constater que les vues d'Eddington sur cette théorie renouent en profondeur avec un fil conducteur que la plupart des scientifiques, depuis l'avènement d'une tradition positiviste, ont cherché à discréditer. Ce qui se dégage, dit encore Eddington, c'est que « l'esprit n'a fait que retirer de la nature ce qu'il y avait introduit lui-même »[63]. Ainsi, le fil conducteur n'est rien d'autre que le renversement copernicien opéré par la philosophie critique. Peut-on vraiment maintenir cet ancien fil conducteur pour comprendre la théorie nouvelle, et si oui, comment ?

Si les premiers principes métaphysiques de la science de la nature pouvaient se confondre complètement avec les principes de la mathématique, d'après la critique ils n'auraient aucun sens, sauf précisément s'ils se confondaient avec un sens mathématique qui nous tirerait de la situation antinomique. Il revient à la théorie de la relativité générale, et déjà aux géométries non-euclidiennes du XIXe siècle, de montrer qu'un tel sens existe, apparemment insoupçonné de Kant. Ce que ces théories réfutent, c'est que les antinomies sont des structures immuables de la raison ; l'application de la géométrie non-euclidienne démontrerait qu'elles n'appartiennent pas à l'essence de la faculté de penser.

Les études sur le contexte historique des conceptions de Kant sur la science newtonienne ne se réfèrent que fort timidement aux rapports de ces conceptions à la théorie contemporaine de la relativité ; elles le font soit pour discréditer complètement Kant, soit pour souligner au contraire combien il faut le modifier. On ne peut donc s'empêcher de penser que le besoin s'est toujours fait sentir de venir à bout du problème soulevé par ces rapports, mais que l'évaluation des résultats établis par Kant reste étroitement attachée à l'influence d'écoles de pensée très dogmatiques les unes vis-à-vis des autres.

Au vu des interprétations extrêmes sur la pertinence de la *Critique* eu égard à la physique contemporaine, on pourrait d'abord penser qu'une manière raisonnable de voir les choses consiste à dire que l'intérêt de Kant pour l'impossibilité de déduire complètement les concepts scientifiques du monde des sens est toujours d'actualité, mais que la justification transcendantale de cette impossibilité est trop radicale. Il ne fait aucun doute qu'il reste quelque chose en commun entre les conceptions classiques et contemporaines sur l'espace et le temps, comme en témoignent les commentaires d'Einstein lui-même sur la nature de ses innovations. Qu'il s'agisse de la théorie de la relativité restreinte ou de la théorie de la relativité générale, Einstein a toujours cherché à comprendre les changements apportés aux théories antérieures comme une modification ou un élargissement de celles-ci[64]. La tâche philosophique qui s'impose est donc de saisir en quoi exactement une forme classique de questionnement traverse à la fois les théories classique et relativiste de la nature. Or, la critique kantienne continue à jouer un rôle central pour l'accomplissement de cette tâche.

Ce qui constitue le sol commun des théories classique et contemporaine, c'est le renversement copernicien en tant que modèle d'une physique mathématique. Le renversement est d'abord astronomique, avec Copernic et la nouvelle méthode cinématique de calcul pour la prédiction des mouvements célestes, ensuite physique, avec la théorie de la gravitation de Newton qui prouve que le soleil est le vrai centre du système planétaire (au sens dynamique), enfin physique et mathématique, avec la théorie d'Einstein où la formulation de la loi de gravitation ne dépend plus d'un système de référence particulier. Parce que la philosophie critique a été conçue par Kant comme un reflet de toutes les implications possibles du renversement copernicien, elle reste la pierre de touche d'un problème épistémologique qui traverse toutes les formes des lois de la nature basées sur le renversement ; cela est surtout vrai pour la relativité générale qui s'est libérée de la contrainte du point de vue privilégié. Kant avait derrière lui deux révolutions scientifiques (Copernic et Newton) qui lui fournissaient par analogie les deux moyens de résoudre les problèmes traditionnels de la métaphysique (ceux qui sont relatifs à l'intuition et ceux qui sont relatifs au concept) ; le troisième essai relevait de la seule métaphysique (les antinomies de la cosmologie rationnelle). Tout se passe comme si la théorie physique de l'invariance générale au vingtième siècle prenait la place de la métaphysique. En quoi offrira-t-elle encore un modèle pour penser les premiers principes métaphysiques sur nouveaux frais, au lieu de les absorber purement et simplement dans la généralité de son formalisme ?

De tous les domaines de la physique moderne, celui de la cosmologie occupe une place tout à fait singulière. Les obstacles à une compréhension juste de l'évaluation des résultats kantiens paraissent plus nombreux encore que dans le cas de la loi de causalité ou le principe de la conservation de la matière. La difficulté tient ici au fait que le succès de la cosmologie relativiste semble avoir été bâti sur la négation explicite de certains arguments fondamentaux de Newton et de Kant. Ainsi, la cosmologie relativiste semble infirmer d'une manière décisive les arguments de Kant dans la première antinomie cosmologique de la raison pure. La réussite de l'application des concepts relativistes à tout l'univers montrerait d'une manière définitive l'échec de la *Critique*, puisque les antinomies cosmologiques ne seraient pas l'expression des structures absolues de la raison. Par suite, les fondements métaphysiques de la science newtonienne ne pourraient pas non plus servir de fondements ultimes pour toute science possible. Dans une tentative pour réaménager les arguments kantiens en fonction de la science contemporaine, au auteur aussi attentif que Hübner n'a pas hésité à déclarer que la philosophie kantienne n'est plus du tout adéquate pour clarifier la question de savoir si l'univers est effectivement une Idée de la Raison plutôt qu'un objet légitime d'investigation scientifique. Hübner ne nie pas que « même aujourd'hui nous devons traiter l'univers comme une Idée »[65], puisque la théorie de la relativité générale, si elle peut prétendre au statut d'une théorie cosmologique, doit effectivement être augmentée d'un certain nombre de postulats *a priori* indépendants d'elle, comme le fameux « principe cosmologique » qui impose des conditions de symétrie. Mais tout l'appareil kantien est écarté parce que les arguments de Kant dans les antinomies peuvent être invalidés de différentes manières, par exemple au moyen de la théorie des ensembles. Le besoin d'une substitution de la notion kantienne d'« Idée » de « totalité » par une « théorie » d'un « système physique » s'est donc fait sentir[66].

Parce que la philosophie kantienne reste la pierre de touche de toutes les implications du renversement copernicien au sens métaphysique que nous avons spécifié, il paraît possible d'approcher la question de la pertinence de la *Critique* d'une manière originale, en évitant une comparaison directe du contenu des théories en présence. Nous ne nous occuperons pas ici des questions qui ont été directement réactivées par la relativité générale, comme la nature relationnelle ou absolue de l'espace-temps, ou la géométrie non-euclidienne opposée à la géométrie euclidienne[67]. De la même manière que la réfutation de la portée des arguments kantiens dans les antinomies procède toujours d'une épuration (pour ne pas dire élimination) du véritable problème de Kant, savoir le rapport (direct ou indirect) entre concept et intuition en tant que facultés à la fois indépendantes et inséparables l'une de l'autre[68], on peut montrer que c'est dans l'ouverture de la connaissance transcendantale aux questions cosmologiques de totalité qu'on peut espérer repérer l'existence d'un problème épistémologique et métaphysique d'autant plus fondamental que le domaine de relativité est étendu ; le cheminement d'une théorie comme la relativité générale vers la cosmologie éclaire ce problème d'une manière décisive.

La théorie de la relativité restreinte d'Einstein, élaborée au début du vingtième siècle, est une nouvelle mécanique qui est fondée sur une interprétation de la non-physicalité de l'espace absolu, plus radicale encore que celle de Kant dans la Phoronomie et la Phénoménologie des *Premiers Principes.* La conception kantienne d'après laquelle « l'espace absolu n'est … rien *en soi* et n'est nullement un objet »[69] n'est plus prise comme une manière d'interpréter l'invariance des lois de la mécanique par rapport aux transformations galiléennes de coordonnées ; elle est incorporée dans la mécanique comme une caractéristique de la théorie elle-même. Une telle interprétation trouve sa source dans un fait d'expérience remarquable[70]. L'essor des théories électromagnétiques au XIXe siècle (Faraday et Maxwell), dernier avatar du modèle newtonien, pouvait apparaître comme la base d'une preuve possible en faveur de la réalité de l'espace absolu, puisque ces théories postulaient un éther, support matériel pour la propagation des ondes électromagnétiques, qui privilégiait le repos absolu parmi tous les états inertiaux possibles (repos et translation rectilinéaire uniforme). Mais la célèbre expérience de Michelson et Morley (1887), à la suite de toute une série d'autres tentatives infructueuses, fut le test décisif qui indiquait l'impossibilité de détecter directement les effets de l'espace absolu ; l'expérience montre que le mouvement de la terre dans l'espace absolu n'entraîne aucun effet du type « vent d'éther ». En fait, le résultat négatif de l'expérience est déjà par lui-même beaucoup plus qu'une simple illustration des limites du principe de relativité dans la dynamique newtonienne. Si l'on admet que les lois de l'électromagnétisme ne peuvent pas être mises en doute, l'absence de vent d'éther met le principe *en contradiction* avec cette dynamique. La théorie de la relativité restreinte est une produit de cette contradiction ; elle en offre une des résolutions possibles. Elle maintient le pouvoir explicatif de l'idée d'invariance contre l'hypothèse, avancée d'abord par Lorentz, d'après laquelle quelque propriété interne des corps aurait la particularité de masquer exactement les effets prévus par le vent d'éther. En relativité restreinte, ces propriétés (contraction des longueurs et dilatation du temps) sont réinterprétées comme effets du système de référence inertial choisi. Physiquement, l'espace absolu n'est plus rien d'autre que ce qu'il était depuis le début chez Newton, savoir la classe des systèmes d'inertie. La restriction au repos absolu (qui définissait l'espace absolu en un sens supra-physique chez Newton, et soi-disant physique chez Maxwell) est rejetée en raison du résultat négatif de l'expérience de Michelson et Morley. De la même manière que Kant avait compris que l'espace vide ne peut ni exister par lui-même, ni en relation à l'existence des choses (car alors la relativité cinématique du mouvement serait compromise)[71], de l'espace absolu dans la théorie de la relativité restreinte ne subsiste qu'une Idée au sens kantien. Le résultat fondamental de la théorie de la relativité restreinte est que des étalons de longueur supposés rigides, et des horloges supposées inaltérables, fournissent ces moyens purement cinématiques, impossibles en théorie newtonienne, qui permettent de distinguer entre systèmes de référence inertiaux et non-inertiaux.

Le rejet de l'espace absolu comme entité séparée signifie aussi le rejet de l'idée que la géométrie puisse être complètement séparée – au moins en droit – de la physique. Dans la théorie de la relativité générale, où Einstein applique et étend la relativité restreinte à la gravitation, la géométrisation de la dynamique est accomplie comme un premier geste vers une géométrisation totale de la science de la nature. En effet, si des moyens cinématiques existent pour distinguer un état inertial d'un état non-inertial, la division entre cinématique et dynamique perd sa seule justification qui était la possibilité de définir différents types de mouvement en fonction des moyens opérationnels disponibles. L'élargissement de la classe des systèmes d'inertie aux mouvements uniformément accélérés constitue le fondement du principe de relativité générale. Dans cet élargissement, les forces de gravitation elles-mêmes, qui depuis l'époque de Galilée étaient bien connues pour être (au moins localement) indifférenciables des mouvements accélérés produits par un champ d'accélération constant, sont englobées dans la géométrie du monde qui doit être spécifiable et vérifiable empiriquement.

Avant d'examiner les conséquences de la restriction à l'indifférenciabilité seulement locale, il importe de voir que l'extension postulée par la théorie de la relativité générale soulève un problème fort similaire à celui que la philosophie critique dégageait du principe classique de relativité. Kant avait déjà affirmé l'impossibilité d'effets de l'espace absolu, mais il ne l'avait fait que d'une manière transcendantale, et non physique comme en relativité restreinte, parce qu'il n'avait identifié cette impossibilité qu'avec un objet très particulier, l'univers dans sa totalité. Par là, il faisait en fait deux choses en même temps : il réfutait la réalité de l'espace absolu et il anéantissait la possibilité d'une cosmologie où l'espace comme forme de toute expérience serait séparé de l'espace physique (dont on sait maintenant qu'il peut lui-même avoir une forme qui n'est pas nécessairement euclidienne). Si l'on regarde de près l'argument de Kant sur l'impossibilité d'un mouvement de tout l'univers, on voit exactement comment la nouvelle réfutation de l'espace absolu opérée par la relativité restreinte a pu conduire à quelque chose de très différent, apparemment opposé aux raisons de Kant contre la cosmologie physique.

À propos du mouvement de l'univers entier, il parle seulement du mouvement *rectiligne* comme une preuve de l'impossibilité d'un mouvement absolu. Il semble faire allusion à un essai de Newton pour démontrer par l'absurde la validité de la troisième loi du mouvement (la loi de l'action et de la réaction), dont l'une des conséquences consiste à affirmer que les actions internes à un système de corps n'affecteront pas le mouvement global de ce système. Si l'attraction entre les diverses parties de la terre n'était pas mutuelle au sens de cette loi, il s'ensuivrait un mouvement de la terre dans une direction ; Kant étend cette idée à toutes les parties de l'univers et conclut qu'« une infraction à cette loi ferait déplacer le centre commun de gravité de toute la matière, et donc l'édifice entier de l'univers ». Mais il ajoute aussitôt : « en revanche, cela n'arriverait pas si l'on voulait représenter l'univers comme tournant autour de son axe ; il resterait donc possible de penser un tel mouvement, quoique cette supposition ne présente aucune utilité, pour autant qu'on en puisse juger »[72]. Or, vers la fin du XIXe siècle, la critique de Mach à l'égard des présupposés non empiriques de la physique newtonienne a relevé l'importance, apparemment insoupçonnée par Kant, des conjectures sur la rotation de tout l'univers. Mach se réfère à l'interprétation donnée par Newton du seau rempli d'eau qu'on fait tourner ; d'après Newton, les effets de ce mouvement (la concavité de l'eau) indiquent la présence d'un mouvement circulaire vrai et absolu, parce qu'il est associé au seul effort de l'eau à s'éloigner de l'axe de rotation (force centrifuge) ; les effets ne peuvent s'expliquer par aucune translation relative à un système de référence matériel environnant, pas même l'influence des étoiles. Mais Mach remarque que le seul test expérimental qui pourrait invalider l'idée que le mouvement de rotation est relatif aux étoiles serait la comparaison de l'expérience de Newton, telle qu'elle est effectivement réalisée, avec un seau en repos et l'univers en rotation autour de lui. Comme une telle contre-épreuve n'est pas réalisable, suivant Mach, nous ne sommes pas obligés d'accepter l'interprétation newtonienne de l'expérience ; les arguments empiriques en faveur de l'espace absolu ne sont donc pas non plus acceptables comme tels. Par suite, rien n'empêche d'attribuer l'inertie d'un corps matériel dans l'univers à l'influence de tous les autres corps de l'univers[73]. L'essence des lois de Newton étant de la sorte transférée sur le principe d'action réciproque (la troisième loi), la notion même de mouvement absolu disparaît : pour toute force détectable dans le système constitué par un corps en mouvement et son espace matériel environnant, seul compte le mouvement relatif à l'intérieur de ce système.

On voit comment la relativité restreinte comporte implicitement un rapport nouveau au problème physique de tout l'univers, puisque cette théorie est déjà construite pour rendre compte de l'impossibilité d'effets de l'espace absolu pour un objet en mouvement *intérieur* à l'univers comme la terre. Le problème devient explicite dans le cadre de la théorie de la relativité générale, comme Einstein l'a immédiatement compris après avoir établi le formalisme de la théorie. En effet, de la même façon que la relativité newtonienne est *limitée* lorsqu'elle en vient à l'existence d'une relation possible entre deux systèmes aussi éloignés l'un de l'autre que le sont la terre et les étoiles, le principe de relativité générale a été d'abord perçu par Einstein, sous l'influence des idées de Mach, comme *impliquant* l'existence d'une telle relation. Alors que Kant associe la forme classique de la relativité à un type de cosmologie limité par les conditions transcendantales de toute expérience possible, Einstein comprend la relativité généralisée comme cela même qui conduit à l'exigence d'une spécification physique de notre univers – quel que soit par ailleurs le rôle des conditions transcendantales[74]. Comment faut-il comprendre la transformation de l'idée de relativité, de la physique newtonienne à la physique relativiste, parallèlement au passage d'une cosmologie transcendantale à une cosmologie physique ?

Comme Eddington l'a bien remarqué, il n'est pas interdit de penser que la théorie de la relativité générale comporte l'expression la plus achevée de l'idéal du renversement copernicien. La théorie est fondée sur un élargissement de la relativité classique, de telle sorte que la classe privilégiée des systèmes de référence en physique newtonienne est étendue aux mouvements accélérés qui étaient jusqu'alors la clé de toute séparation entre le fictif et le vrai. Il en résulte que la forme des lois de la nature prend une dimension résolument immanente par rapport aux objets de la nature. Un nouveau langage mathématique traduit ce fait : au lieu d'avoir un espace conçu comme réceptacle amorphe de toutes choses, la géométrie devient en quelque sorte ductile au monde physique, elle en épouse la forme ; la ductilité permet d'accueillir dans la géométrie du monde aussi bien des forces d'inertie que des forces de gravitation, de sorte que l'invariance des lois de la nature opère désormais vis-à-vis de transformations arbitraires de coordonnées (et non plus les seules transformations galiléennes de la physique classique). Si la forme généralisée des lois de la nature n'est donc plus à même de tracer une démarcation de type classique entre le fictif et le vrai, elle en trace une d'un autre type. Vraie grandeur signifie maintenant l'identité des valeurs pour les variables d'espace qui caractérisent un certain voisinage d'un point-événement physique ; les nouveaux systèmes de référence ductiles sont appelés « mollusques »[75]. En d'autres termes, la nouvelle dichotomie opère maintenant entre le local et le global. Jusqu'à quel point peut-on dire qu'elle se substitue à l'ancienne dichotomie entre le fictif et le vrai ?

Le caractère immanent des lois relativistes rapproche évidemment la théorie de la relativité générale de l'interprétation critique du renversement copernicien, puisque tout l'effort de Kant est de maintenir les termes premiers de toute science possible de la nature (comme l'espace et le mouvement) dans les limites de la possibilité de l'expérience, ce qui est très différent d'une simple identification de ces termes avec le prototype suprasensible de toute expérience. Mais d'un autre côté, la géométrisation de la physique implique un extraordinaire enchevêtrement entre l'expression mathématique et le fondement premier de toute l'expérience. Les abus signalés par Kant d'une transparence entre mathématique et métaphysique deviennent maintenant d'autant plus difficiles à éviter. On peut dès lors comprendre cette remarque profonde de Hermann Weyl : avec la relativité générale, « le rêve cartésien d'une physique purement géométrique semble être complètement réalisé d'une manière que Descartes ne pouvait certainement pas pressentir »[76]. Weyl veut dire que l'achèvement de l'idéal copernicien est beaucoup plus qu'une simple mise en forme technique de toutes les implications de la première révolution astronomique. Au contraire, la réalisation technique du projet va jusqu'à masquer le modèle d'intelligibilité que ce projet contenait. Celui-ci ne se laisse vraiment comprendre qu'au niveau des implications globales de la physique de l'espace-temps-matière.

D'une manière fort significative, Einstein écrivait déjà en 1917 à Michele Besso que la possibilité d'une cosmologie relativiste est une affaire de logique et non de métaphysique, parce qu'elle « est au moins une preuve que la relativité générale peut conduire à un système non-contradictoire »[77]. Une telle preuve n'aura donc rien en commun avec l'expérimentation, au sens kantien, avec les concepts et principes fondamentaux de toute science possible. Il s'agit plutôt d'une extension du contenu local des lois : l'espace *a priori* non-euclidien, en tant qu'il est considéré par la théorie comme le seul espace physique possible (du fait de sa ductilité), est étendu à tout l'univers. Or, c'est précisément contre une telle non-contradiction purement formelle que Kant construit la première antinomie, et c'est tout aussi précisément contre l'antinomie que la validité du modèle non-euclidien a été perçue.

La question se pose de savoir si la représentation physique de l'espace, même en termes non-euclidiens, épuise complètement le sens de l'espace. La ductilité de l'espace signifie qu'il rentre pour ainsi dire en lui-même, laissant au dehors de lui un rien où aucun événement n'est possible, et non pas seulement un espace vide. Dans son importante remarque sur la première antinomie, Kant aborde la question, et son examen reste parfaitement pertinent même s'il ignore la géométrie non-euclidienne. Kant admet l'existence d'arguments qui tendent à nier l'infinité du monde sans cependant tomber sous le coup de sa réfutation dans l'antithèse. L'idée est qu'« une limite du monde » n'implique pas nécessairement « un espace absolu qui s'étende en dehors du monde existant »[78]. Mais il est de la nature de l'antinomie qu'une telle non-chose *(Unding)*, l'espace vide en dehors du monde, doit être admise « dès qu'on admet une limite du monde ». En effet, l'espace plein ou vide n'est pas *seulement* quelque chose qui puisse être déterminé ou même limité par des phénomènes physiques ; il est *aussi* la forme de l'intuition extérieure, en ce sens qu'il ne peut pas, « comme quelque chose qui subsiste par soi, déterminer la réalité effective des choses, sous le rapport de la grandeur ou de la figure ». L'antinomie survient parce que, d'une part, l'espace infini comme non-chose doit être maintenu même si nous posons un monde fini et que, d'autre part, la position d'un monde infini transforme illégitimement cette non-chose en entité réelle – c'est le point du recouvrement absolu de la métaphysique et de la mathématique. Kant montre finalement que la substitution de *bornes* aux *limites* de l'étendue – c'est ce que fait toute physique mathématique – est simplement une manière d'esquiver la question de l'espace comme fondement. En d'autres termes, si nous bornons l'univers d'une manière ou d'une autre (par exemple au moyen de l'espace ré-entrant), nous ne pouvons plus commencer par nier qu'il a des bornes, parce que les bornes sont déjà une négation absolue. C'est-à-dire que nous ne pouvons plus expérimenter avec un concept comme celui d'espace qui est censé jouer le rôle de fondement de toute l'expérience.

D'où vient donc la prétention de la cosmologie relativiste à affirmer le contraire ? La nature des « bornes » est certes très différente dans le cadre relativiste : les bornes n'impliquent pas nécessairement que le monde soit fini. En termes non-euclidiens, on a plutôt un univers qui se contient pour ainsi dire en lui-même, que la géométrie soit finie ou infinie ; fermé ou ouvert, l'univers est toujours un tel système qui se contient lui-même. L'influence de la pensée de Mach sur Einstein joue à cet égard un rôle décisif, même si la cosmologie relativiste a été perçue par la suite comme incapable de l'incorporer d'une manière satisfaisante. En effet, la recommandation de Mach en faveur de la relativité totale du mouvement a conditionné l'idée même d'appliquer à l'univers réel le concept non-euclidien de l'espace se contenant lui-même, idée qui a survécu aux sévères critiques et même à l'abandon de ce qu'Einstein désignait par « Principe de Mach ». Le premier modèle d'univers fermé imaginé par Einstein résulte de l'application de l'espace ré-entrant à une distribution des forces telle que leur origine soit essentiellement redevable à la distribution de matière, et non pas un espace absolu indépendant de l'action de la matière. On a vu que la critique de Mach à l'égard des présupposés de la physique newtonienne résulte surtout de l'interprétation d'un problème particulier, la rotation. Mach critique le recours à l'espace absolu pour rendre compte des effets d'inertie de la rotation d'un système dans le voisinage de la terre, parce qu'une contre-épreuve où l'univers entier tournerait n'est pas réalisable. De l'impossibilité d'une telle contre-épreuve dans laquelle l'univers entier serait expérimenté, Mach et

Einstein ne tirent cependant pas une conclusion de type antinomique. Au contraire, suivant Einstein, la critique de Mach conduit « à essayer d'éliminer du système de la mécanique l'espace comme cause effective ». Ceci réussit si « la série causale des événements mécaniques serait, en opposition avec la mécanique de Newton et de Galilée, fermée »[79]. De fait, le premier modèle cosmologique d'Einstein formule une loi qui permet de relier l'inertie d'une particule d'épreuve à la quantité totale de matière.

L'abandon ultérieur du Principe de Mach ne modifie pas, et tend même à renforcer l'idée que la matière et l'espace ne sont généralement pas opposés l'un à l'autre selon le schéma antinomique. Cet abandon signifie seulement que la prédominance de la matière sur l'espace est inversée, sans que les deux interprétations puissent être vraiment tenues ensemble. Ainsi, toutes les tentatives en vue d'une unification de la gravitation avec les autres forces fondamentales de la nature cherchent à surmonter la dualité de la métrique et de la matière en faisant dériver les propriétés de la matière de l'espace-temps[80]. L'idée d'invariance était d'abord apparue dans la physique newtonienne comme un accompagnement de l'exigence d'universalité (équivalence des référentiels) ; elle ne faisait que déterminer la forme des équations, étant entendu que les équations elles-mêmes décrivent le comportement des objets. Alors que l'invariance était d'abord demandée relativement à des transformations de coordonnées particulières (elles-mêmes relatives au référentiel effectivement utilisé), elle devient en physique relativiste et post-relativiste le principe inspirateur qui commande la recherche de transformations appropriées au contenu. Mais au niveau de la totalité des objets de l'expérience, tout se passe comme si le rapport s'inverse à nouveau. Car la cosmologie relativiste, de son côté, acquiert le concept d'expansion de l'espace qui détermine l'inertie d'un corps d'épreuve ; c'est l'espace lui-même qui se dilate, entraînant en son sillage les galaxies « fixes » : les coordonnées de l'univers en mouvement « accompagnent » le mouvement des galaxies, en sorte qu'elles se règlent sur les objets plutôt que les objets ne se règlent sur elles ; si des coordonnées de type classique étaient maintenues, avec les galaxies en mouvement dans un espace immuable, le principe de la relativité associé aux observations contredirait le « principe cosmologique » d'homogénéité et isotropie pour la distribution de la matière. La matière apparaît pour ainsi dire incarnée dans un espace-substance qui est la borne inconditionnée de tout ce qui se contient soi-même.

Si nous retournons au problème de Kant, il est clair que cette inversion ne change rien quant à la motivation première de la relativité générale, qui est l'identification de l'inconditionné avec la série totale des phénomènes. Il s'agit de la branche empirique de la première antinomie, celle qui favorise l'interprétation de la nature en termes d'observabilité. Tel est effectivement l'apport de la géométrie non-euclidienne, que l'inconditionné comme série totale ne doit pas nécessairement être identifié à une série infinie. À quelle nécessité cette géométrie alliée à la physique aboutit-elle ? Tant le degré de courbure de l'espace-temps que le coefficient d'expansion dépendent de la quantité totale de matière présente. À charge aux observations de déterminer la grandeur (en termes non-euclidiens) de l'inconditionné qu'est l'espace-substance. Tout comme la solution critique, il y a donc un sens en lequel la nouvelle physique laisse également la grandeur de l'espace indéterminée *en principe* : le principe de la détermination de la grandeur repose sur la connaissance de conditions aux limites, qui elles-mêmes dépendent de la métrique connue. Mais d'après Kant, l'espace sans grandeur déterminée nous fait retomber sur notre point de départ, à savoir l'espace comme forme pure *a priori* de la sensibilité, c'est-à-dire sur le territoire total de la raison, de sorte que l'effort pour le comprendre le force à se diviser. En effet, comme forme pure, l'espace est une grandeur infinie donnée, ce qui est justement mis en question dans l'antinomie, car si une grandeur infinie pouvait être donnée, l'antinomie serait résolue en faveur de l'antithèse (la branche empirique). Dans le concept d'univers comme système qui se contient lui-même, l'espace ne peut plus être pensé *que* comme partie et non pas *aussi* comme fondement de toute l'expérience possible. Il y a un prix à payer : à la restriction au seul inconditionné comme série totale correspond une raison pour ainsi dire plus qu'humaine, une raison qui joue avec des mondes possibles au lieu d'un seul monde qui se divise, avant de décréter que le monde réel ne pouvait être différent de celui que nous observons.

La cosmologie, dernier avatar de l'expérimentation avec les concepts *a priori* de toute connaissance, révèle la présence incontournable d'entités que Kant appelait des non-choses. Entités dont la physique n'a nul besoin dans les bornes de son achèvement toujours en voie de constitution, et qui pourtant recèlent le sens de ses propres principes. Preuve de son intarissabilité : au cours de ces dernières années, cette question de fondement resurgit explicitement dans le discours de la physique mathématique. Passant des déterminations métriques aux déterminations topologiques de l'espace-temps au niveau global, il se fait que certaines topologies compatibles avec les observations peuvent modifier des déterminations métriques à l'échelle locale, sans que nous ayions aucun moyen de contrôler cette modification. En droit, il en résulte qu'il n'y a pas de correspondance terme à terme entre la métrique et la topologie. Mais en pratique, les physiciens espèrent venir à bout de ce résidu d'indétermination en se tournant vers les conditions physiques qui ont dû prévaloir au moment de la création de l'univers, quand toutes les déterminations ne devaient obligatoirement faire qu'une. De la sorte, après avoir physicalisé l'inconditionné comme série totale des phénomènes en suivant le fil conducteur fourni par l'unité de l'espace(-temps) et de la matière, l'exploration de l'origine physique de cette unité permet d'entrevoir également une physicalisation de l'inconditionné comme premier membre de la série. Le problème épistémologique soulevé par le développement de l'idée de relativité acquiert une dimension nouvelle lorsqu'il est posé dans les termes de la philosophie transcendantale, puisqu'on voit que la théorie cosmologique ne s'ajoute pas simplement aux prémisses relativistes comme si celles-ci étaient déjà irréductibles aux concepts classiques. Comment la physique relativiste conduit-elle à une détermination de la structure empirique de tout l'univers, quand bien même il se peut que cette détermination ne soit jamais satisfaite une fois pour toutes ? En dernière analyse, même si la cosmologie relativiste évite de se donner un espace(-temps) universel *a priori*, elle ne peut pas éviter la question de son propre statut vis-à-vis de tout espace universel : que cet espace devienne empirique, donc que sa grandeur soit une fonction de la distribution de matière et d'énergie dans l'univers, ne lui enlève pas sa dignité sur les autres.

Il n'y a pas lieu de simplement nier que la relativité contemporaine est fermée à l'approche critique sur le problème de l'espace. La tâche d'une authentique épistémologie transcendantale de la relativité générale (et, partant, de toute la physique fondée sur le renversement copernicien) est de mettre à jour la manière critique de penser l'espace comme l'impensé de cette physique, comme le fil perdu qui la rattache encore à la métaphysique de la nature. Rejetant le schéma antinomique, la relativité rejette aussi l'intérêt d'expérimenter sur des fondements séparés de la physique mathématique, et elle prend l'univers lui-même comme fondement. Ce schéma antinomique, s'il peut être pris sérieusement aujourd'hui, indique seulement que l'essence de l'espace ne peut se réduire complètement à une sorte d'interchangeabilité avec la matière. Il subsiste toujours une différence, propre à la position critique, entre la manière de poser des postulats exprimables mathématiquement, qui doivent servir de fondement pour la physique, et la recherche de leur source *a priori*. En mathématisant autant que possible ce qui relève du transcendantal, la physique relativiste fait une part trop belle à l'illusion qui consiste à croire que le recouvrement est complet, et que les problèmes en suspens sont essentiellement ceux de la coordination entre théorie et observation. Toute la difficulté d'une épistémologie transcendantale est que, inversement, l'illusion du recouvrement complet n'est pas non plus éliminable même par une critique appropriée : l'illusion transcendantale reste, même après que la critique l'a détectée.

Le conflit de la raison avec elle-même résulte de ce que l'inconditionné *visé* par la raison ne peut pas coïncider avec l'inconditionné *qu'est* la raison, sauf à sauter par-dessus les objets de la synthèse cosmologique sans grandeur déterminée qui ralentissent la progression de la raison vers son auto-possession. Tout se passe comme si toutes les formes de pensée relativiste, aussi bien classique que contemporaine, redoutaient cette implication ultime du renversement copernicien, savoir la prise en charge de la finitude humaine *avec* sa visée omni-englobante : la physique newtonienne en évitant la cosmologie comme problème physique et en se réfugiant dans l'espace et le temps absolus, la théorie de la relativité en l'incluant parmi les problèmes de la physique, mais sans prérogatives spéciales hormis la complétude du côté des observations. Il s'agit de deux réponses diamétralement opposées à la même question de savoir comment maintenir le principe copernicien (nous ne sommes pas au centre) sans rien changer à la domination du principe cosmologique (tous les points sont équivalents). Tant la *Critique* que les *Premiers Principes* n'auraient qu'un intérêt historique s'ils étaient simplement des théodicées philosophiques au nom de Newton. Le problème kantien comporte toujours le fondement de toute vision copernicienne de la nature, qu'une cosmologie scientifique n'existe pas (comme à l'époque de Kant) ou qu'elle existe (comme aujourd'hui). Par l'entremise de la question de la totalité absolue des conditions de l'expérience et de ses objets, une épistémologie transcendantale (dont nous proposons les linéaments dans les chapitres suivants) peut commencer par s'appuyer sur le schéma antinomique car celui-ci, loin de tout bloquer, contribue à procurer à la pensée copernicienne une valeur heuristique par expérimentation avec ses propres concepts.

Dès la fin du dix-neuvième siècle, dans l'une des dernières grandes tentatives pour déduire les lois de la mécanique d'une manière *a priori* à partir d'une loi fondamentale, Hertz a bien montré dans l'introduction aux *Prinzipien der Mechanik* que la condition suprême pour arriver à prouver une telle loi par ses conséquences est une sorte d'intériorisation subjective de la loi d'action et de réaction. Connaître consiste à former des images ou symboles d'objets externes ; la forme que nous leur donnons est telle que les conséquences nécessaires des images dans la pensée sont toujours les images des conséquences nécessaires dans la nature des choses ainsi imagées ; la conséquence de l'image est une image qui justifie en retour la première formation de l'image, de sorte que l'exigence minimale de la connaissance *a priori* est qu'une action en pensée trouve un écho dans une réaction correspondante au niveau des objets de la nature. Or, la théorie de la relativité générale doit beaucoup à Hertz, qui a évacué la notion de force dans sa présentation *a priori* des lois de la mécanique. D'après Hertz, la constitution des lois de la mécanique exige que les images que nous nous formons des choses ne soient pas toutes admises. Elles sont soumises à trois genres de restriction[81] : elles ne doivent pas contredire les lois logiques de la pensée, ensuite elles ne peuvent contredire les relations aux choses extérieures données dans l'expérience, enfin parmi toutes les images correctes certaines sont plus appropriées que d'autres quant à la simplicité et l'économie de moyens. Il est symptomatique de constater qu'en ce qui concerne la résolution des images contradictoires sur la notion de force, Hertz insiste sur le fait que cette résolution porte seulement sur le dernier niveau, savoir les caractéristiques inessentielles que nous avons arbitrairement introduites dans le contenu essentiel donné par la nature ; il ne saurait être question de pousser les contradictions de la force jusqu'au niveau des lois fondamentales de la pensée.

C'est pourquoi toute la question de savoir si une expérimentation transcendantale avec les premiers principes de la science de la nature reste pertinente tourne autour de la question de la force, du besoin qui s'est fait sentir vers la fin du dix-neuvième siècle de se débarrasser de cette notion afin de faire correspondre la base *a priori* de la physique avec la pure géométrie. Certes la force nous est directement perceptible dans le cas du bras qui porte une pierre[82]. Mais dès que le système s'agrandit (comme dans le cas du mouvement des étoiles), les forces perdent rapidement tout contact avec la perception directe ; pour calculer les positions des points lumineux dans le ciel, les forces de gravitation servent d'aide temporaire, et quand le calcul a donné la bonne prédiction, les forces perdent toute réalité. Du côté de l'expérience immédiate, la simple tendance d'un corps à tomber vers le centre de la terre devient vite le produit d'un nombre inconcevablement grand d'autres forces qui attirent les atomes du corps vers les autres atomes de l'univers ; ces autres forces échappent également à la perception. La force représente donc la notion qui convient par excellence au renversement copernicien : nous l'introduisons nous-mêmes dans la nature, quand bien même l'expérience immédiate ne nous apprendrait rien d'elle ; nous ne voyons aucune force dans le cas d'un morceau de fer déposé sur la table, mais la physique nous enseigne au contraire que des forces agissent qui maintiennent ce système d'une certaine manière. Il y a non seulement la force de gravitation en jeu, mais aussi les forces magnétiques à l'intérieur du fer qui sont en rapport avec tous les autres atomes magnétisés de l'univers, sans compter les forces électriques et autres forces moléculaires. Toutes ces forces de l'univers conspirent entre elles pour donner, dans le cas considéré, une résultante nulle. Au fur et à mesure que nous agrandissons les bornes d'un système donné ou que notre compréhension de ce système devient plus raffinée, les prérogatives du renversement copernicien semblent s'estomper face à la réalité effectivement donnée : ces forces sont-elles encore des images de choses réellement existantes, ou bien notre imagination n'est-elle pas plutôt devenue séditieuse ? Quant à savoir ce qui relève encore ici du sujet ou de l'objet, il semble qu'on perde pied.

Le maintien du renversement copernicien contre son auto-suppression dans le champ sans cesse grandissant de l'expérience va dépendre du sens que l'on donne à une catégorie fondamentale de la pensée : la négation.

Chapitre 3

Du temps à l'espace

1. *Métaphysique générale et métaphysique spéciale*

Les principes de la connaissance transcendantale, dit Kant, ne sont ni des *dogmata* ni des *mathemata*. Le *dogma* est une proposition directement synthétique par concepts, tandis que le *mathema* est une proposition synthétique obtenue par la médiation de la construction de concepts.

> Or, « la raison... ne pourra... pas regarder devant elle avec tant de confiance, comme si la route qu'elle a suivie menait tout droit au but, et compter sur les prémisses qu'elle a prises pour fondement avec tant d'audace qu'il ne lui serait plus nécessaire de reporter souvent ses regards en arrière et de voir si par hasard elle ne découvrirait pas, dans la marche de ses raisonnements, des fautes qui lui auraient échappé dans les principes, et qui l'obligeraient soit à mieux déterminer ces principes, soit à les changer tout à fait »[1].

Comme les *mathemata*, les propositions transcendantales en tant que jugements synthétiques sont donc médiatisées, mais la médiation, au lieu d'être construction active, est la fragilité ou contingence absolue de l'expérience possible – qu'il s'agisse de l'expérience des principes, comme dans le raisonnement qui risque de se fourvoyer, ou celle d'objets sensibles. Cette contingence pose une menace pour tout l'édifice de la philosophie critique. En effet, dès que cette contingence est prise en compte au moyen d'une référence à un « quelque chose en général » qu'on peut toujours présupposer, les principes de l'entendement pur « peuvent sans doute être apodictiquement certains, mais en soi (directement) ils ne peuvent pas même être connus *a priori* »[2]. Nous ne pouvons pas connaître *a priori* les principes par lesquels nous connaissons *a priori*, parce qu'une telle connaissance reviendrait à connaître synthétiquement d'une manière directe par concepts. C'est pourquoi la connaissance des premiers principes va requérir un passage à la *métaphysique* de tels principes. La philosophie transcendantale ne s'occupe pas directement d'objets « qui seraient donnés », parce que pour elle la contingence des objets de l'expérience possible est toujours déjà prise en charge d'une manière pour ainsi dire anonyme. Mais la métaphysique de la nature corporelle traite de l'ensemble des objets donnés par les sens extérieurs[3]. S'il s'agit de rassembler les deux afin de voir ce que la philosophie transcendantale peut apprendre à la métaphysique de la nature corporelle, la question se pose de savoir comment nous pouvons avoir une connaissance *a priori* d'un donné a posteriori. La réponse est formulée de la façon suivante : « nous ne prenons de l'expérience rien de plus que ce qui est nécessaire pour nous donner un objet »[4]. Tout se passe comme si l'apport de la philosophie transcendantale à la métaphysique ne dépassait pas l'acte de donation de l'objet, donc comme si au contact de la métaphysique des objets corporels l'intuition donatrice allait recevoir l'éclairage qui lui manque tant que sa fonction est simplement d'exhiber la présupposition de toute pensée.

Or, seul le domaine de la mathématique jouit de preuves dignes de la démonstration : une démonstration est une preuve apodictique dans la mesure où elle est intuitive[5]. En effet, dans la construction est exhibée une intuition qui peut être donnée *a priori* comme correspondant au concept, c'est-à-dire que le concept est mis pour ainsi dire devant nos yeux, ce qui prévient le raisonnement mathématique de l'erreur ; cette présentation manque à la preuve simplement empirique, qui se limite à faire voir ce qui est avec les yeux sensibles, sans donner une vision du concept. Quant à la preuve philosophique au sens de la philosophie transcendantale, Kant l'appelle preuve acroamatique : elle n'est pas une démonstration, parce qu'elle se fait seulement « par de simples mots »[6], c'est-à-dire par l'objet en pensée, sans pénétrer (comme le ferait une démonstration) dans l'intuition de l'objet. Pourtant l'objet doit tout de même être donné dans une expérience, toute contingente qu'elle soit. Toute la question de la traduction de l'objet en pensée dans un langage valable pour l'intuition est concentrée dans la problématique du schématisme transcendantal ; le schématisme, que Kant définit comme le procédé de l'imagination pour procurer à un concept son image (*i.e.* pour traduire le langage de la pensée dans celui de l'intuition), tient lieu de la démonstration. Mais si la métaphysique de la nature retourne à l'intuition de l'objet, elle exige la démonstration. Que va-t-il advenir alors au schématisme ? Le passage du transcendantal au métaphysique est résumé dans cette dernière question[7].

Ce retour vers l'intuition est une conséquence de l'architectonique de la raison pure. La métaphysique, dit Kant, peut se prendre en deux sens[8] : soit comme une métaphysique de la raison spéculative (*à l'exclusion* de la mathématique) soit comme une métaphysique de la raison pratique. La première se divise elle-même en philosophie transcendantale (appelée aussi ontologie) et physiologie de la raison pure. Lorsque Kant écrit que la philosophie transcendantale s'occupe des objets en général, c'est-à-dire qu'elle exclut des objets qui seraient donnés, il veut bien dire que du point de vue transcendantal aucun objet n'est donné, non pas que ce point de vue rend indifférent le fait de savoir de quel objet il s'agit ; en effet, l'absence d'objets donnés justifie le fait que, dans la philosophie transcendantale, les conditions de possibilité de l'objet sont entièrement du côté des conditions de détermination *antérieures* à l'objet[9]. Quand l'entendement a extrait de l'objet ce qui est nécessaire pour qu'un objet nous soit donné, ce donné a perdu son pouvoir sur la raison en tant que donné contingent. Quant à la physiologie, elle se divise en une partie transcendante et une partie immanente : la première se rapporte aux objets qui dépassent l'expérience possible et fait partie du système de la raison pure (cosmologie rationnelle et théologie rationnelle), tandis que la seconde est la métaphysique de la nature en ce qu'elle s'occupe de la nature comme ensemble des objets des sens (soit le sens externe : métaphysique de la nature corporelle ; soit le sens interne : métaphysique de la nature pensante).

Dans la Préface des *Premiers Principes*, cette dernière interprétation de la physiologie immanente reçoit un examen plus rigoureux[10]. Il s'agit maintenant de comprendre la métaphysique de la nature en ses principes. Du point de vue des principes, cette métaphysique se divise elle aussi en deux parties. D'un côté la partie transcendantale de la métaphysique de la nature : elle fait retour sur l'ontologie, en ce sens que les objets en général sont ceux de la nature en général (mais toujours « sans aucune relation avec un objet d'expérience déterminé »). D'un autre côté la métaphysique particulière, qui n'est *pas* une spécification de la partie transcendantale, mais qui prend plutôt un tout autre point de départ, à savoir le concept empirique (soit de matière, dans la métaphysique de la nature corporelle ; soit d'être pensant, dans la métaphysique de la nature pensante). Bien que leurs points de départ soient aux antipodes l'un de l'autre, la métaphysique particulière relève néanmoins de la philosophie transcendantale en ce qui concerne son problème, qui est de chercher « jusqu'où s'étend la connaissance dont la raison est capable *a priori* à propos de ces objets ». Or, du fait de cette corrélation, fixer les limites à la métaphysique particulière de la nature implique un nouveau rapport à la mathématique : alors que la métaphysique de la raison spéculative exclut la mathématique, Kant affirme maintenant que « dans toute théorie particulière de la nature, on ne peut trouver de science *à proprement parler* que dans l'exacte mesure où il peut s'y trouver *de la mathématique* ». Autrement dit, contrairement à la raison spéculative, la mathématique va maintenant contribuer au problème général de la raison pure, qui est de déterminer les limites de la connaissance des objets de la nature corporelle. (Pour des raisons que nous allons discuter plus loin, la métaphysique de la nature pensante étant complètement réfractaire à la mathématique, la psychologie se trouve toutefois exclue du domaine de la métaphysique particulière ; son statut est très difficile à comprendre, puisque Kant ne la mentionne pas dans la physiologie transcendante alors même qu'elle constitue une des trois idées de la raison.)

En résumé, le passage de la métaphysique de la raison spéculative à la métaphysique particulière s'effectue de la façon suivante :

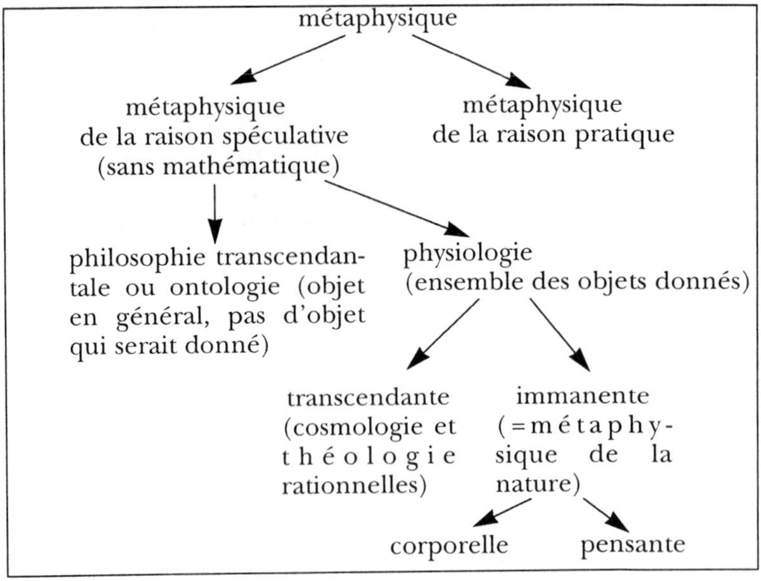

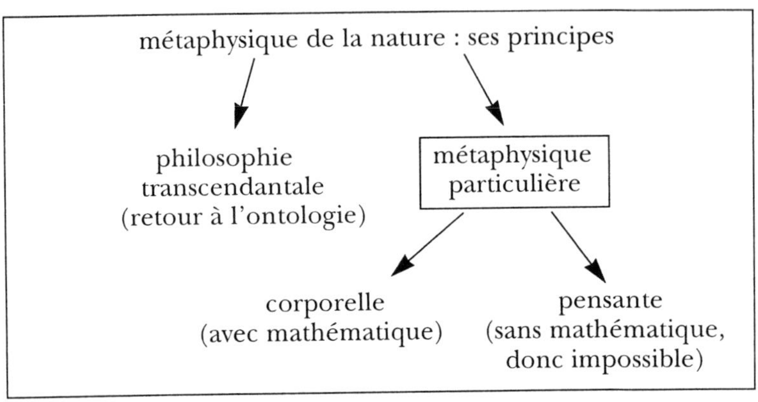

L'importance de la métaphysique particulière de la nature corporelle vient de ce qu'elle va permettre, entre autres, d'expliquer pourquoi la «métaphysique générale» (qui cherche à connaître ce qui dépasse les limites de l'expérience) trouve dans la théorie générale des corps matériels des exemples qui lui permettent de donner un sens aux concepts purs[11]. Cet argument prouve d'une manière décisive que les premiers principes métaphysiques de la physique mathématique ne représentent pas une spécification de la métaphysique générale. En effet, comme Kant le montrera dans la Dynamique, la théorie générale des corps est si peu assurée qu'en l'état elle ne parvient même pas à définir un corps solide ; seule la métaphysique générale au sens dogmatique attendra des progrès de l'intuition externe une réponse au sens des concepts purs.

Or, la doctrine transcendantale de l'espace et du temps, qui contient la forme et les principes de l'intuition en général, est exposée à un paradoxe qui grève lourdement son rapport au reste de la critique. Car si l'Esthétique Transcendantale affirme l'existence d'une intuition pure *a priori* qui ne doit rien à aucune logique, elle est proprement insensée puisque la logique transcendantale s'ouvre sur la constatation d'une dissymétrie : une intuition sans le support du concept est aveugle, tandis qu'une pensée sans contenu est vide[12]. Mais il n'est pas évident qu'une pensée munie d'un contenu soit automatiquement sensée. Dans la préface aux *Premiers Principes*, Kant affirme maintenant que la métaphysique de la nature corporelle va fournir aux concepts et principes de la philosophie transcendantale, d'une manière systématique et complète, des exemples qui leur donneront une réalité, c'est-à-dire qu'à une pure forme de pensée seront donnés simultanément un sens *et* un contenu[13]. Tout se passe comme si, lorsqu'il s'agit de légiférer sur l'objet « matière en mouvement », les règles de la sensibilité pouvaient passer entièrement dans les règles de l'entendement afin de résorber la dissymétrie entre le sens de l'intuition et le remplissement de la pensée. En quoi cette perte d'indépendance est-elle justifiée, et en quoi modifie-t-elle l'Esthétique Transcendantale ? Dans la *Critique* Kant écrit que, contrairement à la mathématique pure, il y a dans les sciences de la nature « une infinité de conjectures à propos desquelles on ne peut jamais atteindre de certitude »[14]. Cette absence de certitude semble rompre la priorité du concept sur l'objet, car les objets donnés à titre de « phénomènes de la nature » le sont « indépendamment de nos concepts », c'est-à-dire que la raison de ces phénomènes « n'est pas en nous et dans notre pensée pure, mais en dehors de nous ». Nulle trace ici de l'intuition pure, c'est-à-dire cet acte de donation originaire de la forme des phénomènes, condition préalable qui rend les objets dépendants de nos concepts. La certitude des jugements, nous rappelle Kant, ne s'obtient que par rapport à l'*origine* des concepts (la déduction dans l'Analytique Transcendantale), tandis que dans le cas des phénomènes de la nature la certitude est évaluée vis-à-vis de l'*objet*, de sorte que « dans beaucoup de cas on ne peut pas la trouver ». Or, toujours dans la préface des *Premiers Principes*, Kant annonce qu'il va résoudre la question des principes de la science de la nature en faveur de leur certitude apodictique (métaphysique), en cherchant la source *a priori* de ces principes[15]. Cette recherche, qui s'apparente donc à une déduction, semble rétablir les prérogatives des intuitions pures que sont l'espace et le temps : le point de départ de la métaphysique de la nature est le concept de matière, qui n'est bien entendu ni *a priori* ni pur ; mais on le débarrasse de sa gangue empirique en le prenant *isolément* du reste des concepts ; ensuite ce concept est rapporté aux intuitions pures « en accord avec les lois qui dépendent d'une manière essentielle du concept de nature en général »[16]. Trouver l'intuition *a priori* qui correspond à un concept consiste à construire le concept dans l'intuition correspondante. Comme cette opération est la définition même de la mathématique, la question de la légitimité d'une métaphysique de la nature se réduit à celle de la possibilité de l'application des mathématiques à la théorie des corps matériels.

Kant pense que le concept de matière reçoit une « analyse complète »[17] lorsqu'il est traité selon les quatre groupes de catégories ; c'est la complétude de l'analyse qui justifie la légitimité de l'application des mathématiques à la physique. Toutefois, pour que cette application réussisse, il faut que la science de la nature soit fondée sur quelque chose de pur, sans quoi elle perdrait sa prétention à la nécessité. Comment la science peut-elle à la fois avancer sans limite dans la connaissance empirique des objets de l'expérience et préserver en même temps le caractère non-empirique et nécessaire de son fondement ? Pour y arriver, Kant montre que l'élément pur qui réside au fondement de la science de la nature (qu'il appelle *physica generalis*) est constitué de propositions *à la fois* mathématiques et métaphysiques.

Un tel rapprochement n'était pas permis dans la *Critique.* En effet, la connaissance transcendantale, au contraire de la connaissance mathématique, est impossible à construire dans l'intuition. Les axiomes mathématiques, par exemple, sont définis de telle sorte que la spontanéité de leur première construction demeure présente : en tant que principes synthétiques et *a priori*, ils sont immédiatement certains[18]. De fait, les axiomes mathématiques nous permettent de combiner des représentations d'une manière à la fois *a priori* et immédiate. Par contre, afin d'établir un principe de l'entendement pur qui soit absolument premier (au sens d'un *Principium dieser mathematischen Grundsätze*[19], ou principe des principes), la synthèse des concepts requiert une médiation, un troisième terme, qui enlève précisément toute immédiateté à la synthèse : la médiation est une détermination temporelle. La métaphysique, nous dit Kant, se trouve dans la position inconfortable d'avoir à redéfinir constamment la direction qu'elle doit prendre : « Il y faut revenir indéfiniment sur ses pas »[20]. Ainsi, un concept transcendantal (comme la substance ou la cause) ne rejoindra jamais pleinement l'intuition empirique ou même l'intuition pure, car il désigne seulement les conditions de temps en général (le schématisme) qui opèrent selon une opération synthétique de l'esprit, conditions qui « pourraient être trouvées dans l'expérience » conformément à ce concept[21], c'est-à-dire qu'elles ne sont jamais trouvées en fait.

Mais l'emploi conjoint de l'immédiateté et de la temporalisation est maintenant permis, dans la mesure où nous nous intéressons à la connaissance des choses déterminées de la nature, non plus la nature en général[22]. Les catégories dérivant des fonctions logiques de l'unité dans un jugement, elles sont trop générales pour rendre compte de la synthèse nécessaire de choses déterminées. Par suite, quand elle est transposée de la nature en général aux choses déterminées, la possibilité de la pensée au sens transcendantal perd le réceptacle qui lui est dévolu (l'objet en général), et elle retombe en une condition simplement analytique (la non-contradiction avec elle-même), c'est-à-dire une pensée confinée à sa propre sphère indépendamment de tout objet, ce qu'elle était *avant* la découverte de l'*a priori* synthétique. S'il n'existait pas de synthèse *a priori* qui convient pour les choses déterminées, nous n'aurions qu'un face-à-face stérile entre la possibilité de la pensée et la possibilité de la chose existante, donnée en dehors de la pensée. Mais la synthèse *a priori* qui fait le pont entre les deux possibilités existe : ce n'est rien d'autre que la mathématique pure elle-même. Dans le cas de la connaissance de la nature en général, la mathématique pure n'avait qu'une relation analogique à la synthèse transcendantale recherchée. Dans le nouveau contexte, on voit qu'elle procède synthétiquement précisément selon la manière requise par le concept *a priori* de matière. En effet, « l'intuition pure... seule peut... fournir la matière pour des jugements synthétiques *a priori* »[23]. Dans la synthèse mathématique, en tant que construction du concept dans l'intuition pure, la forme peut passer pour la matière de la construction, parce que nous produisons nous-mêmes les objets dans l'espace et dans le temps[24]. Il y aura donc au moins une correspondance entre la construction mathématique (qui nous porte au-delà du concept) et la nécessité de ce qui appartient à l'existence d'une chose[25], même si l'existence ne peut évidemment pas être construite. Cette dernière nécessité est la nécessité proprement métaphysique, qui doit permettre de « présenter d'abord les principes de la construction des concepts qui se rapportent d'une manière générale à la possibilité de la matière »[26]. Dans la synthèse métaphysique de la nature des choses déterminées, la possibilité de la pensée livrée à elle-même retrouve ses capacités synthétiques, *i.e.* son emprise sur le monde, si du moins des choses déterminées par elles-mêmes (comme matière) peuvent *aussi* se prêter à une détermination par la forme. Les principes de toute construction (par quoi les concepts sont présentés *a priori*) doivent être eux-mêmes présentés. Comme les conditions transcendantales de possibilité sont maintenant identifiées à l'extériorité pure (la constructibilité), on peut dire que l'exposé systématique des propositions métaphysiques contenant les conditions de représentabilité des choses déterminées dans l'intuition est, dans tout l'édifice critique, l'endroit où ces conditions transcendantales cernent au plus près cela même qui est rendu possible dans l'intuition extérieure ; dans la proportion où elles accèdent à l'extériorité, elles perdent leur référence au temps, et deviennent aussi anonymes (et universelles) que la mathématique proprement dite.

Kant définit la tâche des *Premiers Principes* : une présentation systématique des constructions métaphysiques[27]. Cette expression « construction métaphysique » semble unique chez Kant. La construction d'un concept est toujours une espèce de présentation ou *exhibitio* : c'est le cas où l'intuition correspondant à ce concept peut lui être conjointe *a priori* ; par contre, si l'intuition conjointe n'est qu'empirique, la présentation est un exemple du concept[28]. Or, nous avons vu que c'est la métaphysique générale au sens dogmatique qui s'appuie explicitement sur des exemples empruntés à la théorie générale des corps, justement parce qu'elle prend à tort la physique comme toute faite, comme si elle avait réponse à tout dans le domaine empirique de l'intuition extérieure, justifiant par là le saut dans le domaine trans-empirique[29]. La métaphysique de la nature au sens de Kant s'appuiera sur des constructions, non des exemples, et c'est en cela qu'elle s'écarte des préjugés dogmatiques[30].

Quand Kant affirme que le fil conducteur qui va permettre d'établir exhaustivement les principes de la métaphysique de la nature matérielle n'est rien d'autre que la table des catégories[31], il faut tenir compte de son avertissement que la métaphysique dont il est question n'est plus la métaphysique traditionnelle qui vise à connaître les objets au-delà de l'expérience possible (l'immortalité de l'âme, la liberté, Dieu). La question de l'âme constitue pourtant un point d'attache. En effet, avant l'intervention des mathématiques, deux métaphysiques de la nature sont possibles, selon les deux canaux par lesquels transitent nos sensations du monde : les objets du sens externe (théorie de la nature des corps étendus) et ceux du sens interne (théorie de la nature pensante)[32]. Or, pour que la théorie de l'âme accède à la certitude apodictique (ce qui en ferait une science « proprement dite », où un fondement *a priori* peut être trouvé pour les lois), il faudrait appliquer les mathématiques aux phénomènes du sens interne. Une telle application, bien que possible en principe, Kant la trouve trop pauvre pour mériter l'appellation de métaphysique : les phénomènes de l'âme devraient se laisser construire dans le temps (qui est l'intuition interne pure), mais le temps n'a qu'une dimension tandis que l'espace en a trois[33]. Il y a même une raison décisive contre l'idée que la théorie de l'âme puisse jamais se constituer en science de la nature proprement dite : l'observation d'un sujet pensant par un autre « altère et transforme déjà l'état de l'objet observé »[34], c'est-à-dire que l'âme, si elle est bien une chose existante, n'est cependant pas aussi éloignée de notre pensée dans l'extériorité que ne l'est une chose matérielle étendue. Indirectement, l'exclusion de la théorie de l'âme permet de faire comprendre que la correspondance entre la construction mathématique dans l'intuition *a priori*, d'une part, et la nécessité métaphysique (impossible à construire au sens mathématique), d'autre part, privilégie l'espace sur le temps dans l'exacte mesure où elle réussit à préserver la chose existante dans son état naturel, indépendant des manipulations de l'observation expérimentale. Le « phénomène de la nature » devient de la sorte un inconditionné (*i.e.* un objet non manipulable) qui, en tant qu'objet existant hors de la pensée, se situe néanmoins dans le domaine de l'expérience possible.

Au niveau de la connaissance des choses en général (dans la *Critique de la Raison Pure*), la distance qui continue à séparer les conditions de l'expérience de son objet est garantie par l'objet transcendantal = X. Celui-ci est une sorte de projection sur le divers sensible de l'opération formelle d'unification effectuée par la pensée ; le corrélat subjectif de cet objet, où toutes les catégories puisent leur forme, est l'unité de l'aperception. Le divers sensible que nous recevons dans la sensation navigue entre ces deux pôles, l'objet transcendantal et l'unité de l'aperception. Toute matière ne peut être donnée d'une manière déterminée qu'empiriquement, c'est pourquoi lorsque *nous* la déterminons au moyen des catégories, « nous ne pouvons avoir *a priori* que des concepts indéterminés de la synthèse de sensations possibles, en tant qu'elles appartiennent à l'unité de l'aperception »[35]. Dans le cas des choses déterminées dont nous voudrions comprendre la synthèse métaphysiquement, le fait que la mathématique soit absorbée dans les conditions de possibilité ne signifie cependant pas l'élimination de tout X. En effet, en mathématique, nous pouvons bien déterminer *a priori* nos concepts dans l'intuition (au contraire de la connaissance transcendantale, qui laisse les concepts indéterminés), puisque nous nous créons les objets correspondants, mais le prix à payer pour y arriver est lourd, puisque par là nous n'aurons défini aucun « véritable objet »[36] ; la synthèse des concepts qui peuvent être construits est une synthèse arbitraire parce que les objets correspondants sont eux-mêmes pensés arbitrairement. Certes, cette création ne va pas aussi loin que la fantaisie poétique[37]. Mais dans la construction du concept dans l'intuition pure (mathématique), il ne se produit pas une sorte d'amalgame du concept et de l'intuition qui réussirait à fournir une détermination, là où la seule connaissance par concept nous aurait laissés dans l'indétermination ; dans la construction, je sors aussi bien de la nature de l'entendement que de l'expérience pour me placer dans un monde qui, sans être au-delà de l'expérience possible, ne relève strictement ni du concept ni de l'expérience. La construction du concept dans l'intuition pure nous fait assister à la genèse du concept, mais sans qu'un monde déjà constitué par le concept soit présupposé ou même présupposable, c'est-à-dire sans que ce concept soit muni d'un sens. Or, le procédé selon lequel la forme passe pour la matière, dans la synthèse mathématique, est une manière d'accomplir instantanément ce que la *raison* accomplit dans le temps, à savoir la schématisation (phénoménalisation) d'un divers de l'intuition *même en l'absence d'un objet donné dans l'intuition.* La raison vise l'inconditionné *a priori* séparé d'elle ; elle y arrive au moyen d'une synthèse régressive des conditions vers cet inconditionné, où partant d'un phénomène donné, elle constitue au moyen de ce phénomène et sa condition pris ensemble ce que Kant appellera dans son œuvre tardive le *phénomène du phénomène*[38], qui nous fait glisser imperceptiblement dans la matière de la chose en soi.

La totalité des conditions (l'inconditionné) est une idée de la raison, un objet que l'entendement dans son usage empirique ne peut comprendre d'une manière univoque ; il comprend si peu la totalité unique en laquelle s'inscrit toute expérience qu'il se divise à force de s'approcher en vain de l'unité absolue, dont il propose plus d'une vision – la thèse et l'antithèse. Tel est l'excès de l'idée sur la catégorie, que la raison prétend comprendre plus qu'il n'y a à comprendre. Par contre, la synthèse mathématique est elle-même inconditionnée parce que le matériau qu'elle utilise pour faire passer la forme comme une matière peut être n'importe quoi – toute synthèse mathématique, selon Kant, est arbitraire ; il n'y a ici aucun rappel à l'ordre qui ralentirait la synthèse pour la faire tomber dans une antinomie ; en mathématique on ne glisse pas du phénomène dans la chose en soi, car on se trouve dans un monde où la distinction même entre les deux n'a pas cours – et c'est pourquoi il n'y a pas d'antinomies mathématiques chez Kant. On voit comment l'antinomie cosmologique joue un rôle essentiel pour comprendre le passage à la synthèse métaphysique qui elle-même n'est possible que pour autant qu'on y trouve de la mathématique. Si la mathématique (comme construction du concept) apportait la détermination qui manque au concept dans la connaissance des choses en général, le concept universel de matière en général n'aurait nul besoin de suivre la table des catégories pour arriver à faire le contact avec la physique mathématique. Car si le passage du transcendantal au métaphysique ne consistait qu'à ajouter des déterminations aux catégories, il faudrait que la raison s'en remette simplement aux mathématiques pour compléter la tâche entreprise dans la critique ; cela reviendrait à dire que les prémisses rationnelles contenues dans la mathématisation de la physique seraient suffisantes pour comprendre le rôle de la raison dans la physique mathématique constituée[39]. Pour arriver à la synthèse métaphysique de la nature déterminée, c'est-à-dire pour faire de la chose empirique déterminée un donné qui puisse aussi être *pensé* comme déterminé, il ne reste qu'à prendre les catégories dans le sens de la raison, c'est-à-dire les forcer à suivre la visée suprasensible de la raison dialectique au lieu de les laisser au domaine empirique de l'entendement.

Par suite, de la même façon que les idées de la raison n'arrivent jamais à la connaissance déterminée de l'objet inconditionné qu'elles visent, l'idéal de constructibilité achevée de la matière en mouvement ne pourra jamais être atteint. En progressant de la Phoronomie à la Dynamique, nous allons rencontrer les limites d'une telle constructibilité absolue. Dans la Phoronomie, la construction ne sera tout au plus qu'une « composition indirecte »[40], ce qui lui enlève déjà tout sens de l'évidence immédiate (non-conceptuelle) propre à la synthèse mathématique pure. En ce qui concerne la Dynamique, la question se pose de savoir si les données initiales, avec quoi le mathématicien entreprend de construire le concept de matière, sont elles-même susceptibles d'être construites. Supposons qu'il décide de s'arrêter au moment où il trouve une propriété de la matière qui se joint analytiquement à son concept. Ainsi Lambert pensait-il que la matière remplit un espace par simple solidité :

> « Ici le mathématicien a accepté, comme donnée première de la construction du concept d'une matière, une donnée qui à son tour ne peut être elle-même construite. Certes il peut commencer la construction d'un concept avec la donnée qu'il voudra, sans entreprendre de définir à nouveau cette donnée ; mais il n'est pas autorisé pour autant à décider que cette donnée n'est susceptible d'aucune construction mathématique, interdisant ainsi dans la science de la nature la remontée jusqu'aux premiers principes »[41].

L'inconditionné du mathématicien apparaît au moment où s'arrête le pouvoir de la synthèse mathématique. Au contraire, il faut arriver à comprendre la donnée initiale de telle sorte qu'elle procède de la raison, non de l'entendement. La raison vise toujours l'inconditionné par synthèse, ce qu'elle ne peut faire qu'en attribuent des forces motrices à la matière. Il s'ensuit que la tâche fondamentale qui incombe à l'investigation métaphysique de la science de la nature sera d'identifier le moment où cette synthèse, de mathématique, devient métaphysique. Il va s'agir de distinguer la donnée originaire de l'inconditionné, parce qu'en mathématique on confond les deux[42].

2. *Des catégories aux schèmes ; du schématisme à la construction*

Kant résume la notion de connaissance transcendantale dans une seule phrase, qu'il nous faut expliquer complètement : « L'entendement ne donne *a priori* à l'expérience en général que la règle, selon les conditions subjectives et formelles aussi bien de la sensibilité que de l'aperception, qui seules rendent possible cette expérience »[42].

Les catégories prises par elles-mêmes sont vides, elles ne prennent sens que par rapport à l'intuition qui leur donne un contenu. À tel objet correspond un sens X pour une catégorie donnée ; à un autre objet correspond un sens Y pour cette même catégorie. Donc, pour Kant, de nouveaux objets de perception (y compris ceux de l'expérience scientifique) sont constamment possibles. C'est pourquoi, si l'architectonique de la raison pure ne nous limitait pas à un nombre fini et fixe de catégories, si l'on devait ajouter une catégorie pour chaque nouvel objet, l'unité de la pensée ne coïnciderait plus nécessairement avec l'unité de l'expérience, et l'activité constitutive de l'esprit serait en pure perte. Or, la coïncidence étant brisée, il n'y aurait plus non plus aucune nécessité au principe régulateur de la raison. En effet, une fois passé le cap des antinomies, la synthèse régressive vers l'inconditionné (*i.e.* l'objet qui en droit ne réclamerait plus de constitution de notre part) continue indéfiniment, ce qui garantit qu'un nombre infini d'objets d'expérience reste toujours à découvrir. Pourquoi la synthèse régressive continue-t-elle indéfiniment ? Ce qui permet à la connaissance de se réfléchir, et ainsi de se légitimer par elle-même, c'est qu'il y a *dans* la connaissance une origine qui lui échappe complètement : elle est tributaire d'une donation absolument originaire d'un pur divers de la part des formes de l'intuition sensible (l'espace et le temps). Parce qu'elle se heurte au mur du divers pur, la pensée ne peut remonter à sa propre origine ; mais comme la remontée vers l'origine est tout de même inéliminable (Kant dit qu'il n'y a de connaissance qu'accompagnée d'un « Je pense », donc de l'unité de l'aperception), il ne saurait y avoir de pensée constituante des objets de l'expérience sans que la pensée ne produise d'effet constitutif d'elle-même, tout aussi inéliminable que le « Je pense ». Prises par elles-mêmes, les catégories ne sont assujetties à aucun genre déterminé d'intuition ; elles sont plutôt le moule où se glissent les objets d'une intuition en général, y compris ceux de l'intuition supra-sensible[44]. Mais la projection phénoménale de la pensée lui permet de se limiter, c'est-à-dire de s'arrêter dans le mouvement de remontée vers l'origine avant qu'il ne soit trop tard – avant de tomber dans la chose en soi : telle est l'imagination transcendantale. D'un côté, l'extériorité des choses données dans l'espace limite la pensée à rencontrer un phénomène, non une chose en soi ; à ce titre, en tant qu'espace le pur divers sensible est toujours invariablement le même. D'un autre côté, la pensée s'auto-limite dans l'imagination transcendantale, parce que celle-ci est obligée de se structurer (se schématiser) entre deux termes complètement hétérogènes l'un à l'autre : (1) la pure immutabilité de l'aperception transcendantale, dont Kant dit qu'elle est « le point le plus élevé auquel on doit rattacher tout l'usage de l'entendement »[45], donc la réflexion dans la pensée du mur indépassable qu'est la sensibilité, siège de la donation originaire d'un divers ; (2) la pure mutabilité du divers sensible qu'est le temps comme sens interne[46]. Notons bien que le point d'identité dans la mutabilité est introduit par la pensée, dans la mesure où le temps comme sens interne est une intuition à la fois pure et *a priori*. À proprement parler, la diversité sensible n'apparaît jamais, et c'est pourquoi la schématisation est essentiellement phénoménalisation. Il y a une nécessité qui accompagne désormais l'apparition d'un phénomène, le divers sensible ne peut pas apparaître autrement qu'il n'apparaît, justement parce qu'avant l'intervention du schématisme il n'apparaissait pas du tout. Par conséquent, l'intuition d'une régularité sensible à l'état brut réclamerait une intuition intellectuelle, dont Kant n'admet pas la possibilité pour nous. Le temps comme forme pure de la sensibilité est une grandeur infinie donnée (le tout du passé, du présent et du futur) : dans l'acte de donation originaire, ce tout est fixé, mais cette totalité de détermination est tellement écrasante qu'elle ne nous permet pas d'y voir quoi que ce soit (*i.e.* l'intuition sans concept est aveugle), alors même que le sens interne est pure mutabilité. Le schématisme va répondre à la question suivante : comment peut-il y avoir mutabilité *dans* l'immutabilité, comment la totalité écrasante du donné peut-elle s'accommoder de la finitude de la connaissance ?

Les principes de l'entendement pur sont séparés de ceux des mathématiques par la direction suivant laquelle concept et intuition sont reliés ; ces derniers vont de l'intuition au concept (par le biais de la construction) et font voir la genèse du concept, alors que les premiers vont du concept à l'intuition. Mais toute liaison de ce type est rendue possible par le schématisme : un schème « est cette représentation d'un procédé général de l'imagination pour procurer à un concept son image »[47]. Or, la mathématique va maintenant servir de modèle pour comprendre ce qu'est le schématisme et comment il fonctionne ; c'est le point où connaissance transcendantale et connaissance mathématique se retrouvent au plus près l'une de l'autre quant à leur intelligibilité, au-delà de la simple analogie qui a permis de forcer le passage vers la révolution copernicienne en métaphysique. En effet, le procédé général en question est général en ce sens que la direction séparant le concept et l'intuition ne compte pas encore ; il permet indifféremment de penser la forme ronde dans une assiette ou d'intuitionner cette même forme dans le concept géométrique pur d'un cercle[48]. Tout se passe comme si le schème naissait de l'image pour ensuite la dépasser irrémédiablement. Par exemple, je peux parcourir des yeux cinq points l'un à la suite de l'autre, ce qui me donne l'image du nombre cinq. Mais s'il s'agit de se représenter un nombre en général, celui-ci pourra être si grand que son image sera impossible à soutenir dans l'intuition[49]. Il faut donc comprendre en quoi procurer une image à un concept est à la fois très proche (par son origine) et très éloigné (par sa fonction) de la construction d'un concept dans l'intuition. Kant va distinguer trois types de schématisme parce qu'il existe trois types de concepts susceptibles de recevoir une application dans le monde des phénomènes, chaque type marquant un écart grandissant entre le schème et l'image : le concept empirique, le concept mathématique (sensible pur), le concept transcendantal (la catégorie).

L'imagination est définie en ces termes : c'est « la faculté de se représenter dans l'intuition un objet même *sans sa présence* [auch *ohne dessen Gegenwart*] »[50]. Tant que l'imagination se rapporte à l'image, elle se rapporte à elle-même ; mais de son côté l'image porte en elle le rapport à quelque chose d'autre. C'est ainsi que l'imagination, tout en se rapportant à elle-même, creuse aussi la différence dans le pur divers sensible, ce qui va permettre à celui-ci d'apparaître, et donc à la pensée de saisir des objets créés en dehors d'elle comme si au moyen de règles elle les avait engendrés elle-même. Ainsi en va-t-il pour le schème du concept empirique, qui se rattache à son concept par l'intermédiaire de la simple conformité. Je peux tracer en imagination différentes figures de quadrupède qui seront autant de variantes du quadrupède en général, toutes ces images se rapporteront d'une manière ou d'une autre (Kant parle d'« un art caché dans les profondeurs de l'âme humaine »[51]) à l'intuition que j'ai d'un chien ; parmi toutes ces images, il y en a bien une, concrète, qui doit correspondre au chien que j'ai devant les yeux, mais le schème de l'imagination fonctionne toujours, sans se soucier de faire voir nulle part une correspondance terme à terme. Ensuite, dans le cas du concept mathématique, les figures que je trace ne peuvent maintenant exister qu'en pensée, puisque je ne peux même pas imaginer une image de triangle qui serait parfaitement adéquate au concept de triangle en général. Les limites de la concrétisation sont maintenant dépassées (comme dans le cas du grand nombre dont je ne peux parcourir les unités des yeux) : il est impossible de se représenter en imagination toutes les sortes de triangle (triangle rectangle, à angles obtus, etc.) au moyen d'un triangle particulier. Tout ce que l'imagination peut faire, c'est rétrécir le champ *a priori* sans limite de sortes de triangle, les comprimer dans une figure qui est l'ébauche de ce que serait le triangle en général s'il pouvait être intuitionné : c'est le monogramme. Comme le triangle en général n'est évidemment pas du tout intuitionnable, le rapport du monogramme à ce qu'il représente peut être tout à fait arbitraire, comme l'est la synthèse mathématique proprement dite. Parce que l'image qu'il donne à voir n'est que l'ébauche de ce qu'il devrait être, le schème mathématique se tient plus du côté du concept que de l'image : tout ce qu'il contient d'image impossible à imager, il le passe, dans l'exacte mesure de ce qui est tronqué dans l'image, dans le concept lui-même. Du reste, la quantité d'image tronquée n'est pas la même selon que l'on a affaire à l'algèbre ou la géométrie. En algèbre, on « fait complètement abstraction de la nature de l'objet qui doit être pensé »[52], de sorte que le schème algébrique, contrairement à la géométrie, ne produit aucune construction ostensive : il ne produit qu'une construction symbolique. Le schème algébrique produit une image qui est plus proche encore de l'universalité du concept que ne peut l'être l'image géométrique.

Or, si l'imagination est un mécanisme dont le fonctionnement nous restera sans doute à jamais impénétrable, cela n'est vrai que dans le cas où l'imagination est productrice d'image : le concept empirique (perception sensible) et le concept sensible (construction mathématique). Aussi Kant ne répond-il jamais directement au scepticisme d'un Hume ; la philosophie transcendantale n'offre aucune théorie décente de la perception sensible, car le schématisme qui correspond au concept empirique ne se dévoilera jamais « à découvert sous les yeux ». Quant au monogramme, schème qui guide la construction mathématique, Kant n'y voit que « des traits épars que ne détermine aucune règle qu'on puisse indiquer et qui forment en quelque sorte plutôt un dessin flottant au milieu d'expériences diverses qu'une image déterminée »[53]. Mais tous les déficits dont il est ici question, tant de la perception sensible que de la construction mathématique, préparent le terrain à la seule clarté qui nous soit dévolue : le schématisme du concept transcendantal.

Avec le concept transcendantal, l'éclatement est complet : tout se passe comme si le schème d'un tel concept était si grand par rapport à son image possible qu'il « ne peut être ramené à aucune image »[54]. Mais comment peut-on encore parler de schématisme de l'entendement pur, si la fonction de tout schème est justement de procurer une image à un concept ? Maintenant il semble que l'imagination transcendantale n'imagine rien du tout et n'est la représentation de rien, de sorte qu'en principe les catégories peuvent nous permettre de penser quelque chose qui n'existe pas. Nous sommes ici au cœur de la difficulté du schématisme : il doit fournir à l'image d'un phénomène le moyen de se dépasser afin de rejoindre l'universalité du concept pur de l'entendement. Une image qui s'autodépasse est un schème. Mais comme aucune image ne correspond au concept pur, c'est le schème qui doit se contracter, faute de quoi il ne peut restreindre à son tour l'entendement à des conditions (celles de la sensibilité) qui tombent pourtant en dehors de lui[55]. L'auto-contraction du schème lui fait perdre l'espace dans l'image spatio-temporelle dont on serait parti pour imaginer le schème correspondant au concept pur ; ce schème d'un concept pur de l'entendement, dit Kant, est une *Zeitbestimmung*, une détermination transcendantale qui découpe la forme du sens interne suivant certaines règles. Pourquoi l'auto-contraction retient-elle le temps au détriment de l'espace ? C'est ici que la mathématique joue pleinement son rôle de modèle d'intelligibilité.

En effet, quand on regarde la liste des schèmes transcendantaux qui correspondent aux concepts purs de l'entendement, on s'aperçoit qu'au premier groupe de catégories (la quantité) est adjointe tout de même une « image pure »[56]. Cette image pure est la forme pure de la sensibilité : l'espace pour les objets du sens extérieur, le temps pour les objets du sens interne. Quel est le schème pur qui peut donner procurer une image pure à un concept pur ? Ce sera quelque chose comme un reste de l'ébauche d'une image – l'ébauche d'une ébauche. Kant le définit comme suit : c'est le nombre, qui est « l'unité de la synthèse du divers d'une intuition homogène en général, du fait que je produis le temps lui-même dans l'appréhension de l'intuition ». L'espace ne joue plus dans le schème pur le rôle qui lui revenait en tant qu'image pure. Un espace peut bien être nombré, mais on peut avoir en vue une grandeur spatiale d'un seul coup, alors que le nombre « est une représentation embrassant l'addition successive de l'unité à l'unité ». Cette élimination de l'espace est le prix à payer pour avoir pris les mathématiques comme modèle d'intelligibilité du schématisme : un temps passé est vraiment passé et on ne peut le produire à volonté (il est produit seulement dans l'appréhension de l'intuition), tandis qu'un espace parcouru peut toujours être parcouru à nouveau et on peut le produire sans limite[57]. Or, toutes les synthèses mathématiques sont arbitraires, alors que l'application du concept au phénomène doit comporter l'universalité et la nécessité (au sens transcendantal) du concept lui-même. Si un schème spatial était encore possible, il pourrait être toujours si grand (du fait de ses trois dimensions, de son infinité, etc.) qu'aucun contact, même pur, n'adviendrait pour embrasser des unités en un procédé général. Par contre, la succession des moments du temps selon une seule dimension réduit cet écart de telle sorte que tous les éléments de la série puissent (au moins en droit) être parcourus un à un, sans tomber dans l'arbitraire de la série dans l'espace. Comparé à un schème spatial, le schème comme *Zeitbestimmung* a réduit autant que possible l'arbitraire de la synthèse mathématique. En tant que production de moments, le temps dépasse l'espace en l'englobant au lieu de le laisser simplement de côté : il contient le plus avec le moins de moyens. En dernière analyse, le nombre est une totalité qui réunit une pluralité sous une unité : les trois catégories de la quantité sont embrassées d'un coup dans un même procédé général, quelque chose que les points de l'espace ne sauraient réaliser. Étant pensées *ensemble*, elles permettent un rapport aux objets des sens *en général*. (Kant dit bien que toutes nos représentations sont soumises à la condition formelle du sens interne, parce que c'est en tant que modification de l'esprit selon le temps que la représentation trouve sa source aussi bien dans les choses externes que dans les causes internes[58].) Tel est le rôle remarquable du temps comme image pure dans les trois catégories de quantité : il leur confère plus qu'une simple unité distributive, puisqu'il permet de les penser selon une véritable unité collective. En ce sens, le temps comme image pure a une fonction si totalisante qu'il empiète sur le pouvoir de la raison. Car ce sera le rôle des idées de la raison de relier l'ensemble des diverses catégories entre elles selon une certaine unité collective, unité dont les actes de l'entendement sont incapables par eux-mêmes[59]. Est-ce à dire que l'image pure va également déborder sur les autres catégories pour les ordonner[60] ?

À partir du groupe suivant de catégories (la qualité), les schèmes correspondants n'ont plus d'image du tout, et pourtant ils sont toujours des déterminations du temps. Mais chaque schème représente maintenant un rapport entre catégories connexes, non un rapport entre catégorie et phénomène. En effet, chaque schème de la qualité a si peu l'occasion de donner lieu à une image qu'il nous fait passer imperceptiblement d'une catégorie à la suivante dans l'ordre de la table. Ainsi, le schème de la réalité (première catégorie de qualité) est tel que le degré de remplissement du temps, qui caractérise une réalité donnée, peut être diminué en pensée jusqu'à sa disparition au degré zéro (le temps vide), qui caractérise la négation (deuxième catégorie de qualité). Inversement, on peut conjecturer (bien que Kant ne le dise pas explicitement, et que cela reste très difficile à penser) que le schème de la négation sera le trajet qui nous fait remonter de zéro à une grandeur donnée, capable d'être sentie[61] ; mais Kant semble plutôt alléguer que la remontée à partir de zéro est une variante de la production de réalité comme descente à partir du degré donné, production qui caractérise le schème d'une réalité. Rétrospectivement, nous voyons que l'image spatio-temporelle initiale a été dépassée dans un espace sur lequel aucune perception n'a prise. Ainsi, le temps comme forme pure de la sensibilité, qui s'est restreint au remplissage de moments dans cette forme (schème de la qualité), s'insinue entre la catégorie de réalité et celle de négation afin de permettre le passage de l'une à l'autre, et donc une restriction mutuelle de leur signification ; cette même forme, lorsqu'elle s'est elle-même restreinte à la simple production de moments en elle (schème de la quantité), unit d'un coup les trois catégories de quantité, abandonnant l'espace à une image pure dont le schème ne sera qu'un résidu du schème à la fois plus englobant et plus restreignant qu'est le nombre.

Quant à la troisième des catégories de la qualité, la limitation, elle n'est pas discutée par Kant. Résultant de l'action réciproque des deux premières catégories, qui se limitent l'une l'autre en spécifiant la direction qui leur revient (du plein au vide, ou du vide au plein), dira-t-on que la limitation est à elle-même son propre schème ? Sans doute la limitation n'a-t-elle pas de schème, parce qu'une telle schématisation serait redondante avec l'activité d'auto-contraction de l'image impossible qui caractérise tout schème. Mais alors, en quoi la limitation résulterait-elle de la combinaison des deux premiers moments, si elle n'a besoin que d'elle-même pour engendrer son schème ? Et qu'est-ce qu'une limitation de la limitation ?

Ces questions, laissées en suspens par la philosophie transcendantale, seront reprises dans la métaphysique de la nature. Celle-ci, dans le trajet qui conduit de la Phoronomie (quantité) à la Dynamique (qualité), va combler pour ainsi dire le moment où la catégorie de qualité a été poussée jusque dans ses derniers retranchements et a donné tout ce qu'elle pouvait donner conformément à la simple *analogie* avec le renversement copernicien en physique.

Mais avant de passer à un examen de la physique mathématique proprement dite, où il ne sera plus question de simple analogie, notons qu'en mathématique le schématisme peut prendre le sens de construction. Construire un concept, dit Kant, « c'est présenter *a priori* l'intuition qui lui correspond »[62]. La figure tracée ou imaginée est singulière, et pourtant « elle sert à exprimer le concept sans porter préjudice à son universalité ». Par contre, comme le schème procède d'une image tronquée, il n'arrive jamais à cette évidence transparente de l'universel dans le singulier ; le schématisme de l'entendement ne peut que *tendre* à l'unité de tout le divers sensible, donc il n'arrive qu'*indi-*

rectement à l'unité de l'aperception[63]. Or, le seul concept qui se laisse construire de cette manière, *i.e.* schématiser d'une manière « directe », c'est celui de quantité. D'une qualité comme la réalité, il me faut l'exemple que fournit l'expérience pour avoir une connaissance rationnelle. Cela n'exclut pas que connaissance par concepts et connaissance par construction de concepts ne puissent s'occuper des mêmes objets ; par exemple, la mathématique s'occupe d'espaces de diverses qualités, et la philosophie de grandeurs comme la totalité. Mais c'est la manière du traitement qui diffère, car là où la philosophie ne permet de connaître qu'au moyen de concepts généraux (qui sont des règles de la synthèse des intuitions empiriques), la mathématique passe outre la synthèse et considère le concept *in concreto*. La mathématique, en tant que discipline constituée, est transparente à elle-même car cette concrétude résulte de ce que le recouvrement entre les conditions universelles de la construction reste visible dans l'objet du concept construit. Du point de vue philosophique, la médiation entre le divers à synthétiser et moi qui synthétise (médiation représentée par la généralité du concept) me force à chercher, pour chaque concept pur, « les conditions de temps en général qui pourraient être trouvées dans l'expérience conformément au concept »[64]. Ces conditions étant les schèmes, on voit qu'une *Zeitbestimmung* n'est pas une sorte de manipulation du temps donné comme intuition pure, comme si chaque schème était une sorte de spécification de la forme du sens interne, mais au contraire une détermination *dans* ce temps, une détermination qui tend à l'unité du divers dans la sensibilité, donc qui en chacune de ces instantiations s'approche du temps donné originairement comme intuition pure. Mais jamais il n'y aura coïncidence, comme si le temps donné était un temps simplifié, une pure succession vécue subjectivement, le rôle des actes intellectuels étant d'ordonner cette succession. Certes, notre appréhension du divers *du phénomène* est toujours successive et changeante, tout comme les parties *du temps* lui-même sont successives ; mais la détermination de ce divers (par exemple comme simultané ou successif) réclame un principe qui « exprime en général le temps », sans que celui-ci soit jamais perçu en lui-même[65]. Par conséquent, quand la philosophie s'occupe de la quantité, son schème pur étant le nombre, celui-ci n'est pas le nombre au sens mathématique mais ne fait qu'y tendre ; la production du temps dans l'appréhension de l'intuition est comme une figuration des rythmes originaires de la pensée, rythmes que la pensée octroie au divers sensible lorsqu'elle le phénoménalise[66]. Ainsi, nous n'aurons jamais un concept déterminé d'une grandeur donnée[67], car seule l'intuition pure surplombant le concept se présente comme une telle grandeur ; si une mesure pouvait être achevée et atteindre la grandeur donnée, il faudrait que le mouvement dans l'imagination s'arrête au profit du quantum mesuré, ce qui constitue une « violence au sens interne »[67]. Toutefois, la schématisation reste aussi une condition de possibilité pour la construction mathématique : ainsi dans la construction géométrique, « j'ajoute dans une intuition pure, aussi bien que dans l'intuition empirique, le divers qui appartient au schème d'un triangle en général, par conséquent à son concept »[69]. Toute la question du passage de la schématisation à la construction tient dans le statut de cette addition d'un divers qui a déjà en lui un degré de généralité.

En géométrie, l'espace est pris comme objet. De l'espace comme forme de l'intuition, Kant dit dans l'Esthétique Transcendantale qu'il est représenté comme donné, unique et infini ; il s'agit de la représentation de l'espace « originaire », avant toute détermination, et qui doit donc servir de condition de possibilité pour toutes les autres représentations (mathématique, physique, etc.). Comment arrive-t-on à l'espace comme objet construit géométriquement à partir de la représentation originaire de l'espace ? L'espace originaire est une représentation immédiate (la forme du sens externe) qui certes précède les objets, mais qui elle-même n'est possible qu'autant que le sujet a la propriété d'être *affecté* par des objets[70]. Dans la construction mathématique, cette condition devient secondaire parce que nous y créons les objets. L'espace pris comme objet contient plus que la simple forme de l'intuition, savoir « le *rassemblement* en une représentation *intuitive* du divers, donné selon la forme de la sensibilité, de telle sorte que la *forme de l'intuition* donne simplement du divers, tandis que l'*intuition formelle* donne l'unité de la représentation »[71]. Parce qu'elle permet de voir l'universel dans le singulier, la construction mathématique a ceci de particulier qu'elle réussit à procurer une unité dans la représentation intuitive du divers, tandis que la pensée ne produit l'unité que dans une représentation conceptuelle de ce divers. C'est bien le divers *dans* l'espace qui est unifié de la sorte, non le divers des structures spatiales qui se trouverait lui-même ordonné selon l'autre forme de l'intuition, le temps[71]. L'intuition formelle donne cette unité du divers, tandis que le schème ne peut qu'y tendre sans jamais y arriver. Autrement dit, l'unité en question pourra être n'importe quel degré de généralité associé à une structure de l'espace (la métrique, la structure affine, la topologie, etc.).

Dans une réplique à Kästner, Kant montre que le géomètre nous apprend comment *décrire* un espace, alors que la philosophie transcendantale (dans l'Esthétique) prouve seulement que nous *avons* une représentation de l'espace[73]. Kant pose dans l'Esthétique que l'espace est représenté comme grandeur infinie donnée[74]. C'est ainsi qu'il est pensé, car il contient *en lui* une multitude infinie de représentations (au lieu que s'il était pensé à la manière d'un concept, il contiendrait une infinité de représentations *sous* lui). Si « en lui » signifiait que le mathématicien décrivait des espaces en limitant (ou spécifiant) l'espace originaire, il n'y aurait pas d'antinomie de la raison pure, puisque la contradiction de l'infini donné n'apparaît justement que lorsqu'on s'efforce, commençant avec les parties de l'espace, de faire la jointure avec l'espace omni-englobant donné *a priori*. Une grandeur infinie ne signifie pas ce qui est plus grand que toute autre grandeur, mais ce qui est plus grand que tout *nombre*[75] ; pour arriver à un nombre plus grand que tout nombre, il faudrait donc quelque chose comme le schème d'un schème. Le cas de l'infini prouve bien que l'objet mathématique jouit d'une certaine autonomie vis-à-vis du concept schématisé de quantité, bien que ce dernier en soit sa condition de possibilité. Ce serait donc une erreur de croire que ce qui est pensé dans une intuition pure recouvre le sens de la construction en mathématique. Ce qui fait la particularité du concept mathématique, c'est qu'il est *a priori* en ce sens qu'il « contient *déjà* en soi une intuition pure », ce qu'exhibe (présente) justement la construction. Autrement dit, l'intuition formelle décrit le passage d'une pensée de représentations sous l'espace à cette autre pensée où les représentations sont en lui. Ainsi, je ne peux penser une ligne sans la tirer, *i.e.* sans me donner en même temps *tout un espace*. Mais précisément parce que l'intuition formelle donne une unité à la représentation du divers sans passer par l'intermédiaire du concept, par là je suis encore loin d'un système intellectuel (déductif) comme la géométrie[76]. À Kästner, Kant explique que l'espace avant toute détermination est originaire et unique, alors que celui du géomètre est produit *(gemacht)* ou dérivé, d'où il suit qu'en géométrie il y a plusieurs espaces. L'espace est dérivé parce qu'en mathématique il est toujours déjà donné comme déterminé d'une certaine façon – et d'une façon qu'il n'y a justement pas lieu de « déduire », puisque le concept contient déjà en soi une intuition pure. Autrement dit, contrairement au schème qui est une détermination dans le temps, le concept mathématique ne travaille pas dans l'intuition pure pour y décrire ou spécifier des parties de l'espace originaire ; la philosophie transcendantale ne s'intéresse qu'à l'*acte* de construction du concept[77], acte qui a lieu dans l'intuition pure, non au produit qui peut être représenté sur le papier dans l'intuition empirique et duquel on peut en principe tirer toutes sortes de propriétés qui ne sont pas nécessairement annoncées dans l'acte de construction. Mais en même temps on ne peut s'empêcher de penser que le concept construit retrouve par ses propres moyens, comme le nombre dans le système constitué de l'arithmétique (non à titre de schème transcendantal), cette même intuition originaire dont on était parti dans l'Esthétique. Faisant le pont avec une intuition originaire, le mathématicien acceptera-t-il que les espaces multiples qu'il décrit sont des parties de l'espace originaire ? Certes oui, mais il n'aura justement pas le moyen de le prouver ; seul le philosophe transcendantal peut le faire, car l'intuition formelle ajoute une unité à la représentation intuitive du divers, là où la mathématique proprement dite (déjà constituée) ne fait qu'ajouter la description d'un espace.

Dans la préface aux *Premiers Principes*, Kant discute le sens de la déduction transcendantale des catégories pour répondre à certaines objections à la suite de la première édition de la *Critique*. Il y amorce une manière de penser la déduction similaire à la réponse à Kästner concernant la différence entre l'espace de l'Esthétique et celui de la géométrie constituée. Pour éviter toute mésentente sur le sens de la déduction transcendantale des catégories, il en restreint la portée à la preuve *que* les catégories ont un usage en rapport aux seuls objets de l'expérience ; montrer *comment* ces catégories rendent possible l'expérience, cela n'est nullement nécessaire, mais seulement méritoire[78]. On peut penser que la question du comment relèverait de la description (comme les différents espaces en mathématique), non de la déduction ou exposition transcendantale (où l'on montre que, partant d'un concept comme principe originaire, on peut comprendre la possibilité d'autres connaissances synthétiques *a priori*). Si la déduction des concepts purs de l'entendement expliquait aussi le comment, ce complément forcerait sans doute à ajouter à l'Esthétique (qui expose la possibilité de la géométrie) une déduction pour les concepts mathématiques. Le fait de l'existence des mathématiques nous sauve de cette tâche gigantesque.

Les fonctions logiques de la pensée sont *déterminées* comme catégories lorsqu'on arrive à différencier le sujet et le prédicat dans un jugement au moyen de ce qu'on se représente comme étant déterminé dans l'objet. Les catégories, quant à elles, sont *appliquées* à l'intuition sensible (pure *ou* empirique), sans quoi elles ne pourraient même pas recevoir un objet et devenir des connaissances. Les principes de l'entendement pur seront des *instantiations* de catégories. Mais toujours demeure l'indétermination au niveau de l'objet (comme on l'a vu dans le cas de la causalité), car l'intuition sensible assure la connaissance d'un « quelconque objet ». Ce sont les intuitions *a priori* qui contiennent les conditions nécessaires pour l'application des catégories, mais si ces concepts purs sont appliqués à ces mêmes intuitions *a priori* qui servent par ailleurs de condition à l'application, cela ne change rien au fait que l'objet connu est toujours « quelconque » (ainsi la généralité qui affleure à la surface du singulier dans la construction mathématique). En d'autres termes : les catégories ne déterminent que l'objet transcendantal = X, mais pas à la manière d'une variable (objet empirique) d'une fonction (en l'occurrence celle de la pensée). Elles sont les prédicats objectifs de cet objet, à condition d'être restreintes dans leur usage au monde empirique de l'expérience possible ; le concept formel d'objet en général se trouve de la sorte déterminé suivant les catégories. Mais pour que cette détermination aboutisse, il faut au moins que les catégories s'approchent de l'unité du divers sensible ; que la détermination puisse aboutir sans cependant qu'une coïncidence parfaite en résulte avec le divers sensible, cela est assuré par le schématisme. Dans le cas du schématisme mathématique, la construction du concept fait retour sur les conditions mêmes (l'intuition pure) qui ont permis son application (*i.e.* sa « sortie » hors de soi). Par conséquent, la schématisation n'est pas une sorte de construction avortée : il y a soit schématisme soit construction ; soit l'objet transcendantal est pensé partiellement (dans la connaissance par concept) soit il est complètement absorbé dans l'objet de la pensée (dans la connaissance par construction de concept). C'est seulement si l'on pouvait parler de spécification de l'objet transcendantal par l'intermédiaire de certains concepts que l'on pourrait dire que, passant de l'expérience en général à la mathématique, le schématisme devient construction. Mais l'intuition pure ne « remplit » pas le concept pour permettre la construction, comme si ce remplissement spécifiait l'objet transcendantal ; la construction est seulement un retour à la condition qui permet au concept de sortir de soi, c'est-à-dire une manière de penser l'objet transcendantal qui le fait disparaître en tant qu'objet.

Passant de la mathématique à la physique mathématique, on pourrait être tenté de croire que le concept empirique d'objet matériel constitue une spécification plus poussée de l'objet transcendantal. Ainsi, comme dans les principes de l'entendement pur les conditions transcendantales de la connaissance sont séparées de l'objet transcendantal par les objets d'expérience possible qui se trouvent déterminés, peut-être le passage à la construction des premiers principes métaphysiques est-il rendu possible parce que cette construction porte directement sur l'objet transcendantal (chaque construction étant une spécification de cet objet)[79] ? Mais la mathématisation de la physique n'y change rien : le concept empirique ne sera toujours pas un remplissement du concept. L'objet empirique n'est pas une spécification de l'objet transcendantal, car dans tous les cas les conditions transcendantales tendent déjà – mais ne font justement qu'y tendre – à l'objet transcendantal ; le schématisme assure que cette tendance n'aboutit jamais complètement, hormis la construction où l'objet transcendantal a disparu. Kant nous donne cet avertissement incontournable : « l'objet transcendantal, qui peut être le fondement de ce phénomène que nous nommons matière, est un simple quelque chose, dont nous ne comprendrions même pas ce qu'il est, quand bien même quelqu'un pourrait nous le dire »[80]. Le concept universel de matière en général sera une nouvelle manière de penser l'objet transcendantal (non pas d'appliquer les catégories aux intuitions pures), et il reste à voir ce qu'il advient de lui lorsqu'il est ainsi pensé : va-t-il simplement se laisser absorber dans la connaissance comme dans le cas de la construction mathématique ? Les premiers principes de la science de la nature juxtaposent métaphysique (ou mise en place des conditions de possibilité) et mathématique (au sens de présentation, ou acte de la construction) en intercalant cette dernière entre le pensé et le donné. En effet, toutes les déterminations du concept en question se ramènent à « tout ce qui peut être pensé *a priori* concernant la matière, tout ce qui peut en être présenté [dargestellt] dans la construction mathématique, ou enfin tout ce qui peut en être donné dans l'expérience comme objet déterminé »[81]. Ensuite, étant donné la nécessité de cette juxtaposition, on accole à toutes les déterminations du concept de matière en général (suivant la table des catégories) ce que Kant appelle une « détermination fondamentale »[81], *i.e.* le mouvement. En quoi le mouvement contribue-t-il à une nouvelle manière de penser l'objet transcendantal ? Kant avait dit auparavant qu'il y a plusieurs déterminations *a priori* du concept de matière : le mouvement, le remplissement de l'espace, l'inertie, etc.[83]. C'est que, dit maintenant Kant, « c'est par le mouvement seul que [les sens externes] peuvent être affectés »[84]. Tant qu'il s'agissait d'assurer la seule possibilité de la mathématique, l'Esthétique Transcendantale pouvait se contenter d'attribuer la représentation immédiate qu'est l'espace comme intuition pure à la propriété d'un sujet d'être simplement affecté par des objets. Du fait de la juxtaposition de la mathématique et de la métaphysique, il faut désormais procéder à une construction mathématique d'un genre particulier, puisque la condition d'affectation par des objets, de secondaire, devient maintenant clé de la signification du concept de matière.

Comme elle est une connaissance rationnelle par la construction des concepts, la mathématique porte uniquement sur les quantités. En ce qui concerne les qualités, par contre, elles « ne se laissent présenter dans aucune autre intuition que l'intuition empirique. Aussi une connaissance rationnelle de ces qualités ne peut-elle être possible qu'au moyen de concepts »[85] (c'est-à-dire philosophiquement). Kant donne l'exemple de la forme du cône, objet d'un concept ; une qualité comme la couleur de ce cône devra être donnée dans l'expérience. La métaphysique de la nature constitue un véritable défi à cette manière de voir, parce qu'une physique mathématique exige que la construction de concepts soit poussée aussi loin que possible. L'entreprise est justifiée par l'existence, dans les objets déterminés de la nature, de qualités beaucoup plus sérieuses que la couleur : ce sont les forces de la matière, qui constituent l'ensemble de ses déterminations internes. Inversement, une notion comme celle de vitesse, qui est une grandeur intensive, doit être considérée à rebours comme une grandeur extensive si elle doit pouvoir être construite (comme on le verra dans la Phoronomie). Certes, la mathématique nous offre apparemment le moyen de connaître des choses déterminées à partir de leur concept, indépendamment de l'expérience : tel ce triangle que je construis dans l'intuition[86]. Mais tant que rien n'assure qu'elle s'accorde avec les conditions formelles des objets de l'expérience, cette construction courra toujours le danger de rester un jeu de l'esprit, et « l'objet garderait encore une possibilité douteuse ». Si maintenant on réduit la mathématique à une connaissance expérimentale, arguant du fait que même la synthèse figurative devrait permettre aussi bien de construire un triangle que d'appréhender un phénomène pour en faire un concept d'expérience, alors, inversement, c'est la possibilité des grandeurs qui perd la transparence d'une présentation *a priori*, parce qu'à partir des conditions formelles de la détermination des objets dans l'expérience en général, elle « ne se présente jamais clairement ». Par exemple, je voudrai trouver coûte que coûte des triangles dans les objets de mon environnement matériel, même si une telle présentation ne peut jamais devenir absolument claire. Étant donné cette situation, la possibilité des choses ne pourra être comprise qu'en relation aux conditions formelles sous lesquelles « quelque chose est *en général* déterminé comme objet dans l'expérience ».

La *Critique* ne s'en tient pas à un face-à-face stérile entre la possibilité de la pensée et la chose existante *singulière* en dehors de la pensée. Il y a d'abord la constatation du choc : même si le concept d'une chose me permettait de la connaître avec toutes ses déterminations intérieures, il reste que l'existence reste toujours absolument étrangère à toutes ces déterminations[87]. Il est impossible d'anticiper une existence comme on peut anticiper une perception. Faudra-t-il donc, pour établir l'existence, s'en remettre à une perception qui précède le concept ? La réponse est négative, mais pas absolument. À partir de *quelques* perceptions on peut, se basant sur leur liaison empirique au moyen des Analogies de l'Expérience, connaître « relativement *a priori* » [*komparative a priori*] l'existence dans la mesure où elle s'accorde [*zusammenhängt*] avec elles, *i.e.* dans la mesure où la référence à une existence va permettre aux fragments de perception de se laisser compléter. Ainsi la perception de la limaille de fer attirée nous conduit à poser l'existence d'une matière magnétique, bien que celle-ci n'est pas perçue. Certes, si nos sens étaient moins grossiers qu'ils ne le sont, nous finirions bien par percevoir cette matière. Mais alors le clivage qui permet au sujet percevant de sortir hors de soi pour aller à la rencontre de l'empirique (au moyen de concepts purs) n'aurait jamais lieu ; l'esprit serait toujours et seulement accaparé par l'empirique. Étant donnés ces concepts purs, notre connaissance de l'existence s'étend aussi loin que s'étend notre perception fragmentaire, complétée par les lois empiriques de leur enchaînement ; la présence du clivage entre le sujet et le monde empirique requiert à son tour un « sentir pur » dont la fonction est d'indiquer *a priori* les limites d'un enfoncement dans l'objet empirique jusqu'à l'en soi.

Or, comment la construction mathématique de la matière en mouvement, concept fondamental parmi tous les concepts empiriques, contribue-t-elle à la connaissance de l'existence d'une chose déterminée ? Ayant affaire à une « détermination fondamentale » du monde empirique, la métaphysique ne peut certes pas se satisfaire d'un *a priori* seulement relatif ; pourtant le mouvement est bien une donnée empirique, de sorte que le recours au « sentir pur » devient tout à coup problématique.

3. *La Phoronomie : les deux espaces de l'expérience*

Comme elle est contaminée par les prétentions dogmatiques de la raison à maîtriser l'absolu (la visée métaphysique imposée à la science), la Phoronomie ne semble pas tout d'abord affectée par l'illusion nécessaire que la raison charrie dans son mouvement dialectique. Elle commence par suspendre l'implication la plus fondamentale de la révolution copernicienne en métaphysique, à savoir la distinction entre phénomènes et choses en soi. Certes, l'espace demeure la forme subjective de toute intuition sensible externe, mais quant à « savoir si cette forme convient aussi à l'objet externe que nous appelons matière, quand on le considère *en soi*, ou si elle ne réside que dans la constitution de notre sensibilité »[88], cette question est laissée de côté. Comment une telle indifférence vis-à-vis de la distinction entre le phénoménal et l'en-soi est-elle tenable ? Il est clair que les êtres corporels qui occupent l'espace ne peuvent être que des phénomènes, mais ce n'est là qu'une affaire de définition[89]. En effet, tout ce que nous apprenons de la matière en mouvement, qui est l'élément proprement empirique de toute intuition sensible, c'est que, contrairement au divers sensible en général, cette matière ne peut pas du tout être donnée *a priori*. Ce caractère empirique est si déterminant qu'il va jusqu'à neutraliser le rôle de l'espace comme condition : il devient une propriété des êtres corporels situés en lui plutôt qu'une condition de leur apparition.

La Phoronomie contient les principes de l'application de la catégorie de quantité à la matière en mouvement. On se demande donc : à quelles conditions la matière en mouvement répond-elle aux exigences de la grandeur extensive, selon laquelle les parties d'un tout donné peuvent être juxtaposées bout à bout pour former ce tout ? Toute matière en mouvement devra être composée d'autres mouvements qui sont homogènes l'un à l'autre. De la manière la plus générale, on peut poser le problème dans les termes suivants : quelles sont les conditions de possibilité pour la composition du plus petit nombre de parties, à savoir, deux mouvements ? La réponse de Kant, qu'il nous faut déployer, est que la composition recherchée requiert *deux espaces*. Tel est l'énoncé de l'unique Théorème *(Lehrsatz)* de la Phoronomie : « La composition de deux mouvements d'un seul et même point ne peut être pensée que si l'un deux est représenté dans l'espace absolu, et si, à la place de l'autre, on représente, comme lui étant équivalent, un mouvement de l'espace relatif de même vitesse et de direction contraire »[90].

Newton n'a pas vraiment résolu la tension entre le principe cinématique de relativité (*i.e.* tous les mouvements rectilinéaires uniformes sont équivalents) et l'existence de systèmes d'inertie qui théoriquement doivent permettre d'effectuer pour tous les mouvements une distinction entre l'absolu et le relatif. C'est l'espace qui fait problème : étant donné un système inertiel, il y en aura une infinité d'autres qui lui sont équivalents quant à la transformation de coordonnée « temps », mais non quant à la position spatiale. Newton se tire d'embarras par une pirouette : un « lieu » étant défini comme la partie de l'espace occupée par un corps, les parties de l'espace ont leurs propres lieux, et si celles-ci se mouvaient (ce qui est possible, parce que nous n'avons aucun moyen de sentir le déplacement tant qu'il est inertiel), « ce serait, si l'on peut s'exprimer ainsi, sortir d'elles-mêmes ». Cet argument d'intelligibilité étant posé, il y aura contradiction à inclure la translation des lieux absolus parmi les translations *hors* de ces lieux[91]. L'accélération étant absolue, la vitesse sera également absolue si du moins il existe un espace absolu immatériel dans lequel tous les mouvements ont lieu. Un absolu étant reconnu, il doit diffuser son absoluité sur les autres concepts. Mach adopte la position inverse : un seul absolu n'est pas suffisant pour absolutiser le reste de la physique, donc il faut l'éliminer et relativiser tous les mouvements. Kant nie également la possibilité du mouvement absolu, et il maintient la relativité de la vitesse. Pourtant il n'est pas un simple précurseur de la théorie de Mach ni un maillon intermédiaire entre les deux grandes traditions que nous avons connues depuis la révolution scientifique. Car, dans la Phénoménologie des *Premiers Principes*, au mouvement absolu il substitue le mouvement vrai (le changement entre les parties d'un corps), et ce mouvement vrai s'oppose non pas au mouvement relatif mais à la pure apparence *(blosser Schein)*[92]. En cela Kant va contribuer d'une manière vraiment originale à la question de l'éclaircissement métaphysique de la science de la nature. La Phoronomie en comporte les réquisits préparatoires : il faut démontrer que nous ne pouvons composer que des mouvements homogènes l'un à l'autre, ce qui n'est possible qu'en éliminant la contradiction (construite par Newton) entre la translation des lieux et la translation hors de ces lieux.

Déjà l'Esthétique Transcendantale annonçait ce paradoxe : l'espace et le temps sont des formes pures de la sensibilité, mais leur réunion dans le mouvement implique quelque chose d'empirique, en l'occurrence la perception d'un mobile *dans* l'espace. Passant des formes de l'espace aux objets mobiles en lui, on ne peut se contenter de comprendre les phénomènes de la matière en mouvement en ajoutant ce qu'il faut à une structure *a priori* fixée une fois pour toutes ; il est bien question de repenser sur nouveaux frais ce qu'est un acte de donation originaire. C'est en ce sens que le mouvement est empirique :

> « comme la mobilité d'un objet dans l'espace ne peut être connue *a priori* et sans que l'expérience nous l'ait enseignée, je n'ai pu, dans la *Critique de la raison pure*, compter la mobilité parmi les concepts purs de l'entendement ; parce qu'il est empirique, ce concept ne peut trouver place que dans une science de la nature, dans cette métaphysique appliquée qui traite d'un concept donné par l'expérience, mais en traite d'après des principes *a priori* »[93].

Bien qu'empirique, le concept de mouvement ne nous fait pas retomber sur un principe impur, parce qu'il est aussi d'une manière primordiale une combinaison des deux formes *a priori* de la sensibilité. Or, ni les sens ni la forme pure de l'intuition sensible ne sont capables de fournir la liaison dans un divers ; toute liaison vient d'un acte de l'entendement[94]. Il faut donc comprendre pourquoi l'entendement n'exerce pas la spontanéité de sa faculté dans le cas de ce divers composé de deux termes que sont l'espace et le temps. Un début d'explication se trouve dans la notion de concept pur *a priori* mais dérivé. Un tel concept est un prédicable de la raison pure[95], c'est-à-dire un concept pur de l'entendement qui résulte de la composition de catégories originaires. Il existe deux types de prédicables : ceux qui sont purement intellectuels (comme la force, l'action, le changement) et ceux qui sont « conditionnés par le sensible »[96] ; Kant range le mouvement (comme changement de lieu dans l'espace) parmi ces derniers. La caractéristique du mouvement est d'être un concept à la fois originaire et conditionné. C'est pourquoi chercher à situer le concept de matière en mouvement du côté de l'*a priori* ou du côté de l'*a posteriori* n'a pas vraiment de sens, puisque son statut hybride reflète très exactement tout le problème dont il est question dans les *Premiers Principes*, savoir la rencontre du transcendantal et du métaphysique : si la matière en mouvement est *a posteriori* dans la métaphysique, elle est *substantia phaenomenon* dans la critique. C'est précisément cette caractéristique hybride qui justifie le recours au mouvement pour penser l'*existence*. En effet, l'existence évoque toujours le problème de la singularité ; l'espace et le temps étant deux singuliers, leur composition en un singulier (le mouvement) est qualifiée par excellence pour traiter de tout ce qui relève de l'existence. Une fois de plus, il va s'agir de trouver les limites pour penser l'existence selon le prédicable de mouvement. Dans la Phoronomie (mais ce point sera repris plus amplement dans la Phénoménologie seulement), nous allons rapidement découvrir un exemple de mouvement d'un corps qui ne change *pas* de lieu : telle la terre en rotation autour de son axe.

À titre de quantité, le mouvement inclut le concept de direction, qui est spatial, et celui de vitesse, qui est à la fois spatial et temporel. Mais Kant dit qu'il va utiliser le concept de vitesse essentiellement dans sa signification spatiale[97]. Techniquement la chose est simple : les vecteurs ont les mêmes propriétés formelles que des mouvements et des vitesses. Philosophiquement cette quasi-absorption du temps dans l'espace est le moment capital des *Premiers Principes.* Il n'était pas tout à fait rigoureux de dire tout à l'heure que l'entendement n'exerce pas sa spontanéité de liaison dans le cas du mouvement. Kant dit explicitement que l'imagination productrice exerce son acte pur de synthèse du divers dans le cas du mouvement conçu comme la *description d'un espace*[98]. Mais cette même imagination est impuissante à exercer sa fonction dans le cas du mouvement d'un objet *dans* l'espace. Or, dans la Phoronomie, l'objet se réduit à un point mathématique. En effet, Kant écrit tout au début de ce premier chapitre que le concept de matière n'y est pas défini métaphysiquement en tant qu'objet pur et simple, mais en tant qu'objets des sens externes, *i.e.* en relation aux facultés cognitives[99]. Par conséquent nous sommes placés ici à la limite extrême du cas du mouvement considéré comme le fait de décrire un espace[100] : ce cas relève autant de la géométrie que de la synthèse transcendantale. Dans la Phoronomie – cas unique dans toute la philosophie critique – les conditions transcendantales de possibilité de l'expérience vont recouvrir les conditions de possibilité de l'objet mathématique. La synthèse métaphysique corrélative du concept de matière va pour ainsi dire empêcher que l'acte pur de la synthèse successive du divers soit reconnu dans l'intuition externe, même si c'est dans l'intuition externe qu'elle a lieu. Le mouvement est certes une vitesse, mais la doctrine pure du mouvement comme quantum est établie conformément « aux trois éléments que nous fournit l'espace »[101] pour une ligne et une direction, à savoir l'unité, la pluralité et la totalité. On voit immédiatement le progrès accompli par la Phoronomie sur le principe synthétique de l'entendement pur qui lui correspond, les Axiomes de l'Intuition. Ces derniers sont étrangers à tout privilège de l'espace sur le temps, puisque le procédé par lequel on arrive à une représentation de la grandeur extensive est identique pour l'espace et le temps. Ainsi, la ligne que je tire par la pensée produit toutes les parties, à partir d'un point, selon la succession de l'une après l'autre, tandis que l'intuition du temps est produite quand je pense en lui la progression successive d'un moment à l'autre[102].

Une vitesse est une grandeur intensive dans la mesure où elle ne se compose pas de parties extérieures les unes aux autres comme dans le cas de l'espace ; une vitesse donnée ne se compose pas de vitesses plus petites. Penser la vitesse selon l'espace implique cependant que la grandeur intensive soit ramenée à une grandeur extensive. Pour un corps en mouvement, cela revient à diviser son mouvement en deux parties homogènes, c'est-à-dire déléguer une partie de son mouvement au mouvement de l'espace relatif dans la direction opposée[103]. C'est ce processus que Kant appelle composition indirecte. Il représente la première étape vers l'externalisation des qualités des corps. Le passage de la connaissance transcendantale à la connaissance exacte de la physique mathématique, en quoi consiste la perspective transcendantale sur la science exacte, implique une quasi-élimination de la qualité du temps. Or, la doctrine des déterminations transcendantales de temps est le schématisme. Qu'advient-t-il du schématisme dans une science pure de la nature ?

Les prémisses d'un examen transcendantal de la science déjà constituée sont fournies par les *Prolégomènes*, non pas la *Critique*. Kant appelle « méthode analytique » le procédé suivi pour mener à bien un tel examen : on commence par la connaissance scientifique comme un fait établi, admis par chacun, et on retourne ensuite à ses conditions de possibilité (intuition et entendement), alors que la *Critique* elle-même commence avec ces facultés pour en tirer la possibilité et les limites de toute connaissance en général[104].

Étant donnée cette inversion, « validité objective » veut dire maintenant « validité universelle pour chacun »[105], c'est-à-dire qu'objectivité signifie intersubjectivité. C'est pourquoi, comme quelque chose valable pour tout le monde est aussi valable « en tout temps »[106], à la différence de la *Critique*, les *Prolégomènes* nous permettent de comprendre l'apparente élimination du temps dans une science pure de la nature, donc ce qu'il y advient du schématisme. Kant va montrer l'erreur qui consisterait à prendre automatiquement la connaissance objective *a priori* dans le sens transcendantal comme fondement de la connaissance expérimentale admise par tous.

Reprenant la célèbre formule galiléenne, selon laquelle la nature est un livre écrit dans un langage qui n'est pas celui de l'expérience quotidienne (c'est le langage mathématique), Kant dit que les règles de l'entendement « ne servent pour ainsi dire qu'à épeler les phénomènes, pour pouvoir les lire comme expérience »[107]. Les catégories se rapportent au donné sensible comme à un livre qu'elles permettent de lire. Mais qui dit lire suppose une éducation à la lecture, un entraînement qui résulte d'un certain apprentissage suivant un subtil dosage entre des règles venues d'ailleurs et des règles qu'on se donne à soi-même. Épeler, c'est la plus simple des règles qu'on se donne à soi-même : c'est découper les éléments du sens dans une masse donnée dont on présume qu'elle a un sens total, tout comme schématiser c'est contracter les concepts purs de l'entendement dont on présume qu'ils ont un sens quand l'intuition empirique les conditionne. Mais l'apprentissage reste toujours mon œuvre propre, une conscience de mon propre état. Dans le jugement scientifique d'expérience, toute trace d'apprentissage doit être effacée, comme si les règles les plus simples qu'on s'est d'abord donné à soi-même pour déchiffrer le livre ne comptaient plus du tout une fois la lecture achevée (quand elle est devenue « sensée »). La lecture doit devenir « automatique » si elle veut devenir un véritable déchiffrement du sens. Ces règles ne seront plus à tester dans une lecture suivante, dont on présume qu'elle pourra être déchiffrée suivant le même procédé général.

Pour assurer la possibilité d'une science pure de la nature, il faut rendre compte de ce qui est requis pour passer d'un simple jugement subjectif de perception, où seul est impliqué l'état du sujet et de ses sensations, à un jugement objectif d'expérience valable selon la nécessité de l'objet lui-même[108]. Au niveau de la simple perception, il n'est question que de l'enchaînement de sensations dans la sphère d'une subjectivité. Il est des jugements de perception qui ne se prêtent à aucune manipulation (schématisation) pour devenir jugements d'expérience : par exemple, lorsque je juge qu'une chambre est chaude, ou que le sucre est doux. Il s'agit de jugements si immédiats qu'ils n'auront jamais aucune valeur intersubjective, sinon sur le mode du *désaccord* : tel autre individu jugera que cette chambre n'est pas aussi chaude, etc. Un jugement relatif à la perception se prêtera à la schématisation s'il implique déjà un certain détachement vis-à-vis de l'immédiateté de soi : ainsi la proposition « l'air est élastique », dont on présume qu'elle requiert un minimum de réflexion grâce à plusieurs perceptions dans des circonstances différentes ; je peux donc aussi présumer que ce jugement est attribuable à d'autres sur le mode de l'*accord*. Alors l'enchaînement des sensations devient conscient de soi comme processus temporel, premier indice d'un détachement vis-à-vis de soi, par exemple quand j'énonce la proposition : « lorsque le soleil éclaire la pierre, elle s'échauffe ». Un tel jugement n'est évidemment plus subjectif en ce sens qu'il serait complètement coupé de toute relation à l'objet. Il y a bien une relation à l'objet, et les catégories (comme celles de réalité et d'existence) interviennent effectivement pour produire le jugement, mais il se fait que cette relation ne conduit pas encore à une détermination de l'objet. La conscience de cette relation est *aveuglée* par la conscience que j'ai encore de mon propre état (par exemple : l'habitude que j'ai de relier la sensation d'éclairement et celle d'échauffement). Or, la validité objective qui est présumée en science comporte une nécessité, à savoir que mon jugement soit le même pour tous, et pas seulement valable pour ma seule conscience. Je dois sortir de l'aveuglement que je me suis imposé. Pour y arriver, ma conscience vécue du temps doit être éliminée ; le jugement de perception devient jugement d'expérience lorsque je dis simplement : « le soleil échauffe la pierre ». Par l'action du schématisme, l'image initiale (la sensation de l'échauffement que j'éprouve sans doute naïvement en moi avant de l'attribuer à la pierre) est contractée au point de m'absenter complètement de la représentation. Privé de la conscience à soi du temps, le jugement scientifique d'expérience est tel qu'il a effacé les traces du schématisme transcendantal qui l'a pourtant rendu possible (en lui donnant un sens universel) ; l'unité du divers n'est plus seulement visée (le schématisme transcendantal y tend), elle est atteinte. Par le schématisme transcendantal, l'expérience d'une chose en général résulte de l'addition d'une catégorie à la perception[109]. Mais l'expérience scientifique résulte plutôt du processus inverse, l'addition d'une perception (contingente) à une catégorie qui était déjà présente, mais d'une manière seulement latente. La perception, d'où toute trace de schématisme est effacée, permet alors à la catégorie de remplir sa véritable destination, sans entrave (*i.e.* sans hésitation sur la question de savoir si elle retombe dans un usage simplement logique, ou si au contraire elle pousse jusqu'à la chose en soi) : cette fonction consiste à universaliser toutes les circonstances particulières qui nous sont données.

C'est ainsi que le processus qui conduit du jugement de perception au jugement d'expérience répète à sa manière le processus qui valide la mathématique pure, à savoir une construction où le schème du concept passe entièrement dans le concept lui-même : cette construction permet l'attribution immédiate d'une portée universelle à la représentation particulière ; le schématisme ayant réussi à faire le contact avec l'unité du divers au lieu d'y tendre, il disparaît. De plus, comme les *Prolégomènes* partent du fait de l'existence des sciences exactes sur le mode de l'intersubjectivité, la mathématique n'est pas non plus comprise en termes de l'acte impliqué dans la construction, ce qui implique un étonnant déplacement par rapport à l'argument de la *Critique* : Kant dit maintenant qu'en mathématique pure, la fonction unifiante dans le divers de l'intuition (comme dans la proposition : la ligne droite est le plus court chemin entre deux points) est assurée par le concept pur de grandeur[110], comme si l'intuition formelle ne comptait plus. Plus généralement, c'est l'entendement qui contient le principe de l'unité pour la construction des figures, *de la même façon* qu'il contient les règles de l'ordre universel de la nature (comme la loi de l'attraction universelle)[111].

Alors même que l'extériorité des choses par rapport à la pensée n'est pas mise en question, toute la distinction fermement établie depuis Galilée et Locke entre qualités premières et qualités secondes bascule du côté des qualités secondes, car cette extériorité est pure phénoménalité. *Aucun* des prédicats des choses extérieures n'a d'existence propre hors de nos représentations[112]. Maintenir l'extériorité des choses tout en niant l'extériorité des prédicats associés à de telles choses : comment assurer la jonction ? Il va s'agir de montrer comment l'espace, à titre de condition de possibilité, peut être réfléchi à l'intérieur même d'une physique déjà constituée (celle de Newton) où l'espace est aussi un objet. On comprend pourquoi la physique mathématique ne connaîtra jamais aucune limite à son progrès interne, tant qu'elle se cantonne aux inventions toujours nouvelles et à la découverte de nouvelles propriétés de la nature phénoménale[113]. La philosophie transcendantale ne s'occupera pas non plus de montrer des limites à cette science au moyen d'un fondement *a priori* séparé. Elle va plutôt permettre de voir où, en son progrès indéfini, la science rencontre des limites qu'*aucune* pensée ne peut dépasser. Non pas que ces limites ne puissent être effectivement dépassées : ne pas admettre des choses en soi serait une absurdité (et la tentation du dogmatisme est le piège que la raison ne pourra jamais éviter). Mais il se fait que, une fois dépassées, ces limites nous laissent dans une irréductible confusion de pensée, un chaos de règles qu'aucun schématisme n'est plus capable d'organiser.

L'idée de la raison est une règle qui sert à l'entendement pour lui procurer une complète unité de ses catégories[114]. Aucune mise image ne peut lui correspondre[115], mais il n'y a pas non plus de schème qui la rende possible. Ce qui lui donne une signification, dit Kant, est un analogue de schème : « l'idée du maximum de la division et de la liaison de la connaissance de l'entendement en un seul principe »[116]. La distance conceptuelle qui sépare chaque catégorie est d'abord maximisée (unité distributive), ensuite est maximisé l'effort pour abolir cette distance selon un principe ultime de la raison (unité collective) qui donnera la direction pour mettre l'entendement dans son usage empirique en accord avec une unité complète mais suprasensible[116]. En d'autres termes, quand l'objet s'amenuise au-delà de l'expérience possible, l'idée de la raison vient se substituer à la catégorie : elle représente la totalité maximale de toute expérience possible (dont chaque catégorie capte un fragment), et en tant que maximum elle n'a pas à se contracter en une quelconque grandeur mesurable, c'est-à-dire que *trop* de pensée vient suppléer à la carence de l'objet (et c'est pourquoi, en l'absence d'auto-contraction, on ne parlera que de l'analogue d'un schème pour la raison). Or, en tant qu'image pure, le temps est précisément au cœur de ce processus qui pousse l'entendement à s'auto-dépasser sans espoir de retour : il a déjà conféré une unité collective aux trois catégories de la quantité. Par le temps, la raison totalisante est à l'œuvre dans l'entendement dont l'usage est pourtant empirique ; corrélativement, avec l'élimination du temps dans les propositions scientifiques est en même temps assurée d'une manière absolue la limitation de ces propositions au monde phénoménal. En effet, une chose en soi ne serait pas même reconnaissable si nous utilisions le procédé d'objectivation propre au schématisme transcendantal : « si nous nous occupions de l'objet en soi, il n'y aurait pas une seule marque [*Merkmal*] possible qui me permette de reconnaître si l'objet est déterminé »[118] par rapport à l'une ou l'autre catégorie. Mais nous l'avons vu : le temps est une représentation purement subjective en ce sens qu'elle ne laisse des choses extérieures qu'une modification dans l'esprit, donc elle ne laisse aucune marque dans le monde extérieur que d'autres pourraient appréhender selon une représentation absolument similaire, précisément parce qu'aucune catégorie ne peut lui être assignée d'une manière univoque (il y a trop de pensée) : *tous* les schèmes sont des déterminations transcendantales dans le temps. Il est remarquable que, tout en partant du temps absolu déjà constitué selon un fondement onto-théologique, Newton soit arrivé à une conclusion identique : « Le temps absolu, vrai et mathématique, sans relation à rien d'extérieur, coule uniformément, et s'appelle durée »[119]. Que peut bien signifier « uniformément » s'il n'y a rien d'extérieur par rapport à quoi la répétition d'une unité de durée puisse être assignée ? Le temps absolu est une pluralité d'instants qu'aucune totalité ne vient jamais recouvrir, c'est-à-dire qu'il ne peut être quantifié. Dans le Scholie Général qui conclut les *Principia*, Newton avait laissé entendre que l'homme n'est pas si différent de Dieu quant au principe pensant, puisque ce principe fait de chaque être qui en est muni une personne indivisible et égale à elle-même ; ils diffèrent par rapport aux organes des sens, car Dieu sent le monde (grâce à l'espace et au temps qui sont ses organes) bien qu'il ne soit pas un corps. Or, chez Kant, le temps comme forme pure de la sensibilité humaine est déjà défini comme une grandeur infinie, mais la manière dont nous pensons cette grandeur n'est justement pas l'œuvre du concept car elle contient une multitude infinie de représentations en elle, non sous elle. Par conséquent, que nous le prenions par son côté absolument subjectif (vécu) ou son côté absolument objectif (absolu), le temps universel ne laisse aucune marque qui permettrait de le reconnaître dans une expérience, que cette expérience soit subjective ou intersubjective. Si le temps absolu de la physique newtonienne est une chose en soi qui n'est pas même reconnaissable en pensée (au moyen de la catégorie de quantité) comme un au-delà de l'expérience possible, il n'y a donc même pas de subreption transcendantale qui pourrait faussement incliner la raison à le prendre pour une Idée correspondante. Seule reste une Idée de l'espace.

Qu'est-ce que l'espace comme Idée ? Du mouvement comme simple propriété (c'est-à-dire le mouvement du point de vue cinématique), Newton dit qu'il est une relation des parties au tout en ce sens précis : « les parties qui conservent des positions données par rapport aux touts participent aux mouvements de ces touts »[120]. Si des relations fixes existent entre des corps qui sont eux-mêmes parties d'un corps en mouvement, cela signifie que ces parties sont entraînées par ce corps, même si elles paraissent être au repos par rapport à lui. Tout mouvement relatif de cette sorte a une portée immédiatement globale (une relation à la totalité absolue de l'expérience), puisqu'en l'absence de moyen pour assigner un mouvement vrai, un corps plus grand que tout corps donné peut toujours être spécifié tel qu'il contiendra n'importe laquelle de ces relations fixes entre parties qui sont observées. Newton passe alors à un argument qui s'avère fondamental du point de vue critique. Étant donné cette possibilité cinématique d'agrandissement sans limite du corps de référence (dans le langage de Kant : la synthèse régressive indéfinie vers un tel corps), l'existence d'un *espace pur* peut être postulée par passage à la limite. Ce pur espace est complètement dissocié du support matériel fourni par la possibilité de l'expérience, quand bien même il est issu d'elle. Il est constitué par l'ensemble des relations fixes qu'on pourra toujours trouver au moins en principe, relations que Newton appelle lieux immobiles : « Il n'y a de lieux immobiles que ceux qui conservent à l'infini dans tous les sens leurs situations respectives »[121]. Entre l'espace relatif et l'espace absolu, Newton refuse donc tout compromis, comme si le relatif pouvait être représenté selon une approximation de l'absolu. En vertu de l'impossibilité de dénombrer la synthèse régressive vers le système de référence matériel absolu, un fossé les sépare radicalement, ce qui justifie l'obligation où nous sommes de nous abstraire une fois pour toutes des sens pour trouver le mouvement vrai en sa cause.

Passons maintenant à un autre genre de mouvement, l'éloignement de toutes les parties d'un corps en mouvement circulaire (comme l'eau qui s'éloigne de l'axe central d'un vase en rotation). Un tel mouvement est unique, en ce sens que « le mouvement vrai circulaire de tout corps qui tourne est unique, et il répond à un seul effort qui est sa mesure naturelle et exacte »[122]. Si un tel mouvement était relatif à d'autres corps dans son voisinage, ce caractère unique entrerait immédiatement en conflit avec la synthèse régressive vers le système matériel de référence toujours plus grand. Les mouvements relatifs, écrit Newton, sont « variés à l'infini » (l'anglais dit « innumerable ») puisque leur relation à des corps extérieurs varie en rapport avec le point atteint par la synthèse régressive dans la série des conditions ; ils n'ont donc aucun effet réel, alors que le mouvement d'ascension de l'eau vers les bords du vase est un effet réel du mouvement. Cet effet réel, ou force centrifuge, nous permet de nous dispenser de ce passage à la limite qui était nécessaire, dans le cas cinématique, pour postuler un espace absolu pur et infini. Un tel espace est maintenant rendu présent immédiatement, sans vraiment sortir de l'expérience sensible (la force exercée). Nous nous sommes abstraits des sens à l'intérieur même du monde sensible.

Au contraire, pour Kant, la référence à des effets absolus du mouvement qui sont immédiatement sensibles ne change rien à la contrainte de la synthèse régressive indéfinie. Pour comprendre comment s'effectue le passage de la perception à l'expérience, il faut commencer par avouer qu'« admettre comme *donné lui-même* un espace absolu ... c'est admettre une chose qui ne saurait être perçue ni en soi ni en ses conséquences (à savoir le mouvement dans l'espace absolu) ; et on voudrait admettre cela afin de rendre possible l'expérience, alors que l'expérience doit toujours pouvoir être établie sans cet espace »[123]. Ce texte prouve clairement que l'espace qui rend l'expérience possible (condition *a priori* de la sensibilité) n'est pas le même que l'espace absolu de la physique newtonienne ; plus loin Kant affirmera sans ambages que l'espace absolu est « un néant pour toute expérience possible »[124]. Les effets immédiatement sensibles de l'espace absolu, comme la force centrifuge, ne nous obligent pas à accepter le retrait effectué par Newton hors de la synthèse régressive (de la même façon qu'un phénomène ne peut pas être donné en dehors de la forme pure du sens externe). Le saut de la référence matérielle à la référence spatiale pure repose sur une confusion entre systèmes seulement possibles et systèmes effectivement donnés (construits). En effet, le système agrandi au-delà de tout espace donné dans l'expérience est appréhendé en pensée seulement, bien qu'il soit toujours matériel. Comme cette possibilité de pensée ne peut jamais coïncider avec un objet donné dans l'expérience, l'espace absolu est une Idée de la raison en ce sens précis : alors que dans le cas du temps absolu *trop* de pensée nous empêche de reconnaître une catégorie déterminée dans le méandre des états subjectifs qui se succèdent l'un à l'autre, dans le cas de l'espace absolu la pensée est *trop petite* par rapport à son objet, ce qui nous permet au moins de reconnaître toute portion de cet espace comme une pluralité découpée dans la totalité (catégorie de quantité). De nouveaux espaces agrandis ne constitueront pas une série d'approximations de l'espace le plus grand possible, parce que cette possibilité de pensée ne restera jamais qu'une possibilité de pensée, un dépassement de l'image matérielle de l'espace qui ne se reconnaîtra jamais dans une contraction schématique correspondante ; c'est une possibilité au sens de l'universalité logique. Pour un concept, la signification seulement logique est « celle de la simple unité des représentations, auxquelles aucun objet n'est donné »[125], donc aucune connaissance. Quand Newton absolutise l'espace, il confond « l'*universalité logique* d'un espace quelconque auquel je puis comparer tout espace empirique comme y étant contenu, avec l'*universalité physique* d'un contenant réel »[126]. Passer de l'espace comme idée à l'espace comme chose, cela n'est rien d'autre que le dernier résidu d'un mode pré-copernicien de pensée à l'intérieur même de la science newtonienne, à savoir la subordination d'un acte de pure pensée à une structure cosmique définie (comme la rotation de la sphère des étoiles fixes dans l'astronomie grecque).

Vis-à-vis de la physique mathématique, la métaphysique de la nature opère donc un renversement identique à celui qu'effectuait la philosophie transcendantale vis-à-vis de la mathématique pure : un changement de direction dans le lien qui unit le concept et l'intuition. De la même manière qu'une connaissance transcendantale procède du concept à l'intuition et non de l'intuition au concept (comme en mathématique), la métaphysique de la nature procède de l'espace relatif à l'espace absolu et non de l'absolu au relatif (comme dans les définitions newtoniennes). Dans les deux cas, l'inversion de la direction est la condition du sens. L'espace absolu demeure une universalité logique, et ce serait donc une erreur d'inverser à nouveau l'ordre des termes, et dire (comme le bon usage d'une physique mathématique l'exigerait cependant) que l'espace absolu est tout de même logiquement antérieur aux espaces et mouvements relatifs. On pourrait alléguer plusieurs raisons pour reprendre l'ordre logique et laisser la priorité du relatif à l'absolu à des considérations seulement méthodologiques[127] : tous les mouvements relatifs devraient être unifiés au moyen d'un règle (l'espace absolu) avant l'expérience, précisément pour que nous en ayions expérience ; l'espace absolu est une règle de degré supérieur à toutes les autres, et ces dernières doivent par conséquent être subsumées par elle. Dira-t-on que l'espace absolu, au sens kantien, précède tout de même les espaces relatifs parce que Kant nous dit déjà que l'idée de la raison est « la forme d'un tout de la connaissance qui précède la connaissance déterminée des parties et contient les conditions nécessaires pour déterminer *a priori* à chaque partie sa place et son rapport avec les autres »[128] ? La raison unifie une diversité de concepts, et à ce titre les règles convergent toutes vers un *point* qui n'est autre que le foyer imaginaire où toutes les règles possibles trouvent leur plus grande unité avec leur plus grande extension. Mais dans le cas de l'espace absolu, il y a une prolifération des espaces matériels relatifs (qui servent de règles pour les opérations de mesure) au-delà de toute limite assignable à un espace matériel. Chaque espace relatif, étant matériel, est aussi mobile, de sorte que la conception même d'un espace relatif présuppose un autre espace relatif *quelconque* en lequel il puisse se mouvoir, et ainsi indéfiniment. L'idée de l'espace absolu résulte de ce que, pour un espace relatif donné, on peut au moins lui faire correspondre en pensée un autre espace relatif, bien que celui-ci ne soit pas spécifié. L'espace absolu ne sert donc pas à proprement parler de règle pour unifier le divers des espaces relatifs, car il ne permet même pas de spécifier l'espace relatif plus grand en lequel l'espace relatif donné est mobile ; la multiplicité indéfinie des espaces relatifs est unifiée de sorte qu'ils sont reliés entre eux (de la même façon que la raison relie par ses idées le divers des concepts), sans qu'existe une règle qui puisse leur donner une signification vis-à-vis de l'espace absolu correspondant. De fait, pour qu'une règle soit applicable, il faut un schème ; dans le cas des idées, la raison pense plus que ne peut penser l'entendement, et elle ne fournit plus que l'analogue d'un schème ; dans le cas de l'espace absolu, il n'y a plus de schème du tout. L'absolu ne précède pas le relatif comme si le relatif était une spécification de l'absolu[129]. On pourra penser l'espace absolu comme un espace topologique, où les notions de distance et de parallélisme ne sont pas définies ; ses caractéristiques sont limitées à l'infinité, l'unité, la continuité, la tri-dimensionalité. L'indifférence à la métrique rend l'espace absolu imperméable à toute hypostase du type de celle qu'on rencontre dans l'antinomie cosmologique de la raison pure.

Demander une unité de tous les mouvements relatifs possibles avant l'expérience, c'est méconnaître la véritable détresse qu'implique l'admission de la relativité totale des mouvements aux débuts de toute l'expérience. Les conséquences dramatiques d'une relativité totale, aussi bien cinématique que dynamique, ont été entrevues avec une belle clarté par Maxwell à la fin du XIXe siècle : « nous sommes pour ainsi dire sur une mer calme, sans étoiles, sans boussole, sans signaux sonores, sans vent, sans marée, et nous ne pouvons pas dire dans quelle direction nous allons »[130]. C'est précisément pour éviter cette inextricable confusion de l'expérience originaire du monde que le concept d'espace absolu est invoqué. Comment Newton sort-il de cette détresse ? Non pas en évoquant l'espace absolu comme concept opératoire, mais en montrant comment la simple translation cinématique entre corps peut contenir *en elle-même* l'indication de différences explicables seulement d'un point de vue dynamique. D'abord Newton établit l'existence de forces centrifuges associées au mouvement circulaire de l'eau dans un seau en rotation ; la référence au mouvement du seau ou d'autres corps est insuffisante pour expliquer les effets observés de ce seul mouvement circulaire réel (la concavité de l'eau). Ensuite il passe aux deux globes attachés par une corde, en rotation autour de leur centre commun de gravité ; connaissant la tension dans la corde, il suffira d'inspecter le déplacement cinématique des deux globes par rapport aux étoiles lointaines pour calculer leur mouvement vrai. De la sorte, une transition des mesures relatives aux mesures en vraies grandeurs reste pensable au moyen d'un calcul des mouvements apparents qui permet de reconnaître ceux-ci comme différences de mouvements vrais[131]. Mais Newton s'est donné l'exemple d'un mouvement circulaire, où la force centrifuge peut être dite « fictive » dans la mesure où elle disparaît complètement en l'absence de toute rotation. La force centrifuge se manifeste par une tendance des corps à s'éloigner de leur axe de rotation, alors qu'une force « vraie » est une force centripète comme la gravité où les corps font effort pour se rapprocher d'un point central intérieur. Se plaçant dans le cas du seul mouvement rectilinéaire à l'exclusion du mouvement circulaire, la Phoronomie écarte d'un bloc les fictions qui n'en sont pas vraiment. Jusqu'ici, la réflexion transcendantale sur la physique newtonienne nous enseigne que l'absolu et le relatif sont avec nous dès le départ, traversant tout le champ de l'expérience possible, sans que jamais le relatif n'offre une prise à un saut définitif vers l'absolu. L'espace agrandi est un espace en pensée qui devrait être toujours matériel, mais comme de cette matière rien n'est connaissable, il faut finir par en faire abstraction, c'est-à-dire que le saut final dans l'absolu ne relève plus de la construction mathématique (où la forme se présente comme matière). En ce sens, l'espace absolu est bien l'idée de la raison qui répond à la visée métaphysique imposée à la physique : il s'agit d'une illusion transcendantale, c'est-à-dire une illusion qui reste, même après avoir été détectée. La détresse de notre première immersion dans l'océan cosmique ne peut que laisser des traces indélébiles, parce que nous nous appuyons sur l'espace absolu tout en sachant qu'il n'a par soi aucune valeur opératoire, donc même après que nous ayions appris à savoir où nous sommes, et même où nous serions si nous étions transportés dans un univers qui n'est plus tout à fait le nôtre. En ses principes, la physique mathématique « marche toute seule », sans schématisme, car elle se donne le luxe de ne pas déterminer où nous sommes absolument. C'est seulement pour les concepts indubitablement opératoires (comme la cause et l'effet, l'action et la réaction, donc pour les mouvements de la Mécanique dont les concepts s'expliquent par des causes physiques) que les *règles* de leur liaison doivent être trouvées[132]. Mais nonobstant le fait qu'elles soient constructibles ou non (nous verrons plus loin ce qu'il en est dans l'examen de la Mécanique), ces règles doivent leur intelligibilité complète à l'existence de principes phoronomiques de la composition des mouvements en général (dans la mesure où ceux-ci peuvent être construits). Et au niveau des principes de ces règles, il ne peut être question que de « pur choix »[133], non de règle.

L'inséparabilité de l'absolu et du relatif nous permet d'identifier le problème métaphysique que la Phoronomie s'efforce de résoudre. L'espace de la théorie physique est la possibilité toujours renouvelée d'agrandir la classe des systèmes de référence inertiels *au-delà* de toute limite donnée (construite) et sans jamais atteindre une limite absolue. D'un autre côté, l'espace de la géométrie contient la possibilité de construire des figures *dans* l'intuition pure. Si nous nous interrogeons sur la possibilité d'un espace physico-géométrique, fondement ultime de l'unité de l'expérience que nous avons de la matière en mouvement, il nous reste donc à résoudre le problème suivant : Comment est-il possible de construire (*i.e.*, présenter dans l'intuition, et non pas simplement postuler axiomatiquement) la possibilité de systèmes de référence au-delà des limites imposées par les confins d'un système physique donné ? La solution de Kant va consister à montrer que *deux* espaces sont nécessaires pour réaliser une telle synthèse – l'absolu *et* le relatif, qui sont toujours d'une certaine manière corrélatifs l'un de l'autre. Cette solution repose donc sur le paradoxe suivant, inévitable du fait que Newton n'a pu passer du relatif à l'absolu que dans le cas du mouvement circulaire : alors que l'absolu n'est qu'une limite idéale du relatif, le Théorème de la Phoronomie ne peut que mélanger les deux, considérant un mouvement rectilinéaire dans l'espace absolu et l'autre dans l'espace relatif comme si les deux étaient donnés. Tout se passe comme si le passage à la construction (la preuve du Théorème) impliquait que celle-ci fût d'une certaine manière aveugle aux conditions de possibilité propres au Principe. Ou encore dans les termes que nous avons utilisés plus haut : la construction absorbe l'objet transcendantal dans son procédé d'externalisation du concept.

Soit la vitesse donnée d'un corps dans une direction, qu'on pourra représenter selon deux vitesses séparées, égales mais plus petites, AB et CD ; elles sont les composantes de la vitesse donnée AD. La question est la suivante[134] : la ligne AB + CD = AD représente-t-elle la somme des deux vitesses ? Si tel était le cas, le corps devrait se déplacer deux fois plus vite de A à D qu'il ne le ferait de A à B ou C à D. Mais alors, la portion AB or CD de la ligne AD ne représentera évidemment plus la vitesse AB ou CD, chacune étant prise séparément l'une de l'autre comme composante. Pour que la composition soit possible dans l'intuition spatiale, il nous faut satisfaire au réquisit suivant : 2 AB devra être traversé dans le même temps que AB.

La solution est d'attribuer l'un des deux mouvements au corps lui-même, tandis que l'autre sera attribué à l'espace (système de référence) dans l'autre direction. L'effet de ce dernier est de doubler, pour ainsi dire, la vitesse de la composante séparée ; celle-ci fait déplacer le corps vers un point qui est lui-même en mouvement vers le corps. La construction des deux vitesses est donc possible intuitivement grâce aux deux espaces (l'un absolu, l'autre relatif) qui se meuvent dans des directions opposées. Mais lequel des deux espaces est relatif et lequel est absolu, cela reste arbitraire car la construction ne dépend pas de cette spécification. Au lieu d'une simple régression, on trouve un mélange de progression et de régression à l'intérieur de la même synthèse ; c'est ce mélange qui donne sens au recouvrement indépassable de l'absolu et du relatif. Mais comme le concept de totalité de l'expérience formé par la raison dans son usage dialectique est tributaire d'une synthèse exclusivement régressive vers l'inconditionné, le théorème de la Phoronomie, comme premier d'une série de principes métaphysiques, annonce rien moins qu'un nouveau sens de totalité.

En effet, que l'espace absolu soit pris comme une chose réellement existante ou qu'il soit représenté comme une idée de la raison, ce qui est postulé au-delà de toute périphérie empirique (*i.e.*, au-delà tout espace relatif donné) est considéré comme immobile. Par suite, l'agrandissement sans limite des espaces relatifs est *une synthèse régressive qui ne détermine le temps d'aucune manière, pas plus qu'elle ne requiert du temps* comme condition de sa possibilité. Dans une synthèse vers des conditions toujours plus éloignées, mais qui ne détermine pas de temps, nous avons la liberté de rebrousser chemin au milieu d'une synthèse qui poursuit cependant sa route en direction de l'inconditionné. Ce retour justifie la solidarité de l'absolu et du relatif, qui a été posée dès le début comme condition de possibilité de toute enquête sur les principes métaphysiques de la matière en mouvement. Le nouveau sens de totalité est déjà articulé d'une manière remarquable dans les *Prolégomènes.* Après avoir examiné comment la science pure de la nature est possible, un concept de totalité irréductible à la raison pure est proposé : « Chaque expérience particulière n'est qu'une partie de la sphère totale de son domaine, mais la *totalité absolue de toute expérience possible* n'est pas elle-même une expérience, et pourtant elle constitue pour la raison un problème nécessaire, dont la simple représentation nécessite des concepts tout différents de ces concepts de l'entendement pur »[135]. Au niveau de la raison dialectique dans la *Critique de la Raison Pure,* donc *avant* de procéder à rebours à partir de la science comme fait, Kant avait affirmé que les idées ne sont en fait pas différentes des catégories ; elles différaient essentiellement en vertu de la nature de l'objet auxquelles elles se rapportent – soit au-dedans soit au-dehors du champ de l'expérience possible. L'espace absolu ne pointe pas en direction d'une synthèse de toute l'expérience possible où l'entendement se trouverait paralysé sous l'effet de l'unité entre catégories imposée par la raison. Au contraire, insistons encore une fois sur cette affirmation de Kant : l'espace absolu est un néant pour toute expérience possible. Qu'un corps se meuve dans un espace au repos ou que ce corps soit au repos dans un espace qui se meut dans la direction opposée : il s'agit de deux concepts équivalents qu'aucune intuition ne peut départager ; Kant dit qu'« ils ne diffèrent que par la liaison que nous voudrons donner à chacun dans l'entendement »[136]. Parce que la pensée de l'espace absolu est trop petite par rapport à son objet hypothétique, l'entendement retrouve ici une liberté qu'il avait avant que la raison ne la lui enlève en projetant l'unité parmi ses catégories.

Puisque la Phoronomie fonctionne comme une mise en place du principe de toutes les règles opératoires de la physique mathématique, la question se pose de savoir jusqu'à quel point elle se présente comme une Esthétique de la science du mouvement[137]. La subjectivité de l'espace dans la Phoronomie renvoie immédiatement à l'espace comme idée de la raison, alors que dans la Dialectique Transcendantale la raison ne peut que tendre à la grandeur infinie donnée qu'est l'espace comme condition subjective ; c'est maintenant la relativité de l'espace (*i.e.* son dédoublement en espace relatif et espace absolu) qui reflète le mouvement de la raison dans la synthèse régressive indéfinie vers l'inconditionné. Dans la solution critique aux antinomies cosmologiques, celle-ci est indéfinie parce qu'elle n'arrive jamais à l'inconditionné ; mais dans la synthèse métaphysique, la raison se meut *dans* l'inconditionné (l'espace absolu), et c'est pourquoi elle va dans les deux sens (progression et régression). Autrement dit, la Phoronomie est le lieu du premier choc entre le mouvement de la pensée et la pensée du mouvement.

Dans la conception newtonienne proprement dite (dogmatique), l'impossibilité de dénombrer les mouvements relatifs dans l'intuition ne pouvait être surmontée en se limitant aux seuls termes de la cinématique ; rien dans la cinématique des mouvements rectilinéaires ne permet de résoudre les mouvements relatifs en quelque chose d'intuitif ou dénombrable. Mais puisqu'il réussit une construction mathématique d'une multiplicité de mouvements dans l'intuition spatiale, Kant vient justement de montrer qu'une réduction du mouvement relatif à l'intuitif (le dénombrable) est possible. Il y arrive sans se servir des notions de cause et d'effet grâce auxquelles un mouvement serait engendré mécaniquement d'une manière continue sous l'action de forces motrices composantes. La solution non mécanique à la composition des mouvements (sans causes motrices où l'union de deux mouvements fait naître un troisième) entérine la priorité du principes des règles sur les règles elles-mêmes. Ainsi, la référence à l'espace absolu n'entraîne pas du même coup son existence comme une chose en soi, bien que la nécessité de l'espace absolu devienne évidente lorsqu'il s'agit de l'existence d'effets de certains mouvements dans l'espace selon certaines règles (comme la rotation). Dans les termes de la représentation transcendantale, on peut dire que la Phoronomie s'approche au plus près du recouvrement idéalement possible entre pensée et expérience naturelle : un phénomène donné en son unité est dédoublé selon deux références, mais comme l'espace en son idée est complètement dépourvu de structure mathématique reconnaissable, assigner à une référence une valeur absolue et à l'autre une valeur relative, cela relève d'un choix qui est entièrement de notre ressort ; l'arbitraire du choix ne change rien aux objets eux-mêmes. Substituer à la vitesse absolue d'un corps, qui est une grandeur intensive, un mouvement de l'espace relatif dans la direction opposée, ce qui en fait une grandeur extensive, cela permet d'éliminer de la vitesse la composante « temps ». Privée du support temporel, la pensée projette la catégorie de quantité sur le divers de l'intuition tout en *se retirant* de lui[138]. L'opposition entre l'absolu et le relatif ne peut se manifester qu'au travers de leur présence conjointe, précisément parce que ce qui relève de la pensée et ce qui relève du réel n'est pas à départager ; la Phoronomie est le seul moment où arrive une telle connivence, car elle est défaite aussi bien en amont dans l'Esthétique Transcendantale qu'en aval dans la Dynamique et la Mécanique qui vont suivre. Comment l'entendement a-t-il pu aller si loin jusqu'à briser la paralysie dans l'organisation des règles que lui impose la raison ? L'espace absolu « désigne seulement un espace relatif quelconque que je puis toujours penser en dehors de l'espace donné ». La Phoronomie commence donc par résoudre le *problème inverse* de celui qui constitue l'arrière-fond de toute la recherche des premiers principes métaphysiques de la science de la nature : comment accéder à un donné en dehors de la sphère de la pensée ?

4. *Passage à la Mécanique*

Ce qui manque à la Phoronomie pour résoudre plus complètement le problème des premiers principes, c'est l'extériorité des corps les uns par rapport aux autres ; la Phoronomie s'en tient à l'extériorité de n'importe quel donné vis-à-vis du sujet pensant et connaissant. Pour arriver à ce nouveau sens d'extériorité, il faut munir les corps d'une forme déterminée au lieu de la réduire à un point ; mais cette réduction de la matière à des points mathématiques était aussi le point de départ de Newton[139]. Ainsi, alors que dans la Phoronomie la grandeur du mouvement est restreinte au degré de la vitesse[140], dans la Mécanique cette grandeur est la vitesse multipliée par la quantité de matière mue[141]. Un corps de forme déterminée (une masse) est maintenant conçu comme doué de force motrice par le fait de son mouvement : en tant que sujet dernier du mouvement propre, il marque un arrêt au simple rapport de vitesse qui est toujours relatif. Définissant la quantité de matière comme proportion des diverses parties mobiles, extérieures les unes aux autres, la Mécanique se place au cœur de l'extériorité que la composition médiate de la Phoronomie masquait encore.

Le théorème 1 de la Mécanique s'installe d'emblée dans l'ambiguïté où Newton avait laissé la définition de la quantité de matière. Il y a une circularité apparemment indépassable dans cette définition[142] : d'une part on peut la définir comme le produit de la densité et du volume, d'autre part elle se laisse mesurer par le poids du corps dans sa réponse à la pesanteur terrestre. Dans la remarque à son théorème, Kant indique que la différence se résume à ceci : estimer la quantité de matière par la quantité de mouvement, c'est une définition du concept, tandis que l'estimation inverse est une application de ce concept à l'expérience. Donc, rendre manifeste le concept mathématicophysique dans l'expérience, cela se fait par *inversion* de la direction dans laquelle on pense le lien entre quantité de matière et quantité de mouvement, non par le moyen du schématisme[143]. Du reste, dans le théorème 2 de la Mécanique (qui constitue la première loi de la mécanique), la conservation de quantité de matière au total, dans tout l'univers, est prouvée en passant directement à l'au-delà de l'expérience (l'expérience totale), sans l'intermédiaire du schématisme. Finalement, dans la troisième loi de la mécanique (celle de l'action et de la réaction), l'essentiel est de montrer que le choix du système de référence n'est plus arbitraire comme dans la Phoronomie, mais une nécessité. Kant y présente la construction de la communication du mouvement comme la condition nécessaire de la loi de l'égalité de l'action et de la réaction.

Mais l'ensemble de la Mécanique est tributaire de cette remarque préjudicielle : toutes les lois de la mécanique présupposent celles de la Dynamique[144]. Rappelons le problème fondamental : comment accéder à un donné tout à fait en dehors de la pensée, un donné (la matière en mouvement) qui n'est « préparé » par cette pensée non conceptuelle que sont les formes de la sensibilité que dans le cas du mouvement conçu comme description d'un espace, mais qui abandonne ses prérogatives synthétiques lorsqu'elle passe au mouvement d'un objet dans l'espace ? La Phoronomie résout le problème inverse (elle construit le principe des règles impliquées dans toutes les constructions), tandis que la Mécanique, s'appuyant néanmoins sur la Phoronomie, arrive plus directement à la construction des principes de toute construction. La Dynamique est le moment intermédiaire essentiel, où il va s'agir de penser *contre* le donné avant de penser *avec* lui.

Chapitre 4

À la recherche du schème manquant

1. *La Dynamique, ou la réalité de la négation*

La Phoronomie annonce le problème général de toute interprétation transcendantale de la physique mathématique : penser l'espace en dehors du temps enlève à la physique mathématique la possibilité de penser l'expérience selon les règles propres au schématisme. Le recouvrement le plus fort entre pensée et intuition est atteint dans l'explication phoronomique du mouvement, parce que poser arbitrairement l'un des deux espaces possibles (le relatif ou l'absolu) entraîne nécessairement l'apparition de l'autre, sans que ce choix arbitraire affecte l'objet. L'opposition entre l'absolu et le relatif se manifeste dans leur apparition simultanée comme une sorte de produit commun de la pensée et du réel. Mais ce recouvrement quasi-absolu de la pensée et de l'intuition est acquis au prix d'une réduction de la matière à un point mathématique. Passant à l'explication dynamique, une propriété de la matière est *ajoutée* à la représentation phoronomique à titre de *qualité*, celle de résister un mouvement à l'intérieur d'un certain espace[1].

Dans la Dynamique se retrouve la même transition du temps à l'espace qui a déjà servi dans la Phoronomie, mais elle est développée d'une manière plus radicale encore parce qu'elle se tient plus près du contenu de l'expérience en son épaisseur phénoménale. Ce qui implique à son tour un changement dans le rapport de la sensibilité à la pensée.

Le principe transcendantal de l'entendement pur qui correspond au principe dynamique de la science pure de la nature, ce sont les Anticipations de la Perception. Ce principe énonce que le réel dans un objet de la sensation est une quantité intensive, c'est-à-dire que la sensation a un degré qui permet à la catégorie de qualité d'être employée objectivement[2]. Le concept de réalité se réfère donc à l'objet de la sensation, qui en est sa matière. D'un côté, comme la sensation est la matière de la perception, elle doit être donnée dans l'expérience, contrairement aux formes de tout phénomène qui sont *a priori* dans la mesure où elles constituent la manière pour les objets d'apparaître. En effet, dit Kant, « la sensation est proprement ce qui ne peut pas être anticipé »[3] dans les phénomènes. D'un autre côté, il y a quelque chose dans la sensation qui peut être connu à l'avance ou anticipé, parce que l'objet de la sensation est appréhendé en un instant, non pas selon une synthèse successive des parties comme ce serait le cas pour une grandeur extensive ; pour cette dernière grandeur, la production du divers des phénomènes procède des parties au tout, et la représentation correspondante a une grandeur extensive (dont le principe est les Axiomes de l'Intuition). La grandeur intensive, c'est le choc plus ou moins intense qui me permet de recevoir l'objet de la sensation : telle est la réalité, premier moment de la qualité. Or, ce que nous pouvons anticiper dans une telle sensation, c'est que son intensité peut toujours être diminuée graduellement jusqu'à disparaître complètement du champ des phénomènes : telle est la négation, second moment de la qualité. Entre l'intensité donnée et l'absence complète de réel, il doit y avoir une continuité de sensations plus ou moins intenses qui peut au moins être anticipée en pensée ; l'esprit anticipe la continuité de l'objet de la sensation, c'est-à-dire qu'il absorbe le moment inconscient de sa propre sensation (qui va de zéro au degré X où la sensation commence). Le processus d'anticipation, qui est coextensif à la perception proprement dite, permet au moment inconscient de la perception (de zéro au degré X) d'être intégré dans sa continuité donnée. Il est intégré par construction : par exemple, dit Kant, le degré des sensations de la lumière du soleil pourra être construit *a priori* en multipliant environ deux cent mille fois l'intensité de la lumière de la lune[4].

Comparant les deux principes de l'entendement pur, on conclut que le principe transcendantal de la grandeur extensive permet d'agrandir considérablement notre connaissance *a priori*, tandis que le principe de l'anticipation de la perception est celui de la grandeur intensive qui peut toujours être diminuée[5]. Si nous nous tournons vers la physique mathématique proprement dite, nous verrons qu'elle ne cherche à rien d'autre qu'accomplir l'impossible : fournir une nouvelle amplification, là où d'un point de vue transcendantal il ne peut y avoir que diminution. Le projet d'une science exacte de la nature consiste à voir le moment transcendantalement invisible et inconscient de la perception. La Dynamique des *Premiers Principes* doit être lue comme un examen de cette étonnante amplification de l'expérience perceptive, telle qu'elle est entreprise par la physique mathématique. Déjà la Phoronomie procédait de cette façon : le degré de vitesse d'un corps est ralenti, et en compensation un espace relatif se met en mouvement dans la direction opposée ; la vitesse de cet espace porte à l'intuition les degrés non perçus dans la vitesse du corps. Mais avant d'en arriver à la Dynamique qui généralise ce procédé, il nous faut examiner de plus près la seconde catégorie de la qualité, la négation, dont nous savons déjà que son statut vis-à-vis du schématisme transcendantal est pour le moins précaire.

Le concept de négation s'oppose à celui de réalité parce qu'il se rapporte au « manque complet de réel dans l'intuition sensible »[6]. Or, par absence complète du réel, Kant ne désigne pas les degrés non-perceptibles de O au degré X donné, mais plutôt l'espace et le temps complètement vides. L'absence complète de réel ne peut jamais être perçue, parce qu'elle désigne l'absence de tout objet porteur d'une grandeur intensive (donc, d'un degré) capable d'entrer en contact avec nos sens : telle est la négation = 0. En tant que catégories, réalité et négation s'opposent comme l'être au non-être ; du point de vue transcendantal, cela signifie que cette opposition « se donne donc dans la différence du même temps, comme temps rempli ou vide »[7]. Grâce au temps rempli, le concept de réalité est susceptible de schématisation et peut donc être appliqué aux phénomènes. En effet, le schème de la réalité est cette production continue et uniforme qui remplit un temps, une production qui est soit une synthèse régressive partant du degré donné vers le point-origine où la sensation disparaît, soit une progression à partir de la négation qui remonte jusqu'au degré donné. Kant ne spécifie pas le schème de la négation, soit que ce concept n'a pas de schème du tout, soit qu'on peut l'assimiler à la synthèse progressive remontant à partir de zéro au degré de la sensation. Dans le cas de la synthèse progressive, la synthèse régressive vers les conditions perdrait tout privilège. Mais on peut douter que ce trajet inverse vers le conditionnné donné arrive jamais à refaire contact avec le degré X de la sensation. De fait, le concept de négation ne peut être appliqué aux phénomènes puisqu'il se rapporte à l'absence complète de tout phénomène (l'espace et le temps vides) ; Kant dira plus loin que la représentation du passage du non-être à l'être n'est qu'une variation sur le mode du changement de ce qui demeure absolument inchangé[8]. Le concept de négation est vide parce que la négation est elle-même néant ; on pourrait dire ici que la révolution copernicienne est elle-même ineffective, puisque dans ce cas la faculté de connaissance se conforme à l'objet, sans être cependant anéantie (parce que l'objet, en l'occurrence, est une absence). Dans la Phoronomie, on l'a vu, la révolution copernicienne était déjà en quelque sorte suspendue afin de permettre à la raison d'exprimer ses visées suprasensibles. Le négation est comme le point zéro de l'entreprise critique, parce qu'en ce point elle coïncide avec son opposé. Tout au plus dira-t-on que le temps vide (la négation) est son propre schème, exactement comme en mathématique où un schème passe complètement dans son concept.

D'un autre côté, l'explication dynamique du concept de matière en mouvement lui ajoute la propriété de remplir un *espace*, non un temps. Remplir un espace, cela signifie que la matière est capable de résister à une tentative d'envahissement de son territoire par une autre matière. Dans ce contexte, la résistance dynamique d'un corps entraîne l'impénétrabilité, c'est-à-dire la résistance à la diminution ou pénétration, qu'il faut distinguer de la résistance mécanique au changement de lieu (qui relève de la catégorie de la relation). Dans la Dynamique, Kant cherche d'abord à montrer qu'une telle impénétrabilité est constituée par la force motrice de la matière. Il va montrer ensuite qu'il n'y a que deux forces motrices possibles, la répulsion et l'attraction. Étant entendu que le passage du temps à l'espace est pris en considération, il semblerait donc que la force de répulsion constitue le moment de la réalité, tandis que la force d'attraction constitue le moment de la négation. Prises ensemble comme leur limite réciproque, ces forces constitueraient la qualité de la matière en mouvement.

L'addition d'une force motrice au concept de matière requiert une sorte particulière de synthèse, parce que dans le langage des principes de l'entendement elle tient à la fois du principe mathématique et du principe dynamique.

Les principes mathématiques de l'entendement pur (Axiomes de l'Intuition et Anticipations de la Perception) offrent une certitude intuitive parce qu'ils fournissent la synthèse du divers sans que les termes jouissent d'une appartenance mutuelle nécessaire (c'est la synthèse de l'homogène), tandis que les principes dynamiques de l'entendement pur (Analogies de l'Expérience et Postulats de la Pensée Empirique) conduisent à une certitude seulement discursive parce que les termes qu'ils lient, bien qu'hétérogènes l'un par rapport à l'autre, sont amenés à une appartenance mutuelle nécessaire[9]. Par les principes mathématiques, on pourra déterminer *a priori* quelle est la perception (d'abord indéterminée) qui est liée à une perception donnée, et on pourra aussi en déterminer *a priori* quelle en est la grandeur ; ils fournissent une *mesure* des choses qui séparent un sujet du monde dans lequel il est plongé, ainsi qu'une détermination de l'*horizon* en lequel ces choses s'entre-appartiennent invariablement ; dans les deux cas il s'agit d'une construction qui produit une intuition en ajoutant une nouvelle intuition à une intuition donnée : soit sa mesure, soit sa perception déterminée. Adjoindre une mesure et/ou un horizon déterminé à une chose donnée ou donnable dans l'intuition, c'est constituer cette chose. Par contre, les principes dynamiques dépassent le champ de l'intuition donnée ou donnable pour entrer dans le champ de ce que Kant appelle l'unité de l'expérience, c'est-à-dire qu'ils fournissent les règles soumises *a priori* à l'horizon du monde et non plus seulement l'horizon des choses déterminables dans le monde. Passer des choses dans le monde au monde lui-même, c'est passer de la possibilité des choses à l'horizon plus large qui assure jusqu'à leur existence. Il est impossible de constituer quoi que ce soit de cet horizon plus large, parce qu'il reste précisément toujours le plus large – il reste indéterminé, rétif à la mesure, ce qui lui confère seulement une valeur régulatrice et non constitutive. Par exemple, du point de vue de l'existence, le temps n'étant rien d'autre que la succession des instants, une chose viendrait à naître et disparaîtrait à chaque instant ; il faut donc lui adjoindre une durée, c'est-à-dire un temps qui dure véritablement. La durée ne s'ajoute pas au temps comme s'il s'agissait d'allonger ses moments ou les préserver avant qu'ils s'évanouissent : au contraire, la durée fournit le substratum de toute détermination possible de temps (qui reste pour sa part pure succession), donc une grandeur pour l'existence qui n'est à proprement parler ni extensive ni intensive. Telle est la Première Analogie d'après laquelle une substance persiste dans tout changement des phénomènes, parce que son quantum n'est susceptible d'aucune de ces manipulations (comme l'augmentation ou la diminution) qui satisferait aux besoins de constitution d'une chose. N'étant à proprement parler ni de l'ordre du phénomène ni de la chose en soi, le permanent, dit Kant, « est l'objet même »[10]. De même, la Deuxième Analogie permet de penser le permanent selon une loi qui transforme complètement la simple succession en la loi de liaison de la cause et de l'effet. Mais encore une fois, la loi en question n'est pas une simple spécification de la succession, car la soumission des phénomènes à la loi ne change rien au fait que, dans une simple succession, le moment antérieur qui renvoie à un moment donné est quelconque (*auf irgendeinen vorigen* : il est aussi éloigné ou aussi proche de ce dernier qu'on voudra) ; la règle ne le détermine pas, elle permet seulement de penser la série de conditions et de conditionnés en termes d'un horizon de causalité *a priori* mais indéterminé, c'est-à-dire qu'à un conditionné donné est relié « quelque condition » [*irgendeine Bedingung*][11].

Or, la synthèse qui va permettre de penser l'adjonction d'une force motrice au concept de matière sera mathématico-dynamique, parce que son sens ne se réduit strictement ni à la synthèse mathématique ni à la synthèse dynamique. Regardons la preuve du premier théorème de la

Dynamique, qui stipule que « la matière remplit un espace non par sa simple existence, mais par une *force motrice particulière* »[12]. Kant a commencé par distinguer remplissement et occupation d'un espace. Par occupation de l'espace, une présence dans l'espace reçoit un sens mathématique, s'agissant par exemple de la figure géométrique qui signifie un espace sans matière, résultant de la somme de plusieurs parties de l'espace. Du point de vue de la matière qui remplit un espace, la synthèse mathématique est simplement tautologique et n'apparaît même plus du tout comme une synthèse, puisqu'elle ne fait qu'expliquer les conditions d'une intuition pure. De plus, la propriété de remplir un espace ne peut pas être déduite analytiquement du concept de matière, c'est-à-dire par le seul principe de contradiction, puisque c'est en attribuant d'abord cette propriété à la matière qu'une contradiction entre la pénétration par un corps de l'espace rempli par un autre corps devient intelligible[13]. Une synthèse d'un genre nouveau est donc requise, parce que la genèse des forces motrices ajoutées au concept de matière ne peut pas être montrée ostensiblement dans l'intuition (c'est-à-dire construite). Le théorème est prouvé de la façon suivante. Un corps X remplit un espace en résistant au mouvement d'un autre corps Y qui voudrait le pénétrer. La résistance de X a pour effet de diminuer le mouvement de Y ou même de le réduire au repos. Or, dans la Phoronomie, il a été montré que le seul mouvement de Y capable de diminuer son mouvement ou même de le forcer à l'arrêt est celui qui s'effectue en sens opposé au mouvement initial de Y. Par conséquent, la résistance de X sera la *cause* du mouvement de Y dans la direction opposée. Comme la cause du mouvement est (par définition) la force motrice, la résistance qui permet au corps de remplir un espace n'est autre que cette force motrice. On voit donc comment la détermination métaphysique d'une cause particulière (la résistance comme force motrice) permet de penser l'adjonction d'une propriété au concept de matière, à savoir le remplissement de l'espace. Si l'on s'en était tenu au point de vue transcendantal, la cause aurait dû être quelconque, impossible à spécifier, et elle aurait fait du remplissement un simple substratum du fait d'être dans l'espace. D'un côté, la synthèse recherchée est dynamique et elle va au-delà de la seule qualité d'un corps qui remplit l'espace, puisqu'elle a besoin d'une *relation* d'un corps à un autre pour que sa nécessité puisse être établie ; l'autre corps définit l'*horizon* du premier comme son champ d'action possible. En ce sens, la synthèse en question met en œuvre le concept absolument nouveau de totalité propre à la science pure de la nature, parce que les catégories de quantité, de qualité et de relation entrent toutes trois en relation les unes avec les autres ; le simple choc empirique du mouvement est suffisant pour donner lieu à une telle relation qui va bien au-delà de la catégorie correspondant à la relation. Mais d'un autre côté, la synthèse recherchée est encore mathématique (et on l'appellera donc mathématico-dynamique) parce qu'elle est censée *constituer* le remplissement de l'espace par la matière.

De fait, après avoir établi la synthèse grâce à laquelle une force motrice est ajoutée au concept phoronomique de matière en mouvement (pour en définir l'horizon), Kant va caractériser au moyen d'une définition les genres de force motrice qui existent dans la nature et qui constituent vraiment la matière en mouvement. Pour y arriver, la propriété de remplissement de l'espace est temporairement mise hors jeu. La résistance de la matière s'exerce *a priori* dans toutes les directions, et elle est donc inapte à expliquer comment elle induit un changement de mouvement dans une direction déterminée, à savoir la direction opposée. Dans la Phoronomie, il a déjà été montré que le mouvement imprimé par un corps sur un autre se fait le long de la ligne droite qui les joint, puisque chacun de ces corps est réduit à un point. Il n'y a que deux mouvements possibles pour de tels points le long d'une ligne droite : soit ils s'approchent soit ils s'éloignent l'un de l'autre. Corrélativement, la définition des forces motrices stipule qu'une force motrice est cette cause qui fait qu'un corps s'approche ou s'éloigne d'un autre ; elle est donc atttractive ou répulsive[14] ; de plus, il s'agit des deux seules forces qui puissent être pensées puisque ces deux mouvements sont causés (en vertu de la définition) respectivement par une force attractive et une force répulsive. Au moment de ce dernier retour à la structure ponctuelle de la matière, nous sommes donc bien au point d'ancrage de la Dynamique dans la Phoronomie, au moment où celle-ci fournit les conditions de possibilité de celle-là. Mais tandis que dans la Phoronomie, la composition d'un nombre *a priori* arbitrairement grand de mouvements pouvait être réduite à un paire de mouvements (approche et éloignement) pour la seule raison que cette composition devait pouvoir être construite dans l'intuition, la détermination dynamique des forces d'attraction et de répulsion comme causes du mouvement autorise le rapprochement entre l'éloignement et le répulsif, d'une part, entre l'approche et l'attraction, d'autre part. Il s'ensuit que la limitation arbitraire à deux directions dans le cas de la Phoronomie reçoit une justification de la part de la nature elle-même en son existence. Mais si l'arbitraire est surmonté, c'est au prix de la perte d'un recouvrement presque parfait entre la pensée et l'intuition. En effet, la synthèse mathématico-dynamique ne résulte pas du nombre, mais plutôt de la manière (qualitative) par laquelle les forces en question entrent en rapport. Mue par le désir de procurer à l'expérience sa plus grande unité, la raison va être à son tour tentée de procéder à une réduction plus poussée encore, où une force serait déduite de l'autre. Poussée par les exigences de construction dans l'intuition, la raison peut-elle déduire la dualité de l'être de la nature d'une unité donnée ? Et si cette déduction était possible, va-t-elle donner lieu à un substratum capable de déterminations multiples, ou bien l'unité en question devra-t-elle être caractérisée métaphysiquement par le concept d'une seule force ? Toute la dynamique kantienne est polarisée sur cette question de savoir si une telle déduction est possible, et jusqu'où elle peut être menée ; elle sera reprise dans l'*Opus Postumum* d'une manière plus radicale. Commençons, suivant Kant, par la force de répulsion.

Cette force est caractérisée dans le deuxième théorème : « La matière remplit ses espaces par des forces répulsives de toutes ses parties, c'est-à-dire par une force d'extension qui lui est propre, et qui a un degré déterminé, par rapport auquel on peut concevoir des degrés plus petits ou plus grands à l'infini ». (La force d'extension sera aussi appelée force expansive.) Cette proposition est démontrée de la manière suivante[15]. Un corps remplit un espace au moyen de la force motrice qui résiste à la pénétration (approche) par un autre corps. Cette force de résistance est répulsive par définition, et doit appartenir à toutes les parties du corps, faute de quoi une partie de l'espace du corps serait seulement enfermée, non pas remplie. La répulsion de toutes les parties du corps les unes vis-à-vis des autres constitue la force d'extension de ce corps. Or, pour chaque force d'extension donnée, une force plus grande ou plus petite doit pouvoir être *pensée,* faute de quoi deux impossibilités d'ordre physique s'en suivraient au niveau de la possibilité de l'*expérience.* Premièrement, un espace infini serait traversé en un temps fini, puisque s'il existait une force qui soit absolument la plus grande, elle s'étendrait sans doute à l'infini, et pourtant une force motrice exige une vitesse finie pour être déterminée. Deuxièmement, aucune vitesse finie, et par suite aucune force motrice, ne pourrait être produite par l'addition à elle-même d'une force infiniment petite. On conclut que la force d'extension a un degré au-delà ou en deçà duquel (jusqu'à l'infini) un autre degré peut être trouvé, parce que cet autre degré peut au moins être produit suivant un exercice de pure pensée (même s'il n'existe jamais, comme dans le cas où le degré est le plus grand ou le plus petit).

Dans cette preuve comme dans la preuve précédente, qui concernait la répulsion et l'attraction comme les deux seules forces possibles, le mouvement doit être donné. Mais contrairement à la preuve précédente, la résistance d'un corps à la pénétration peut désormais être pensée sans référence à l'approche d'un corps vers l'autre. Les relations possibles d'un corps à un autre ont été complètement absorbées dans les relations entre les parties intérieures à un corps ; ces dernières sont suffisantes pour penser les degrés plus grands ou plus petits de répulsion. En d'autres termes : *un corps matériel est capable de constituer son propre horizon.* Tel est le moment décisif qui place la Dynamique sur un plan si complètement différent de la Phoronomie ou même de la Mécanique. Dans la preuve précédente, la pensée était capable de déterminer la seule possibilité des forces, tandis que dans cette preuve-ci la pensée peut déterminer quelque chose relativement à l'existence d'une force, savoir sa qualité : la nécessité pour une force d'extension (par laquelle la matière remplit l'espace) d'avoir un degré. Au lieu de l'arbitraire total de la pensée qui caractérisait l'explication phoronomique, la pensée exerce maintenant sa liberté en passant du simplement possible – y-a-t-il un degré de force qui soit le plus grand ou le plus petit ? – à des impossibilités d'ordre physique qui nous ramènent aux déterminations relatives à l'existence. Qu'un degré plus grand ou plus petit puisse toujours être pensé : tel est le minimum de pensée qui s'attache synthétiquement (c'est-à-dire pas seulement au moyen de la non-contradiction) à la possibilité interne d'une chose.

Toutefois, après les impossibilités d'ordre physique, dans le deuxième corollaire de ce deuxième théorème Kant retombe sur la possibilité de l'expérience. Cette possibilité doit maintenant être comprise en tenant compte du fait que les relations entre parties d'un corps et les relations entre deux corps sont parfaitement identiques. Il n'y a plus à proprement parler ici de relation entre deux termes donnés ou construits, comme dans une synthèse mathématique ; il ne s'agit pas non plus d'une relation dynamique dans le sens des Analogies de l'Expérience, où poser un terme est suffisant pour poser (causalement) l'existence de l'autre, comme s'il ne restait pour l'autre terme qu'à être. Il s'agit plutôt d'une intégration de deux termes, où l'un d'eux est absolument contingent quant à son existence. De la même façon que je suis libre de penser un degré toujours plus grand, et que cette liberté reflète cependant une possibilité à l'œuvre dans la nature, la rencontre absolument contingente d'une autre force d'extension agissant dans une direction opposée à une direction donnée devient partie intégrante du concept de force expansive en tant que telle. D'où ce corollaire : partant d'une force expansive donnée dans une certaine direction, une force expansive issue d'un autre corps peut toujours être trouvée, qui soit à la fois plus grande et dans la direction opposée[16]. La direction opposée n'est plus seulement reflet de notre décision de nous y intéresser afin de construire les mouvements dans l'intuition. C'est pourquoi, en tant qu'elle est le fondement sur lequel repose le remplissement d'un espace avec un degré fini, Kant appelle *originaire* cette force expansive (dénommée aussi élasticité). La force expansive dans la direction opposée est soit présente dans un autre corps intuitionné ou intuitionnable, soit elle ne l'est pas. Cela ne change rien au fait que la force expansive, tout originaire qu'elle soit, peut devenir, par un simple changement de direction et de degré, une force compressive vis-à-vis d'une autre force expansive. La force en question est originaire en ce que, pouvant devenir le contraire d'elle-même lorsqu'elle est rapportée à une autre, elle est l'incarnation de la contingence absolue dans la nature : l'intuition actuelle ou seulement possible ne joue aucun rôle dans l'inversion. Pour arriver à la force expansive comme force originaire, Kant a donc procédé à une construction très particulière, puisque le concept est construit dans cette portion de l'intuition pure qui n'est pas intuitionnée mais seulement anticipée pour faire la jonction avec les autres parties intuitionnées. Peu importe que cette portion soit jamais intuitionnée, pourtant elle fait partie du concept de force ; le concept est construit dans l'intuition mais sans l'intuition. De la sorte, l'existence qui n'a pas nécessairement à être (la contingence absolue) se plie à la juridiction du jugement transcendantal.

Et pourtant, au niveau de l'apparence et dans les limites de l'expérience possible, la force compressive plus grande dans la direction opposée va se manifester d'une manière différente de celle qui a été décrite jusqu'à maintenant au moyen de la pure pensée. En effet, ce serait pêcher par précipitation de croire que, puisque la matière remplit l'espace en vertu de la force répulsive de toutes ses parties, cette force constitue à elle seule la condition de l'impénétrabilité d'un corps. Dans le cinquième théorème de la Dynamique, Kant écrit : « La possibilité de la matière exige une *force d'attraction*, comme seconde force fondamentale et essentielle à la matière »[17]. Ce théorème est prouvé de la manière suivante. Tout d'abord, la force de répulsion grâce à laquelle les parties de la matière s'éloignent les unes des autres ne saurait être limitée par soi, puisque par le truchement de cette force la matière est continuellement entraînée à étendre l'espace qu'elle remplit. Ensuite, la force de répulsion ne peut pas être limitée par l'espace, puisque, quand bien même la force d'extension est inversement proportionnelle au volume du corps en expansion constante, un degré de force plus grand peut toujours être trouvé. La force de répulsion n'étant limitée ni par ellemême ni par l'espace, la matière se dispersera à l'infini si elle est la seule à exister, en conséquence de quoi il n'y aurait jamais de quantité de matière assignable dans aucun espace[18]. Telle est la première implication du glissement du temps à l'espace exigé par le passage du transcendantal au métaphysique : la force expansive de la matière doit être limitée par une autre force dont la direction opposée indique qu'elle lui est opposée par nature, en l'occurrence la force attractive.

La question se pose de savoir pourquoi nous ne pourrions pas continuer à identifier une telle force attractive avec une force compressive dont le degré excède toujours celui de toute force expansive donnée. La justification procède comme suit : une force expansive n'a pas d'elle-même une dimension cosmique (qui s'étendrait par soi jusqu'aux confins de l'espace remplissable), car elle ne doit cette dimension (et de fait elle remplit tous les espaces) qu'au fait qu'elle interagit constamment avec la force attractive. En effet, la force attractive est encore plus fondamentale (ou originaire) que la force répulsive, parce qu'elle n'est pas confinée à la seule intensité. L'attraction, dit Kant, repose sur la *quantité*, savoir la quantité de matière contenue dans un espace donné, tandis que la force expansive repose essentiellement sur l'intensité du remplissement d'un espace donné. La force d'attraction traite une quantité comme une qualité, alors que le mouvement cinématique sans force traitait inversement une qualité comme une quantité. La répulsion est un phénomène de surface, tandis que l'attraction a une portée immédiatement globale. En tant que force qui appartient vraiment à un corps, « *toutes les parties* d'une matière agissent immédiatement sur *toutes les parties* des autres ; mais, par la force expansive, seules agissent les *parties situées sur la surface de contact*, et il est indifférent que derrière cette surface il existe une grande ou une petite quantité de matière »[19]. Par conséquent, seule l'attraction permet de penser la possibilité d'une synthèse passant de la quantité à la qualité et unissant les deux, et elle est la force la plus originaire en ce sens qu'elle est aussi coextensive à toute relation possible – elle établit une relation immédiate entre toutes les matières de l'univers. Si nous persistions à maintenir que l'attraction n'est pas différente d'une force compressive toujours plus grande que toute force donnée, elle serait confinée au domaine de l'intensité, et elle ne pourrait certainement pas apparaître originaire *après* que la répulsion eût déjà été posée elle-même comme originaire.

On comprend alors pourquoi une autre réduction de l'attraction à la répulsion est également trompeuse. La force attractive appartient à l'essence ou possibilité de la matière et, en tant que force vraie, elle doit être distinguée de ce que Kant appelle une force apparente. Soit un corps X qui entre en collision avec un corps Y, de sorte que Y se trouve porté vers un troisième corps Z. Il « apparaît » alors que le corps Y est attiré par le corps Z. Mais une telle apparence n'est qu'un épiphénomène de l'impact[20]. L'attraction véritable appartient plutôt à toutes les parties individuelles d'un seul corps[21], sans quoi la force répulsive de ce corps ne serait limitée par rien, et elle se disperserait jusqu'à l'infini[22]. Inversement, comme le dit Kant dans le sixième théorème, la matière a besoin de la force répulsive afin de limiter l'attraction de chacune de ses parties. Si la force d'attraction était la seule présente, les parties d'un corps s'approcheraient l'une de l'autre et diminueraient l'espace rempli par le corps jusqu'à ce qu'il se contracte en un point mathématique ; l'espace serait alors vide, sans aucune matière[23].

À ce point, les deux forces fondamentales de la nature pourraient être présentées comme si elles incarnaient le double inconditionné des antinomies mathématiques de la raison pure. En effet, l'attraction vraie semble concomitante de toute la série des phénomènes prise comme inconditionné, tandis que la répulsion pourrait être identifiée à un point inconditionné d'où toute la série des phénomènes serait déployée. Parlera-t-on d'une antinomie entre les deux forces ? Si tel était le cas, la science de la nature pourrait prétendre avoir réussi son projet, qui est d'amplifier et compléter les Anticipations de la Perception jusqu'à faire voir dans l'intuition aidée de la pensée la matière transcendantale de l'objet ; la physique réussirait à pousser l'origine de la sensation jusqu'à faire voir dans l'intuition aidée de la pensée l'être qui se tient derrière l'intuition ; les limites rationnelles de toute connaissance possible seraient dès lors exemplifiées dans la nature elle-même. Mais les théorèmes suivants de la Dynamique tendent à réfuter cette conclusion par trop complaisante, et en même temps ils vont affiner la notion d'antinomie dans sa forme transcendantale originelle jusqu'au point d'en proposer une version modifiée, adaptée à la science. Quand cette forme nouvelle aura été trouvée, nous aurons en même temps caractérisé d'une manière décisive en quoi consiste la réflexion transcendantale sur la physique mathématique.

Commençant avec la force répulsive, Kant fait une distinction entre impénétrabilité relative et impénétrabilité absolue, distinction qui va apparaître similaire à une distinction entre une notion physique (dynamique) et une notion mathématique (géométrique) de force[24]. On peut définir la première comme une résistance qui croît proportionnellement (et donc continûment) au degré de compression exercé de l'extérieur par une force plus grande ; elle est dynamique en ce sens qu'elle manifeste la dépendance de l'impénétrabilité vis-à-vis d'une force cosmique qui l'excède toujours. Quant à l'impénétrabilité absolue (ou mathématique), elle repose sur le présupposé d'une autonomie complète vis-à-vis du reste de l'univers, à savoir que la matière n'est susceptible d'aucune compression. D'après ce concept, si une compression est tout de même observée en certaines circonstances, cela ne peut valoir que comme un épiphénomène résultant du fait que toute matière contient aussi des espaces vides entre ses parties ; mais prise par elle-même, l'impénétrabilité absolue signifie que « la matière en tant que matière résiste à toute pénétration inconditionnellement et par une nécessité absolue ». Si la matière était assimilable en dernière analyse à un arrangement géométrique de points sans étendue, l'impénétrabilité mathématique rendrait ces points absolument inconditionnés ; on ne voit pas alors comment un corps pourrait constituer son propre horizon ou champ d'action. Inversement, la force expansive au sens dynamique, dans la mesure où elle peut toujours être *donnée* avec tous les degrés *possibles*, détermine chaque unité élémentaire de matière comme étendue. Le concept dynamique d'impénétrabilité ne recouvrirait le concept mathématique que s'il existait une force compressive infinie, comme si le donné était donné d'un coup avec *tout* l'essaim de possibles qui l'accompagne. Comme l'impénétrabilité n'est authentiquement originaire que pour autant qu'elle est conforme à une explication dynamique de la matière, en tant qu'inconditionné elle exclut à la fois l'infini et tout autre inconditionné. Le rejet de l'infini, conséquence de la distinction entre physique et géométrie, peut donc aussi se comprendre dans ce contexte comme une manière de distinguer en son fond la connaissance physique de la connaissance transcendantale. Contrairement à la connaissance transcendantale, la connaissance physique est incompatible avec le passage de la série des phénomènes à un absolument inconditionné ; la nature ne fournira jamais l'exemple d'une série qui pourra passer pour inconditionnée du seul fait qu'elle est suffisamment étendue ou extensible. Comme le mode d'intelligibilité de la force attractive est absolument irréductible à celui de la force répulsive, la définition des deux impénétrabilités (absolue et relative) nous permet même de voir cette différence entre transcendantal et physique à l'œuvre dans la théorie physique proprement dite.

De fait, le cas de l'attraction est l'inverse de celui de la répulsion. Pour que cette force puisse opérer à sa façon, elle doit être conçue comme une force pénétrante, qui

« agit *immédiatement* à distance à travers tout espace comme s'il était vide, et nonobstant toutes les matières intermédiaires »[25]. L'attraction est originaire, non pas parce qu'elle tend à l'inconditionné depuis la série des phénomènes, mais parce qu'elle saute directement au-dessus d'eux et les surplombe. Par suite, les deux forces fondamentales de la matière, l'attraction et la répulsion, sont différentes par leur essence, et rien ne permet de penser que l'une dépend de l'autre, comme si l'une n'était pas possible sans l'autre[26]. Il n'y aura pas d'antithétique des forces au sens strict d'une antinomie, parce que les forces constituant deux réalités complètement distinctes, la raison ne peut pas s'appliquer successivement à elles comme si elles appartenaient au même objet ; le rapport n'est pas même pensable selon les termes d'une soi-disant essence des forces en général. Afin de démontrer la réalité de la force pénétrante, il n'est pas nécessaire de commencer par nier que l'espace soit plein – ce qui serait le point de départ d'une preuve apagogique (la définition de la force attractive utilise le langage du « comme si », qui est déjà celui de la *solution critique* des antinomies) ; au contraire, l'action de la force attractive doit s'exercer même si l'espace séparant le moteur et le mobile n'est pas rempli[27]. En tant que premier principe métaphysique de la possibilité de la matière, la force attractive est complètement séparée de ce qu'elle rend possible : un remplissement de l'espace selon des limites finies.

Dans le cas des facultés cognitives que sont la sensibilité et la pensée, Kant n'a-t-il pas montré qu'une relation (à savoir : le schématisme transcendantal de l'imagination) peut exister entre deux termes en soi complètement différents l'un de l'autre, et pourtant compatibles sous le rapport de la règle de leur application ? Corrélativement, y a-t-il un sens à parler d'une relation entre les deux forces de la nature, qui ramènerait leur unité possible sous la juridiction du pensable ? Comme la suite des *Premiers Principes* va le montrer, il se fait qu'une telle relation existe, mais elle implique un passage de la sensibilité à la pensée qui est tout à fait nouveau, et en tout cas fort différent de l'exemple fourni par le schématisme. Comme la force répulsive constitue le moment de la réalité, et la force d'attraction le moment de la négation, la relation entre ces catégories dans la Dynamique va se révéler dans la relation physique de limitation mutuelle entre les forces originaires elles-mêmes ; elle pointe donc dialectiquement vers la catégorie de limitation, alors que transcendantalement la catégorie de limitation semblait s'auto-engendrer, comme si elle était une règle s'appliquant seulement à elle-même, ce qui la mettait étrangement sur un autre plan par rapport à la réalité et à la négation.

Comme limite l'une de l'autre, chaque force est également nécessaire pour que la matière puisse exister (résister à l'envahissement) avec un degré déterminé. Mais au lieu d'une antithétique des forces au sens de la Dialectique Transcendantale, nous aurons plus simplement ce que Kant appelle un *conflit*[28]. En effet, les forces peuvent être distinguées l'une de l'autre non seulement par le fait qu'elles agissent dans des directions opposées, mais aussi par le mode de leur action en rapport avec la sensibilité humaine qui les reçoit. La force répulsive agit au point de contact entre deux corps ou entre les parties d'un corps, tandis que la force attractive agit immédiatement à distance, soit entre deux corps séparés, soit entre les parties d'un même corps. Or, une telle distinction peut être comprise depuis la double perspective des jugements de perception et des jugements d'expérience.

Rappelons que grâce au jugement de perception l'esprit comprend une connexion entre phénomènes comme valable seulement subjectivement, alors qu'un concept pur de l'entendement est impliqué dans le jugement d'expérience de telle sorte que puisse être dégagée la nécessité objective de la connexion qui existait déjà d'une manière latente dans la perception. Or, bien qu'elles soient toutes les deux originaires au niveau de l'expérience, le processus purement subjectif par lequel une force est découverte n'est pas le même pour les deux forces en présence. Au niveau de la perception, la force de répulsion propre à un corps est donnée *immédiatement* parce que cette force, agissant entre les parties du corps, constitue la force d'extension qui fait qu'un corps résiste dynamiquement à toute invasion de son espace. Parce qu'elle remplit un espace, cette force agit à la surface du corps. Et puisqu'elle agit à la surface, elle peut être sentie au moyen du toucher[29]. Par contre, la force d'attraction est donnée *médiatement* ou, pour reprendre le terme de Kant, « on l'infère par un raisonnement »[30] parce que l'action à distance n'est pas immédiatement sensible : le centre d'attraction est toujours caché dans les profondeurs intérieures d'un corps, où toutes les matières attirées se concentrent. C'est un théorème de la mécanique céleste newtonienne que toute matière sphérique (par exemple une planète) exerce sa force d'attraction comme si toute sa force était concentrée en un point central qui échappe à toute prise sensible. Kant étend à n'importe quel objet de l'expérience (une montagne, une pierre, etc.) ce qui n'est valable en toute rigueur que pour des objets parfaitement sphériques. Il peut le faire, parce que le raisonnement qui permet de découvrir le point attractif reste entièrement tributaire de la perception antérieure de la matière en tant qu'elle remplit un espace. Dans le cas d'un ensemble de corps en mouvement aussi complexe que tout le système solaire, on sait même que le centre d'attraction ne réside pas exactement au centre du soleil ; ce centre est un point pour ainsi dire purement mathématique. L'attraction, dit Kant, est attribuée au concept de matière par l'intermédiaire de raisonnements, alors que l'impénétrabilité est donnée immédiatement avec le concept. Tout se passe comme si, avec l'attraction, nous étions à la fois dans et au-delà de l'expérience possible. On passe de la perception, avec la différence corrélative dans la manière de découvrir les forces, à l'expérience, qui les égalise dans leur commune inconcevabilité originaire, de la même manière qu'on passe d'une sensibilité qui s'ignore encore comme entendement (la force répulsive donnée immédiatement à la manière d'une intuition) à un entendement qui se découvre plus puissant qu'il n'est en réalité (la force d'attraction qui dépasse les limites de l'expérience possible) : ce dernier se trouve alors dans la position d'une raison qui s'ignore, parce qu'il a toujours besoin du support de l'espace rempli pour que l'attraction puisse être découverte par inférence. En dernière analyse, il n'y a pas d'antithétique des forces, non pas seulement parce que les objets ne sont pas les mêmes quand la raison s'y rapporte, mais aussi parce que la matière en mouvement rend les facultés cognitives bâtardes l'une de l'autre.

Jusqu'ici les deux forces ont été considérées séparément l'une à la suite de l'autre. Mais si le conflit entre forces ne peut pas être qualifié d'une antinomie entre deux sens d'inconditionné, nous pourrons le caractériser d'une manière plus précise en suivant le traitement simultané des deux forces. C'est ici qu'émerge la notion capitale de degré.

Par rapport à son existence (ou impénétrabilité), la matière est effectivement le remplissement d'un espace jusqu'à un degré déterminé[31]. Par l'action de la seule force répulsive, la matière se disperserait à l'infini, en conséquence de quoi aucune quantité ne pourrait lui être assignée dans un espace donné[32] ; la matière n'existerait donc même pas. Quant à l'action de la seule force d'attraction, elle impliquerait que la matière se contracte en un point mathématique, de sorte que l'espace serait irrémédiablement vide et la matière n'existerait pas non plus[33]. Il s'ensuit que seule une limitation réciproque des forces originaires de la matière peut remplir l'espace avec un degré déterminé, c'est-à-dire rendre cet espace plus ou moins impénétrable. On dira que dans la limitation, troisième moment de la qualité, les forces originaires de répulsion et d'attraction, qui sont chacune la limite de l'autre, sont identiques en tant qu'elles sont différentes l'une de l'autre. Cette identité dans la différence fait de la relation entre catégories de réalité et de négation dans la Dynamique une relation dialectique. Mais si aucune antithétique ne prévaut en un sens transcendantal, quel est le sens de la dialectique à l'œuvre dans le contexte de la science de la nature ?

Kant pourrait immédiatement objecter que l'identité dans la différence est inappropriée aux forces de répulsion et d'attraction, puisqu'il reste possible de distinguer les forces quant à leur mode d'action. Quelles sont donc les raisons alléguées par Kant pour suggérer que la force répulsive agit immédiatement par contact et la force attractive médiatement à distance ? Regardons-les en détail[34] :

> (1) « Pour que le contact physique résulte du contact mathématique [*i.e.* la limite commune à deux espaces], il faut concevoir en outre un rapport dynamique, non des forces attractives, mais des forces répulsives, le rapport de l'impénétrabilité ».

> (2) « La force d'attraction contient elle-même le fondement de la possibilité de la matière, comme d'une chose qui remplit un espace à un degré déterminé ; elle fonde donc aussi la possibilité d'un contact physique de cette matière. Dès lors, elle doit être antérieure à ce contact, et son action doit du même coup être indépendante de la condition du contact ».

Dans le premier texte, l'argument de Kant est basé sur l'association apparemment exclusive (admise dans le Théorème 2) entre force répulsive et impénétrabilité. Mais on peut contester le bien-fondé de cette exclusivité, puisque le moment de la limitation semble montrer que l'impénétrabilité requiert la limitation réciproque de la force répulsive jointe à la force attractive, donc aussi que tout degré déterminé d'impénétrabilité exige l'action conjointe des deux forces. Et pourtant, la simple *possibilité* d'une telle impénétrabilité, indépendamment du degré déterminé qu'elle aura par suite de l'action attractive, réside toujours entièrement dans la seule répulsion. Il existe donc bien une relation dynamique de la force répulsive à elle-même, mais elle ne vaut que pour un type de relation où les deux termes sont en fait impossibles à distinguer l'un de l'autre : c'est la relation mathématique, comme dans le cas de deux lignes droites qui, si elles se touchent, ont un point commun qui appartient autant à l'une qu'à l'autre. La répulsion considérée par elle-même contient une relation pour ainsi dire en puissance, comme le point mathématique qui peut potentiellement se démultiplier, parce que les termes qu'elle relie sont encore unis comme une seule matière qui remplit un espace. De fait, lorsque Kant veut prouver que les deux forces originaires sont deux objets qui par soi n'ont rien en commun[35], il indique explicitement qu'amalgamer contact mathématique entre espaces et contact physique entre forces répulsives est la source d'une confusion qui nous ferait croire faussement que l'attraction est un aspect de la répulsion. Physiquement, même si deux corps comme la terre et la lune se touchaient, le contact n'expliquerait pas leur attraction réciproque, car ces deux corps seraient encore distants l'un de l'autre par l'espace qu'ils remplissent (la somme de leurs rayons). Le point de contact renvoie toujours à d'autres points (les centres d'attraction invisibles), de sorte qu'on peut dire de lui que, d'un point de vue physique, il se démultiplie actuellement et non seulement en puissance.

Dans le second texte, la prémisse de l'argument est que la force attractive contient le fondement de la matière en tant que celle-ci remplit un espace avec un degré déterminé. Encore une fois, on peut objecter que la force répulsive remplit tout aussi bien la même fonction, puisque d'après le deuxième théorème la force d'extension grâce à laquelle la matière remplit un espace résulte elle-même de la force répulsive. Ainsi, dès l'instant où le contact mathématique est éliminé comme fondement du contact physique, les deux termes de la relation peuvent être conçus séparément, de sorte que ce que la répulsion accomplit à titre de simple possibilité est maintenant actualisé. Dire que l'attraction et la répulsion se limitent réciproquement, que les deux sont requises simultanément pour que la matière puisse exister et remplir un espace avec un degré déterminé, c'est dire que la catégorie de limitation devient la condition sans laquelle l'actualisation d'une relation potentielle enfouie en toute matière serait impossible.

On ne peut nier que les deux forces prises séparément peuvent toujours être distinguées par le mode et la direction de leur action. La dialectique à l'œuvre ici n'implique cependant pas qu'une telle distinction présuppose déjà leur identité dans la différence, ou l'*Aufhebung* de la réalité et de la négation dans le moment de la limitation. La relation dialectique entre forces ne transforme pas leur essence en quelque chose par soi relationnel. Car si l'essence des forces consistait dans la relation, on ne verrait plus pourquoi le moment de la négation devrait correspondre à la force d'attraction plutôt que la répulsion. Affirmer l'inverse serait même fort tentant, puisque la force de répulsion, en vertu de son pouvoir intrinsèque de dissolution, constituerait un bien meilleur candidat pour constituer la négation. Ce qui permet à la dynamique kantienne d'éviter un glissement définitif dans une telle dialectique, c'est que la force de répulsion, contrairement à l'attraction, n'est *pas une force de portée cosmique* ; et la rencontre du moment négatif qu'est l'attraction laisse une marque indélébile pour toute notre compréhension de la nature, parce que dans la série des phénomènes, l'attraction renvoie toujours à un point situé au-delà de toute expérience possible. On pourra caractériser l'antinomie très spéciale qui prévaut entre les forces de la manière suivante.

Le deuxième conflit transcendantal des idées transcendantales se rapporte à la totalité de la division d'un tout donné dans l'intuition, donc un tout enfermé dans des limites, sans portée cosmique dans l'infiniment grand. Or, aussi bien la thèse que l'antithèse n'arrivent finalement pas à penser la matière[36]. La matière est définie comme réalité dans l'espace, et la supposition à tester est la suivante : toute chose composée est faite de parties simples ; la thèse y répond par l'affirmative, tandis que l'antithèse rejette la thèse[37]. En effet, si la synthèse régressive est poussée jusqu'à la totalité absolue, la matière (réalité dans l'espace) se réduit soit au simple en un sens métaphysique (*i.e.* ce qui n'est plus matière) soit à rien qui soit substantiel (*i.e.* l'espace divisible sans fin, au sens mathématique). Commençons par cette dernière, la démonstration de l'antithèse. Nous avons l'intuition d'un composé, c'est-à-dire d'une matière dans l'espace : comment trouver l'intuition du simple ? Il est impossible de la trouver, parce qu'aucune partie de l'espace n'est simple ; l'absolument simple n'est qu'une idée de la raison, où la raison pense plus qu'il n'y a à penser, illusion détruite par le *pouvoir suprême de l'intuition* dont s'arroge l'antithèse. Quant à la démonstration de la thèse, elle procède comme suit. Pour conclure du composé au simple, il faut appliquer le raisonnement à des choses subsistant par elles-mêmes, susceptibles d'être données séparément au moins en pensée. Je peux toujours supprimer en pensée toute composition, et cependant il doit bien rester quelque chose de donné puisque la pensée est toujours subordonnée à un donné originaire. Ce donné, ce seront les parties simples qui ne sont plus matière, car il se pourrait qu'aucune force de la nature soit assez grande pour les séparer effectivement ; la thèse s'attribue un *pouvoir suprême de la pensée* capable d'outrepasser les forces de la nature. La solution critique de cette idée cosmologique ratifie l'échec des deux tentatives de penser la matière : elle va enlever à la substance son aspect métaphysique, ce qui semble nous faire retomber sur la matière, mais elle va en même temps interdire à la synthèse mathématique de présenter (construire) une multitude infinie en un tout, ce qui restreint la division infinie au phénomène comme quantité continue et non discrète[38]. En ce qui concerne la thèse, l'absolu de la pensée doit être infléchi dans le sens des phénomènes : s'il reste un sujet de toute composition après que toute composition eût été éliminée par la pensée, on ne peut penser ce sujet (la substance) qu'en le schématisant, par quoi il devient substance dans le phénomène ou « image permanente de la sensibilité ». On voit comment abaisser la prétention de la raison à penser plus loin dans le phénomène que l'entendement fait retrouver à ce dernier le pouvoir imageant du schématisme de l'imagination. En tant que règle pour la détermination dans le temps, le schème de la substance ne pouvait être ramené à aucune image : Kant le désignait comme le substrat de la détermination empirique du temps, ou l'horizon l'immuable dans l'existence changeante[39]. Mais l'horizon réclame maintenant une constitution sensible et non seulement transcendantale, sinon la substance pensée au moyen d'un concept pur, sans la médiation de l'image, en ferait une chose en soi. Par l'intermédiaire du schématisme imageant, il ne reste plus rien du soi-disant pouvoir suprême de la pensée, pas même un pouvoir partiel : la substance « n'est rien qu'intuition ». Cette solution nous fait-elle retomber sur le pouvoir suprême de l'intuition dont se prévaut l'antithèse ? Si l'intuition avait libre cours, un tout divisible à l'infini se composerait d'un nombre infini de parties. Il n'en va pas de la sorte, car la synthèse régressive dans la division n'est pas une détermination dans le temps : elle prend elle-même du temps, de sorte que la série entière de la division n'est jamais atteinte. Pour retrouver le pouvoir du schématisme dénombrant dans la composition, il faudrait que le phénomène soit lui-même un *quantum discretum*, fait d'unités ou de parties déjà séparées d'elles-mêmes, sans que le pouvoir de l'intuition y soit pour quelque chose ; car la multitude des unités dans une telle quantité est « toujours égale à un nombre », et le nombre est le schème de la quantité. Kant appelle « corps organique » un tout qui serait articulé à l'infini (*i.e.* dont chaque partie est organisée à son tour, ce que Leibniz appelle une machine) : il est « tout à fait impensable » justement parce que la synthèse régressive qui prend du temps (l'acte de la subdivision) ne recouvre jamais complètement une détermination dans le temps (un acte schématisé), grâce à laquelle le développement infini serait au moins approché. Pour rendre l'impensable pensable, il faudrait une synthèse qui, prenant du temps, ne nécessite cependant aucune détermination schématisante : la science de la nature y réussit.

La Dynamique nous ayant appris que l'espace est rempli au moyen d'une impénétrabilité relative et non absolue, la connaissance physique exclut la possibilité d'un passage de la série des phénomènes à l'absolument conditionné. Pour la structure de la matière, il en résulte que l'antithèse de la deuxième antinomie devient libre de la contrainte imposée par la thèse et son schématisme (l'image permanente de la substance). Dans le Théorème 4, Kant dit de la matière qu'elle est « divisible à l'infini, et ce en parties dont chacune à son tour est matière »[40]. La matière pensée selon les forces de répulsion est le premier tout articulé à l'infini qui soit pensable. Dans l'antinomie proprement dite, une telle assertion de divisibilité infinie repose sur le pouvoir qu'a l'intuition de pousser la division de la matière au-delà de toute limite, dans la mesure où la matière y occupe un espace plutôt qu'elle ne le remplit par des forces ; mais l'assertion opposée où l'existence de substances simples est admise repose sur la puissance de la pensée, qui passe outre aux forces naturelles. Mais dans la science de la nature, l'antithèse n'est plus contrariée parce que le pouvoir de la pensée n'y est plus simple résistance aux forces de la nature. La puissance de la pensée et les forces de la nature agissent maintenant de concert ; aucune ne peut l'emporter sur l'autre. Même si la matière était divisible à l'infini, cela n'entraînerait pas qu'elle est constituée d'une multiplicité infinie de parties, pourvu au moins qu'elle soit un phénomène et non une chose en soi. Quel est ce phénomène qui permet une réconciliation de la divisibilité mathématique avec la division physique en une infinité qui leur est commune ? Kant explique son théorème : dans un espace rempli de matière, chaque partie de l'espace contient une force répulsive qui agit sur toutes les autres dans toutes les directions ; de la sorte, ces autres parties, elle « les repousse, et se trouve repoussées par elles, c'est-à-dire poussée à s'éloigner d'elles ». En conclusion, « chaque partie d'un espace rempli de matière est mobile pour elle-même [*für sich selbst beweglich*], et par conséquent elle est séparable des autres, à titre de substance matérielle, par une division physique »[41]. Tout se passe comme si, dans le théorème de la Dynamique, la force de répulsion tenait lieu de la force de la pensée dans l'antinomie. Pour arriver à une telle substitution, Kant transforme l'en-soi (quelque chose d'inconnu dans l'objet) qui se trouve phénoménalisé en un pour-soi ou par-soi (quelque chose que la pensée peut poser dans l'objet sans tenir compte des limites de l'expérience sensible). La mobilité pour soi de la matière phénoménale permet de penser des quantités discrètes dont la discrétion est articulable à l'infini ; elle nous permet d'affirmer finalement que la matière dont s'occupe la physique mathématique est divisible à l'infini, bien qu'elle ne consiste pas en un nombre infini de parties[42].

La réalité de la mobilité pour soi est la preuve qu'un corps matériel constitue son propre horizon, sans qu'il faille considérer des points se repoussant l'un l'autre par l'intermédiaire de leur sphère d'activité qui s'étendrait jusqu'à une certaine distance. De cette manière, lorsque Kant revient à la mobilité pour soi à la fin de la Dynamique, c'est pour indiquer qu'elle contient la condition pour passer de l'espace réel à l'idée d'un espace[43]. Tant qu'on se représente des points entourés de leur sphère d'activité (monadologie physique), l'espace qu'ils remplissent est l'espace réel. Mais si, grâce à la mobilité pour soi, la distance entre les parties qui se repoussent est abrogée, et si l'expansion ou la compression s'expliquent par des distances infiniment petites dans un espace rempli à des degrés différents, cet espace perd toute réalité et n'est plus que l'idée d'un espace. Partant d'un rapport entre espaces donnés, l'idée de l'espace s'obtient donc aussi bien en prolongeant vers l'infiniment grand (comme dans la Phoronomie) que vers l'infiniment petit ; mais alors que dans la Phoronomie les deux espaces étaient tenus ensemble, dans le cas de la Dynamique la mobilité pour soi explique la disparition de l'espace réel au profit de l'idée.

La notion de mobilité pour soi permet de régler la délicate question de savoir si le concept de matière relève finalement de l'*a priori* ou de l'*a posteriori*. Bien des arguments existent en faveur du caractère empirique du concept : tant dans son contenu que dans son instantiation, il semble contingent puisqu'il est conçu par comparaison, réflexion et abstraction d'intuitions empiriques ; par suite la nécessité des premiers principes métaphysiques de la science de la nature ne serait pas transcendantale, mais dépendrait de ce fait contingent qu'est le mobile dans l'espace donné comme objet à notre sensibilité[44]. Mais d'autres arguments plaident en faveur d'une interprétation plus résolument *a priori* : cet aspect fondamental de la matière qu'est son mouvement n'est connaissable qu'*a priori*[45]. Ce qui importe dans notre contexte, ce n'est pas que la mobilité pour soi soit un *a priori* au sens d'un prédicable ou au sens du concept d'altération *(Veränderung)*. Lorsqu'il opposera le concept dynamique au concept mécanique de la force motrice, Kant dira que dans le concept dynamique la matière peut bien être considérée au repos[46]. En effet, la répulsion est l'*origine* du mouvement pris au sens métaphysique (c'est elle qui permet d'« imprimer un mouvement »), alors que du point de vue transcendantal le mouvement suppose la perception de quelque chose de mobile[47], et que du point de vue mécanique tout mouvement en suppose un autre. En ce sens, la mobilité pour soi s'apparente à la tendance au mouvement ou le mouvement infiniment petit d'après Leibniz. L'erreur serait de considérer la notion de mouvement comme *incluse* d'une certaine manière dans le concept de quelque chose de matériel en général, comme si le mouvement n'était rien d'autre qu'une détermination de quelque chose de matériel à laquelle s'ajoute une synthèse d'intuition pure[48]. La mobilité pour soi permet plutôt d'identifier le point de rencontre (le moment de la *juxtaposition*) entre ces deux concepts que sont la matière et le mouvement. Ici se trouve le point le plus bas et le plus élémentaire de toute la série de juxtapositions entre la pensée et l'être auxquelles nous nous heurtons depuis le début de notre enquête : la métaphysique et la science de la nature ; la métaphysique et la mathématique ; la physique et la géométrie ; l'espace relatif et l'espace absolu ; la force d'attraction et la force de répulsion.

Dans l'antinomie, la chose en soi est considérée deux fois parce que la pensée et l'intuition sont libres de toute relation à une connaissance déterminée d'objet. Mais dans le conflit métaphysique propre à la science de la nature, nous retrouvons une connaissance déterminée parce que la pensée se rapporte à une chose déterminée pour soi, une chose qu'elle peut poser au mépris des limites de l'expérience sans cependant tomber face à l'inconnaissable chose en soi. Est-ce à dire qu'une quantité discrète articulable à l'infini n'est pas différente d'une machine au sens de Leibniz ? Kant présente sa réponse dans la très importante « Remarque générale sur la dynamique ». Il y a une différence entre forces et machines ; la pensée y conquiert une nouvelle sorte de liberté.

2. *De la Dynamique à la Mécanique : la liberté dans la science de la nature*

Dans la « Remarque générale », Kant pèse les mérites respectifs d'une philosophie dynamique et d'une philosophie mécanique de la nature (en termes de machines). Il se trouve à nouveau au plus près d'une antithétique au sens transcendantal, comme si la Dynamique avait poussé les conditions critiques de la pensée jusque dans ses tous derniers retranchements. Certes, la connexion entre les deux forces peut être appréciée sans contradiction, mais Kant nous dit maintenant que le prix à payer pour maintenir cette affirmation est qu'aucune des deux forces ne puisse être supposée comme actuelle[49]. Les forces ne sont donc plus approchées en tant qu'objets de la nature ou par l'entremise du mode qui nous permet de les connaître. Elles sont plutôt considérées comme étant elles-mêmes des hypothèses. Dans le cas qui nous occupe, il s'agit pour la philosophie critique de nous réveiller du sommeil dogmatique qui nous ferait glisser du jeu de limitation réciproque entre forces motrices ultimes (le réel et le négatif que sont la répulsion et l'attraction) à cet autre jeu entre deux extrêmes que sont le plein et le vide ; ces derniers ne pourront apparaître que comme des qualités occultes, et le problème critique est d'expliquer synthétiquement (ostensiblement) la possibilité d'une différence spécifique des matières qui peut varier jusqu'à l'infini[50].

Les concepts mécaniques définissent la matière au moyen de la catégorie de relation proprement dite. La différence spécifique dans la densité des corps matériels trouvés dans l'univers est expliquée en termes d'une combinaison hypothétique entre l'absolument plein et l'absolument vide, c'est-à-dire l'espace vide et la solidité absolue (les atomes). On se souvient qu'une représentation de ce genre était déjà apparue au cours de l'examen de la force répulsive, lorsque l'impénétrabilité mathématique avait été présentée comme la limite à l'action d'une force compressive toujours plus grande qui opérerait par concaténation des espaces vides intermédiaires entre les parties de la matière. Deux caractéristiques peuvent être attribuées aux atomes. D'abord, en tant que plus petite partie indivisible d'une matière, un atome doit posséder des parties qui cohérent entre elles avec une force plus grande que toute force existant au-dehors dans la nature ; ensuite, les atomes se distinguent l'un de l'autre par leur figure ou forme, c'est-à-dire que la force motrice grâce à laquelle les parties d'un atome tiennent ensemble dépend de cette forme. Or, un corps dont la force motrice dépend de la forme est précisément la définition d'une machine selon Kant. Si l'on ajoute à ce mode d'explication un espace vide entre des particules absolument impénétrables, il est possible d'obtenir la diversité spécifique de la matière, et donc d'expliquer les différentes densités des corps. Mais cette explication se heurte à des difficultés philosophiques. Kant dit dans la deuxième remarque à la Définition 4 que la notion d'impénétrabilité absolue est certes inconditionnelle, mais elle évoque une qualité occulte, puisqu'à la question de savoir pourquoi les matières ne peuvent se pénétrer au cours de leurs mouvements, la seule réponse que l'on reçoit, c'est qu'elles sont impénétrables. Le recours aux qualités occultes signifie que les propositions de la mécanique sont encore analytiques, elles manquent du caractère synthétique que fournit l'impénétrabilité relative et l'impossibilité concomitante d'une force de compression infinie[51]. Par ailleurs, l'espace vide intermédiaire s'apparente lui aussi à une qualité occulte, puisqu'aucune expérience ne pourra jamais le découvrir ou le déterminer[52] (on s'attend à ce que l'anticipation de la perception remplira d'intuition possible un vide de ce genre). Au mieux, l'impénétrabilité absolue étant un concept vide (puisqu'elle a renoncé aux « forces propres » de la matière), l'explication mathématico-mécanique de la diversité spécifique des matières pourrait être obtenue en ajoutant ce que Kant appelle des « forces étrangères »[53]. Mais ce n'est là qu'un pis-aller. Pour l'investigation métaphysique des premiers principes de la science de la nature, il est remarquable de conclure que l'explication du remplissement de l'espace par l'impénétrabilité absolue, donc l'explication mathématique, se heurte au mur des qualités occultes. Galilée et Newton ne voulaient-ils pas mathématiser la nature justement pour abandonner définitivement ces qualités ? La mathématique, symbole de l'évidence transparente à elle-même dans la construction des concepts, devient obscurité lorsqu'elle se joint aux qualités du monde physique ; cette obscurité n'est franchissable qu'au moyen d'un concept vide.

Parce qu'ils n'ont rien à voir avec une synthèse dynamique, les concepts mécaniques ont cependant cet avantage que la diversité des corps se prête à la construction. Les concepts dynamiques ne donnent lieu à aucune construction, puisqu'ils sont incompatibles avec l'espace vide : l'espace doit être posé comme rempli d'une manière continue avec des matières de densités intrinsèques différentes ; l'*éther* est défini comme une matière raréfiée au maximum : c'est la matière qui procure partout le minimum de densité avec la plus petite quantité de matière. Mais ce mode d'explication dynamique ne conduit à aucune preuve ostensive de l'existence de l'éther ; si une telle preuve existait, la synthèse qui en résulte ne nous tirerait pas encore des qualités occultes. L'éther est plutôt cette chose qui « *se laisse concevoir* ... afin de contrebalancer une autre hypothèse (celle des espaces vides) qui s'appuie simplement sur l'affirmation qu'une telle chose *ne peut être conçue* sans espaces vides »[54]. L'application du concept dynamique, qui permet de concevoir tous les espaces pleins et cependant remplis avec des degrés différents, a pour effet de transformer l'espace vide, qui du point de vue mécanique pouvait passer pour une nécessité à la manière d'un axiome mathématique, en quelque chose qui vaut tout au plus comme hypothèse[55]. Comme elle enlève à l'impénétrabilité absolue son titre d'inconditionné valable pour le monde physique (elle n'est qu'un principe mathématique), l'hypothèse dynamique s'extrait de l'hypothèse mécanique d'une manière quasi-antinomique. En effet, poursuit Kant, « il n'est pas besoin de forger des hypothèses nouvelles, il suffit de *renverser* le postulat de la doctrine purement mécaniste d'explication »[56]. La démarche rappelle la thèse de la deuxième antinomie cosmologique (l'antithèse étant la démonstration mathématique) : l'éther reflète bien un pouvoir de la pensée qui dépasse les forces de la nature, puisque dans l'éther « on doit concevoir la force répulsive comme infiniment plus grande, par rapport à la force attractive, que dans toutes les autres matières connues de nous »[57]. On a donc ici affaire à un conflit antinomique où les deux propositions en présence (les forces originelles d'un côté, la matière séparée par le vide de l'autre côté) permettent d'*élargir le domaine de la physique*[58]. L'éther est comme un simple qui, étant aussi étendu que le monde matériel dans son intégralité, relève plus de la substance métaphysique que de l'élément matériel, sans être exclusivement de l'ordre métaphysique. Et parce qu'elle fait partie de ce conflit antinomique d'un genre particulier, l'hypothèse de l'éther est au moins pensable au-delà du mur des qualités occultes, c'est-à-dire qu'elle ne se limite pas à réfuter la proposition inverse. Il en résulte une antinomie où l'idéal de constructibilité est réfléchi dans ses limites en rapport à un objet (l'éther) qui ne se prête à aucune construction ; l'opposition du pur penser au pur sentir y est réfléchie en termes d'une opposition entre la possibilité et l'impossibilité de la pensée. L'hypothèse de l'éther va tendre ainsi à résorber une dissymétrie entre l'antithèse de la première antinomie et l'antithèse de la deuxième antinomie, et elle va aussi pousser tant la thèse que l'antithèse de la première antinomie au-delà d'elles-mêmes : l'antithèse de la première antinomie, tout en niant que le monde ait un commencement et des limites dans l'espace, affirme l'infinité du monde dans l'espace et dans le temps, tandis que celle de la deuxième ne fait que nier l'existence du simple dans le monde ; mais l'éther affirme l'existence d'un simple qui, étant aussi étendu que le tout du monde matériel, ouvre la possibilité de concevoir cette totalité de tous les phénomènes en termes autres que l'assemblage.

Un degré déterminé de remplissement de l'espace résulte de la limitation de la répulsion par l'attraction, non leur limitation réciproque où les deux termes seraient égaux[59]. Or, comme l'attraction est immédiatement infinie alors que la répulsion est toujours confinée aux limites d'un solide, cela revient à dire que quelque chose d'infini est capable de limiter. Kant avait refusé une telle capacité aux facultés cognitives. Certes, dans le champ de la pensée pris en tant que tel, les catégories ne sont pas limitées par les conditions de l'intuition empirique ; au contraire, elles ont un champ illimité devant elles lorsqu'elles sont considérées indépendamment du contenu de l'expérience[60]. La sphère infinie des catégories de l'entendement ne peut se limiter par elle-même pour faire éclore une connaissance déterminée ; cette infinité est en quelque sorte toujours déjà limitée par l'action de la sensibilité médiatisée par l'imagination. Quant à la détermination des forces, elle est toujours rattachée aux facultés, mais d'une manière pour ainsi dire négative, puisque par l'intermédiaire de l'action d'une force infinie sur une force finie, la possibilité même d'admettre des forces fondamentales ne peut jamais être reconnue – elle ne peut qu'être admise, mais sans certitude d'être actuelle[61]. Quel sera alors le pont entre ces deux inconditionnés que sont l'attraction et la répulsion ?

La connexion entre les deux forces s'effectue par le truchement de ce que Kant appelle des forces dérivées. Celles-ci diffèrent des forces étrangères auxquelles on a recours lorsque l'impénétrabilité est réduite à un absolu mathématique. Parmi les forces dérivées, Kant mentionne la cohésion, qui signifie l'attraction appliquée à des corps en contact, c'est-à-dire l'attraction dont l'action ne s'exerce qu'au contact[62]. En tant que force dérivée, la cohésion n'est pas reliée au concept de matière au moyen d'une synthèse *a priori* ; Kant dit qu'elle ne peut être connue que par expérience. Cette nouvelle opposition de la pensée à l'expérience est donc engendrée par le pouvoir de la pensée seule, qui force l'attraction cosmique à se laisser concevoir au niveau des connexions locales. Mais ce procédé d'auto-limitation dans la synthèse dynamique sert à restreindre une liberté de l'imagination qui est encore plus grande et embarrassante dans le cas des espaces vides intermédiaires postulés par l'explication mécanique[63]. De la sorte, l'antidote à l'excessive liberté de l'imagination dans l'explication mécanique (une liberté qui ne sert qu'à exacerber l'obscurité des qualités occultes) est fournie par la liberté que la pensée s'octroie dans l'explication dynamique, savoir la liberté de se restreindre soi-même. *Liberté* d'autant plus exorbitante qu'elle était refusée à la connaissance transcendantale : dans le schématisme transcendantal, cette auto-limitation de la pensée était une *nécessité* pour qu'il y ait tout d'abord connaissance de l'objet en général.

Jusqu'à présent la catégorie de négation dans la *Critique* se rapporte au rien (*i.e.* un espace et un temps vides ou l'absence complète de réel), et c'est pourquoi il est si difficile (et peut-être impossible) de lui assigner un schème : la catégorie elle-même est vide, de sorte que son rapport à la catégorie de réalité est entièrement fourni par le schème de cette dernière (un degré de remplissement du temps qui peut être diminué jusqu'à zéro). Mais dans la métaphysique de la nature, tout se passe comme si la distinction entre les deux directions des mouvements à composer au niveau phoronomique (éloignement et approche), qui était encore arbitraire, recevait dans la Dynamique une justification dans la nature elle-même sous la forme d'une force répulsive et d'une force attractive. Celles-ci semblent correspondre aux moments de la réalité et de la négation, de sorte que le concept de négation n'est plus vide. Toutefois, comme il s'agit d'un remplissement d'espace et non de temps, le concept de négation est maintenant déterminé (rempli) par la force attractive, dont l'action universelle qui s'exerce instantanément entre toutes les matières séparées par n'importe quelle distance n'est rien d'autre que la gravitation[64]. Une telle détermination de la négation comme gravitation donne donc sens à ce concept, mais seulement dans la mesure où celui-ci devient une Idée de la raison. En effet, si la gravitation est effectivement expérimentable (par exemple dans le phénomène de la chute des corps), Kant souligne en même temps que le centre de force attractive en tout corps (ou source de cette force) reste caché, inaccessible à l'intuition, parce qu'irrémédiablement enfoui par cette même matière qui se précipite vers le centre. La négation est devenue en quelque sorte médiatement intuitionnable. Grâce à cet hybride de pensée et d'expérience, pourra-t-on dire que la science de la nature complète la connaissance transcendantale en produisant suffisamment de détermination (un schème) là où, du point de vue strictement transcendantal, la détermination reste problématique (sinon impossible) ?

La métamorphose du concept de négation, qui vient d'affleurer dans la Dynamique, éclaire pas moins de trois sens en lesquels la pensée manifeste une liberté de son cru. Dans la Phoronomie, si une telle liberté existait, elle était encore complètement subordonnée à la mathématique, et donc à l'intuition, en ce sens qu'elle accordait simplement un choix sans implication objective pour étiqueter tel système de référence « absolu » et tel autre « relatif ». Mais Kant dit maintenant que les espaces vides dans le mode mécanique d'explication « laissent à l'imagination trop de liberté pour remplacer par des fictions ce qui manque à notre connaissance intime de la nature »[65]. L'impénétrabilité absolue et l'espace vide sont des fictions produites par une imagination trop libre, mais ces fictions ne peuvent pas signifier que l'esprit est libre d'en produire des images puisqu'elles sont des qualités occultes, c'est-à-dire des qualités pour lesquelles l'esprit ne dispose d'aucun schème, et donc aussi d'aucune détermination expérimentale. L'esprit est libre seulement d'utiliser ces fictions comme hypothèses pour comprendre la nature. En fait, elles sont très pratiques pour la construction mathématique qui explique toute la nature par l'action de la forme des atomes conçus comme machines. Par contraste avec cette explication mécanique, l'explication dynamique ne fait pas dériver la diversité spécifique des matières des corps conçus comme « simples instruments pour des forces motrices extérieures », mais des forces d'attraction et de répulsion qui appartiennent originellement à l'essence de la matière. La différence spécifique découle alors du degré de remplissement de l'espace par les corps, degré qui résulte lui-même de la limitation réciproque d'une force par l'autre. Kant préfère ce mode d'explication parce qu'il reflète plus directement ce en quoi consiste la science, à savoir la réduction des forces apparemment diverses au plus petit nombre possible[66]. Mais c'est une préférence qui ne le lie pas absolument, car la possibilité de l'impénétrabilité absolue et des espaces vides ne peut jamais être écartée, quand bien même à titre de réalités ils ne seraient que des qualités occultes.

Comme en science de la nature chacun des deux modes d'explication peut être utilisé selon les besoins, l'esprit est libre de choisir sans qu'il soit nécessaire de savoir si la matière est vraiment dynamique ou mécanique dans son être. Dans la *Critique,* lorsque Kant veut clarifier les Anticipations de la Perception, il discute un exemple emprunté à la philosophie de la nature. À propos de la preuve donnée par ce principe de l'entendement pur, qui caractérise la matière selon le degré, Kant souligne que l'explication dynamique « a le mérite de laisser au moins l'esprit libre pour penser » la diversité des densités de la matière d'une façon autre que la mécanique et la mathématique. Ce qui se passe réellement dans la nature est en fait indépendant de la validité du principe de l'entendement pur, dont le fondement repose sur l'essence de nos perceptions, et qui reste compatible avec l'un ou l'autre mode d'explication[67]. Cette capacité qu'a l'esprit de choisir entre deux manières d'expliquer les actions de la nature, sans préjuger de la vérité de l'une ou de l'autre, est une liberté d'ordre méthodologique. On voit combien le passage de la nature en général aux objets déterminés est si peu une spécification d'un principe de l'entendement pur correspondant que c'est bien plutôt ce principe qui risque de basculer dans le néant, sans toutefois que sa validité transcendantale soit mise en question. Or, c'est précisément cette liberté méthodologique qui entraîne une modification des antinomies cosmologiques de la raison pure. Dans les antinomies, la division de la pensée avec elle-même s'accompagne d'une division du monde (qui peut être fini ou infini, par exemple). Mais par l'intermédiaire de la liberté méthodologique dans la synthèse dynamique, l'auto-division de la pensée (le dynamisme vis-à-vis du mécanisme, mais aussi l'attraction vis-à-vis de la répulsion à l'intérieur du dynamisme) n'affecte même pas le monde, qui préserve un sens d'uni-totalité qui lui est propre. Ce que Kant a appelé la mobilité pour soi de la matière (par la répulsion), c'est-à-dire l'origine du mouvement au sens métaphysique, représente la réalité qui s'approche au plus près de ce sens. Car la force d'attraction est finalement compatible avec les espaces vides seulement possibles (purement hypothétiques) auxquels s'intéresse la mécanique ; par cette force, la matière agit là où elle n'est pas, sans quoi il n'y aurait aucun sens à dire de cette force qu'elle se propage ; là où agit l'attraction, la matière ne remplit pas l'espace mais ne fait que l'occuper (exactement comme un point mathématique dans la Phoronomie)[68], c'est-à-dire qu'elle a besoin de l'espace plus comme une condition de possibilité de l'expérience que comme un objet expérimentable. Mais du point de vue de l'espace comme forme pure, le mouvement n'a pas d'autre origine qu'empirique. De la sorte, qu'il s'agisse de la force de répulsion (remplissement de l'espace) opposée à la force d'attraction (son occupation), ou qu'il s'agisse des deux forces prises ensemble opposées aux atomes de la mécanique, chaque fois il se présente deux manières de rendre les opérations de la nature intelligibles. Mais au lieu que ces deux manières soient vraies ou fausses (comme dans les antinomies mathématiques de la raison pure), chacune en ressort comme une contribution de l'esprit à la vérité qui ne satisfait peut-être que l'esprit. La diversité spécifique des matières est certes le point où la raison ne peut plus connaître par elle-même ; mais les deux interprétations de cette diversité constituent au moins une opposition qui permet au physicien d'élargir en pur esprit son domaine.

L'apparition de la négation déterminée dans le monde a donc forcé l'esprit à affirmer sa propre positivité *contre* le monde. Tant que l'esprit s'en tenait à expérimenter avec ses concepts *dans* le monde, de l'être de celui-ci il ne pouvait rester qu'un objet transcendantal = X. Mais lorsqu'il se pose contre le monde, l'esprit touche son être et s'approche au moins de sa surface, par l'intermédiaire de l'impénétrabilité conçue en termes de la mobilité pour soi.

Selon le mode mécanique d'explication, les catégories de réalité et de négation ne sont pas reliées l'une à l'autre : elles sont simplement juxtaposées suivant l'impénétrabilité absolue et l'espace vide. La catégorie de négation renvoie au rien, *i.e.* la qualité occulte qu'est l'espace vide. C'est seulement lorsque l'espace vide est forme de la sensibilité (comme dans l'antinomie[68]) que le rien, comme non-chose (ou espace vide), *est* reliable à quelque chose ; mais dans l'explication mécanique une telle relation est impossible parce que l'espace y est un objet, non plus la condition de possibilité de tout objet. Dans la Dynamique, ces catégories entrent en relation réciproque comme limites l'une de l'autre. C'est précisément ici qu'un dernier et ultime sens de liberté affleure dans la Dynamique. La catégorie de négation y est déterminée comme force attractive, quelque chose et non rien. De cette manière, la négation est reliable à la réalité comme sa limite réciproque, non comme une limite au réel lui-même. D'autre part, la catégorie de limitation présuppose déjà les catégories de la relation : pour qu'une chose puisse limiter une autre, il faut que les deux soient en relation. Donc, la détermination de la négation comme force attractive, d'une part, et la relation de la négation à la réalité (la force répulsion) comme sa limite, d'autre part, constituent un seul et même mouvement de pensée. Ce mouvement révèle la liberté qu'a la pensée d'utiliser ses propres catégories de relation (*i.e.* la relation comme une manière de penser, non comme une explication) afin de déterminer les autres catégories de réalité et de négation comme limites l'une de l'autre. Nous ne pouvons pas savoir comment une force fondamentale (répulsive ou attractive) est possible ; mais nous les connaissons au moins *a priori* dans leur possibilité dans la mesure où elles sont prises *ensemble* grâce à la catégorie de limitation. Une telle détermination n'est pas comparable à un usage transcendantal des catégories, et elle ne transcende donc pas les limites de l'expérience (contrairement à l'explication mécanique), précisément parce que réalité et négation ne sont limites l'une de l'autre que si la matière existe, ce qui requiert à son tour que la mobilité par soi soit donnée comme effet d'une force motrice. On pourrait appeler métaphysique cette liberté.

3. *La fragilité des apparences*

La notion de liberté métaphysique nous permet de répondre à la question de savoir si le projet de la physique mathématique (amplifier les Anticipations de la Perception) peut réussir. Dans l'explication mécanique, elle y réussit pour ainsi dire par défaut puisque l'espace vide ne peut y être maintenu qu'en empêchant que s'effectue le remplissement spontané de l'espace (par de l'intuition possible). Tandis que dans les Anticipations elles-mêmes la catégorie de négation n'est pas vraiment en relation avec la catégorie de réalité (sinon par le moment inconscient de la perception dans ses degrés de 0 à X), ne pourrions-nous pas dire que la détermination de la négation comme force attractive (la gravitation) selon l'explication dynamique a prise sur l'être, de sorte que cette explication réalise ce qui paraît impossible du point de vue transcendantal ? Grande est la tentation d'affirmer que l'amplification réussit, parce que nous pourrions utiliser l'instantiation de la négation comme preuve qu'en ce point les antinomies mathématiques perdent leur fonction de gardiennes vis-à-vis de l'être en soi. L'attraction n'est-elle pas corrélative de toute la série des phénomènes considérée comme l'inconditionné, et la répulsion ne pourrait-elle pas être identifiée avec un point inconditionné d'où la série des phénomènes est déployée ? Mais tandis que du point de vue transcendantal le résultat du conflit est que tant la thèse que l'antithèse sont fausses, ici attraction et répulsion seraient chaque fois un moment de l'*être*.

L'explication dynamique n'est pas souveraine : elle a ses propres problèmes, comme l'absence d'homogénéité spécifique dans les matières qui rend théoriquement illégitime toute comparaison de densité (bien que rien n'empêche une telle comparaison dans la pratique)[70]. Tout ce que la Dynamique peut faire, comme nous l'avons vu, c'est de réduire les forces données au plus petit nombre possible. Avec cette conclusion, Kant retrouve le point de départ problématique de la Dynamique : Lambert avait adopté une position trop unilatéralement mathématique lorsqu'il avait soutenu que la matière remplit l'espace par sa solidité, ce qui enlevait à la donnée première de toute construction du concept de matière la possibilité d'être à son tour construite. Kant semble arriver à une conclusion étrangement identique, c'est-à-dire des données (les forces originelles) qui ne se laissent plus construire mais qui se prêtent plutôt à toute construction comme ses éléments. Mais pour arriver à cette conclusion, il aura fallu tout le détour par le projet d'amplification de l'être de ces données et la réduction qui s'ensuit au plus petit nombre de forces ; ce long détour était nécessaire pour dégager la modification des antinomies comme moment intermédiaire entre l'esprit et l'être. Après Kant, l'impossibilité d'aller plus loin que la simple position de forces incompréhensibles par elles-mêmes conduira de l'idée de *réduction* à celle de *transformation* d'une force par l'autre. Ainsi, au cours du dix-neuvième siècle, la relation kantienne entre la Dynamique et la Mécanique sera inversée : alors que Kant déduit les forces dans la Dynamique avant de passer aux principes de conservation dans la Mécanique, les forces elles-mêmes seront déduites des principes de conservation. Dans sa théorie de la conservation de la force, Mayer insistera sur le fait que la relation causale entre forces (comme la chaleur et le travail mécanique) reflète seulement leur indestructibilité et leur capacité de transformation l'une en l'autre. Les forces deviennent alors des entités non-matérielles qui possèdent la propriété de substantialité, ce qui a pour effet de déplacer leur sens ontologique de « mobilité pour soi » vers les relations de conservation qu'elles entretiennent entre elles[71].

Une telle inflexion de la Dynamique vers la Mécanique est déjà pressentie dans un argument que Hegel a voulu opposer à Kant. Commentant les résultats de Kant, Hegel trouve qu'alors même que Kant se penchait sur la question de savoir ce qui sépare l'attraction de la répulsion, c'est pour ainsi dire à son insu qu'une force est passée dans l'autre[72]. Par exemple, la manière dont l'attraction opère pourrait être tout aussi médiate que dans le cas de la répulsion. Un atome A agit immédiatement sur un atome B ; imaginons un troisième atome C situé entre A et B ; C envahit la sphère d'attraction de A, de sorte que A n'exerce pas en fait l'action immédiate simple qu'on lui suppose sur B. Mais Hegel ne semble pas réaliser que Kant a déjà écarté ce genre d'objection. L'attraction vraie (qui appartient à l'essence ou la possibilité de la matière) doit être distinguée de l'attraction seulement apparente en ce que cette dernière n'est qu'un épiphénomène de l'impact entre trois corps. Le raisonnement qui fait appel à un minimum de trois corps relève du mode de penser de l'impact accidentel, non de la force essentielle. Il n'y aura donc pas de pont entre une physique newtonienne des forces attractives agissant à distance, d'un côté, et une physique de l'impulsion par impact à la manière cartésienne, d'un autre côté. En effet, l'attraction à distance est rendue manifeste par l'intermédiaire d'une distribution instantanée de matière, alors que l'impulsion *(Antrieb)* ne peut être représentée sans tenir compte de la genèse ou du déploiement dans le temps de cette distribution. Une physique purement géométrique où les forces résultent des seuls impacts est conduite à une impasse dont elle ne peut s'extirper, puisqu'elle est une phoronomie en manque d'une représentation de sa propre genèse. Cette conclusion peut être généralisée dans les termes de la philosophie critique : le mystère associé à la différence dans le mode d'opération des forces ne peut jamais être surmonté, parce qu'il reproduit à sa manière la différence irréductible entre la connaissance mathématique et la connaissance transcendantale, à savoir la construction spontanée et la réflexion temporalisante ; cette différence est elle-même le résultat de la distinction supposée entre le phénomène et la chose en soi, distinction qui ici se ramène au chemin conceptuel qu'il faut effectuer pour passer des points mathématiques aux corps qui remplissent un espace. Kant veut finalement sauvegarder une manière d'équilibre entre les deux représentations en montrant que Newton, se fondant sur l'inintelligibilité de la cause de la gravité, se contredit lui-même (et fait une concession sans doute inutile à Descartes) lorsqu'il rejette la gravité comme une propriété essentielle des corps[73]. Du point de vue critique, la gravité doit être parfaitement intelligible comme inhérente aux corps, puisque cette qualité fait tomber définitivement le mirage d'une réduction complète du monde physique à l'extériorité mathématique. Une physique complètement mathématique serait équivalente à une mathématique dont les concepts se prêteraient par eux-mêmes à des connaissances. Or, les choses nous sont données par l'intermédiaire des perceptions dans l'espace et le temps ; pour que la mathématique fût connaissance, il faudrait supposer que des choses peuvent se présenter à nous exclusivement suivant la forme de l'intuition pure[74], ce qui revient à dire que le *mode* de donation originaire des objets de l'expérience serait alors lui-même une donation à part entière, indépendante de l'intuition sensible où ce mode de donation est mis en œuvre.

Le principale leçon à retirer des arguments kantiens dans la Dynamique est que le progrès indéniablement sans limite en science de la nature est acquis au prix de laisser tomber toute référence explicite au temps comme condition transcendantale de la connaissance : les propositions de la science sont essentiellement spatiales. C'est la spatialité et non la temporalité qui permet de déterminer le genre d'être auxquelles ces propositions se réfèrent. S'il y a donc un sens à dire que la réflexion transcendantale sur la science « gèle » le libre développement des théories, cela tient seulement au fait que, d'après la Dynamique, le mystère entourant l'origine de la sensation que nous avons des objets matériels ne sera pas enterré quand nous passons à une connaissance plus vaste englobant l'origine et la totalité des objets du monde. Dans les antinomies de la cosmologie rationnelle il y a opposition entre l'être et le connaître parce que les preuves de la thèse et de l'antithèse confondent subrepticement le phénomène avec la chose en soi. Mais le conflit entre forces est une antinomie d'un genre très particulier parce que la référence au temps y a été excisée. Le monde dans son être propre est alors touché tout juste à sa surface, puisque ce que je suis libre de poser en pensée au moyen de la catégorie de limitation peut ne pas appartenir du tout au réel. Dans les dernières pages des *Premiers Principes*, qui à bien des égards annoncent l'*Opus Postumum*, Kant revient une dernière fois sur la possibilité que l'attraction soit seulement apparente *(schein-bare)*, la cohésion. Il donne le nom d'*éther* à toute matière existant en deça du seuil de la perception[75]. Une telle matière serait dispersée d'une manière continue à travers de tous les espaces cosmiques, et, certes sous l'effet de l'attraction vraie et originelle, elle exercerait entre les parties de la matière qui s'éloignent l'une de l'autre une compression telle que la matière ne serait jamais vide en son intérieur ; le remplissement spontané de tous les espaces serait alors assuré par la seule force expansive, sa limite par le seul contact entre les parties de la matière. L'apparence constituerait de la sorte la pointe qui sépare et unit les deux forces fondamentales.

Or, le concept d'éther permet de comprendre que la liberté métaphysique est déjà concrètement à l'œuvre dans la proposition qui prouve que la matière remplit un espace à un degré déterminé par la force de répulsion de toutes ses parties. Cette preuve était fondée sur la capacité dévolue à la pensée de conclure qu'il ne peut y avoir de degré plus grand ou plus petit de force répulsive sans que surgissent des impossibilités d'ordre physique réel. C'est ainsi qu'en pensée la force de répulsion se trouve limitée. Mais l'auto-limitation de la répulsion n'est pas la condition qui anticiperait sur la nécessité de la force attractive. Il est loisible à cette dernière d'appartenir à un ordre entièrement différent des phénomènes, parce que l'éther pourrait toujours remplir la fonction de pourvoir la force expansive en compression adéquate. De plus, que l'éther agisse dans les limites ou au-delà de la possibilité de l'expérience, cela n'a aucune signification quant à son caractère opératoire. Kant écrit qu'un espace laissé entièrement vide au-delà du monde matériel serait maintenant impossible pour des raisons physiques (alors qu'il était possible et même nécessaire pour des raisons logiques dans la première antinomie cosmologique, au cas où le monde sensible serait limité), parce que la force attractive exercée par les masses sur l'éther décroît en proportion inverse à la force attractive de ces masses ; la densité de l'éther diminuerait à l'infini sans jamais s'annuler définitivement. L'éther a donc cette particularité de nous emmener au-delà des limites de ce qui est expérimentable, et pourtant jamais nous ne sommes obligés de quitter la synthèse régressive vers des conditions toujours plus éloignées de l'expérience donnée. En dernière analyse, la liberté nous est octroyée d'expliquer l'existence de la double qualité de la matière (la répulsion et l'attraction) en reliant la répulsion à elle-même, laissant à l'attraction originelle le soin de fournir seulement la pointe d'un contact apparent où les choses commencent à exister pour notre expérience sensible. Pour expliquer la stabilité de la matière en son intérieur, la répulsion doit croître beaucoup plus vite que l'attraction au fur et à mesure que l'on s'approche du centre (Kant propose une loi de décroissance selon l'inverse du cube de la distance, alors que l'attraction diminue selon le carré de la distance). Mais s'il existait un éther qui remplit les espaces partout, la compression qu'il exerce sur les particules s'éloignant l'une de l'autre aurait pour effet que sa force répulsive est « infiniment plus grande, par rapport à la force attractive, que dans toutes les autres matières connues de nous »[76]. C'est cette force infiniment grande qui maintiendrait en place l'équilibre de la répulsion et de l'attraction tel que nous l'observons couramment.

Une fonction capitale assignée à l'éther est donc de prémunir la métaphysique de la science contre les excès d'une sorte de déduction ultime, au nom de l'être de la nature, d'une force originelle par l'autre. Il n'en reste pas moins vrai que, si le rapport des deux forces fondamentales est suspendu à la fragilité de l'apparence, faire passer un terme en l'autre est presque une conséquence immédiate de la position d'une dualité originelle. De cette circulation libre entre les deux forces résulte une substance unique qui n'existe que dans et par sa fonction abstraite de conservation. Finalement à la fin du XIXe siècle Hertz va se débarrasser de la notion même de force comme cause active, et reconstruire la mécanique newtonienne sans postuler aucune force. La voie est alors ouverte pour la théorie de la relativité générale, où tous les phénomènes de la nature liés à la force de gravitation sont désormais interprétés comme les différents aspects d'une géométrie d'espace-temps cosmique. Dans les termes de Kant, cette évolution de la pensée consiste en une réduction du tout de la Dynamique et de la Mécanique à une sorte de phoronomie élargie. La physique contemporaine caresse même l'espoir de rendre compte de la genèse de cette géométrie au moyen d'une séquence déterminée d'événements dont l'origine est à chercher dans un unique événement cosmique. De la sorte, le concept kantien de dualité spatiale dans la Phoronomie, base de tout l'édifice des premiers principes métaphysiques de la science de la nature, se trouve répété en termes de dualité spatio-temporelle. Où et comment notre pensée doit-elle se limiter, dès l'instant où elle est imbue de cet idéal de réduction complète des phénomènes de la nature à la pure géométrie ?

4. *Les trois Analogies et les trois lois de la Mécanique : le schème retrouvé*

Il se fait que Kant se livre lui-même à un exercice préliminaire de ce genre dans la Mécanique, où il signale que la construction de la quantité de mouvement (produit de la quantité de matière par la vitesse) s'apparente à la construction phoronomique (géométrique). La parenté s'estompe quand on tient compte du fait que, dans la Mécanique, la quantité de mouvement n'est plus conçue par rapport à l'espace (donc comme une simple vitesse) mais exprime plutôt la quantité de la substance (comme cause motrice). Toutefois la parenté est loin d'être complètement éliminée, car Kant fait passer la substance dans la relation, c'est-à-dire que seules les interactions dans l'espace entre les différents corps vont permettre de définir la propriété fondamentale de la substance : sa conservation. Pour la mesure de la conservation de la quantité de mouvement, Kant préfère l'estimation cartésienne (cinématique) mv à l'estimation leibnizienne mv^2 : cette dernière est bien absolue mais le phénomène y est considéré isolément, tandis que la première, si elle est effectivement relative, désigne cependant comme constante la somme géométrique des quantités de mouvement dans *toute* la nature. Prendre en compte la réalité empirique du mouvement (*i.e.* le mouvement propre), cela revient à extérioriser la substance pour tenir compte de ses interactions avec tous les autres corps. L'extériorisation est la condition de possibilité de la relativité, mais on retrouve l'absolu dans cette extériorisation parce que celle-ci n'a elle-même de sens que par rapport à la totalité du réel. Dans la Phoronomie, l'absolu pouvait encore se confondre avec le relatif. En effet, le mouvement inertiel en ligne droite est toujours équivalent à une classe infinie de tels mouvements ; par suite, la composition de plusieurs mouvements étant indifférente à la force motrice qui accompagne le fait du mouvement, cette composition ne donnait lieu à aucune différence dans la grandeur résultante du mouvement. Dans la Mécanique, la mathématique se met au service de la substance motrice.

La catégorie de relation était déjà implicitement à l'œuvre dans la Dynamique, où elle a littéralement implosé sous le choc de la matière en mouvement et ses forces motrices : elle a donné lieu à une relation entre catégories, où se fait jour un concept de totalité propre à la science, qui ne relève plus strictement de la raison dialectique. Or, l'horizon du monde au sens transcendantal est défini par les trois Analogies de l'Expérience. L'analogie au sens philosophique est un rapport entre qualités qui nous fait entrer dans le domaine de l'existence : une perception étant donnée, comment une autre perception est-elle liée à la première selon un mode du temps, quand bien même la nouvelle perception reste indéterminée ? En tant que principes de la liaison nécessaire des perceptions dans le temps, les analogies me permettent de penser *a priori* le rapport à une perception encore indéterminée, c'est-à-dire de chercher cette perception mais non de la déterminer. De telles analogies se distinguent de l'usage mathématique de l'analogie, où la connaissance de trois membres dans l'égalité de deux rapports quantitatifs me donne le quatrième (par construction)[77] ; cet usage mathématique de l'analogie renvoie à la construction des grandeurs extensives et intensives dans les principes de l'entendement pur dits « mathématiques ». Examinant maintenant le destin de ces Analogies de l'Expérience dans les premiers principes de la physique mathématique, il nous faut comprendre ce qu'il y advient de cet horizon indéterminé qui sert cependant de guide dans le dédale des perceptions. Comme l'analogie au sens transcendantal n'est pas une construction, c'est ici que le fossé séparant l'intuition du concept se trouve être le plus grand, et c'est donc dans ce fossé que va s'engouffrer la science dans sa marche autonome vers l'objet. Dans la Mécanique des *Premiers Principes*, il s'agit de penser les conditions de la constructibilité de la matière en mouvement et d'en fixer les limites. Les deux premières lois de la mécanique (conservation et causalité) sont exposées sans construction, mais seulement dans leur opposition à la conscience et la vie ; par contre la troisième loi (action réciproque) se prête explicitement à la construction.

Si les Analogies correspondent bien aux diverses façons d'ordonner les événements dans le temps objectif (c'est-à-dire les principes de la liaison nécessaire des perceptions dans le temps), la Dynamique a déjà trouvé avec la force d'attraction un type équivalent de liaison, mais sans le temps : le centre des forces est un point qui n'est jamais donné, mais qui reste toujours à chercher sous les couches cachées de la surface phénoménale. C'est pourquoi, passant aux lois de la Mécanique, l'insistence de Kant sur l'extériorité au sens spatial ne peut pas entraîner que l'espace soit simplement une « médiation de l'objectif » au sens quasi-hégélien du terme, c'est-à-dire une préparation de la conscience pour sa rencontre avec le monde[78]. Pour ce qui est de l'intelligibilité de la nature du point de vue de la physique mathématique, la rencontre de la conscience avec le monde est déjà assurée depuis le début de son entreprise par la disparition des déterminations dans le temps ; ces déterminations servaient de médiation (ou troisième terme) entre le sujet et l'objet dans la connaissance transcendantale. L'extériorité indique plutôt une coupure entre le subjectif et l'objectif, coupure dont le propre de la science est justement de s'accommoder d'une manière qui reste à comprendre.

Il y a déjà une certaine séparation dans les Analogies proprement dites. Comme elles sont les règles pour chercher un objet dans l'expérience, quand bien même celui-ci resterait indéterminé, elles ont pour ainsi dire un pied dans le monde au-delà des limites des l'expérience possible. De fait, elles s'apparentent aux principes régulateurs de la raison dialectique, parce qu'elles ne constituent jamais l'objet qu'elles nous inviter à chercher. Les Analogies étant seulement régulatrices, dira-t-on que le rôle de la construction mathématique est de suppléer au manque de constitution et de fournir l'intuition *a priori* là où l'intuition empirique fait défaut[79] ? Kant nous prévient cependant qu'en tant que principes synthétiques, les Analogies ne contreviennent pas à l'usage empirique des catégories de l'entendement, c'est-à-dire qu'ils visent toujours l'unité de la connaissance empirique dans la synthèse des phénomènes. Comment combiner cet usage empirique avec la poussée de la recherche vers une connaissance complète des phénomènes ? La réponse consiste à séparer l'usage des principes des capacités cognitives qui permettent d'arriver à les énoncer. En ce qui concerne l'usage, « les phénomènes ne doivent pas être subsumés sous les catégories simplement prises [*schlechthin*], mais seulement sous leurs schèmes »[80]. Le schème se sépare ici de la catégorie qui lui correspond, et de celle-ci il ne reste que la fonction de l'unité dans une synthèse, fonction logique qui en soi n'est astreinte à aucune condition sensible. Après avoir subi la loi du schème qui le confine à son usage empirique, le concept en son unité logique et universelle opère maintenant pour soi et se dégage de l'emprise du schématisme. D'un côté, c'est le concept indépendant de toute condition restrictive qui conduit au principe proprement dit ; la preuve de chacune des trois Analogies insiste sur le fait que le temps lui-même ne peut être perçu, ce qui les pousse à regarder vers le domaine suprasensible. D'un autre côté, c'est le schème correspondant qui en permet l'exécution (c'est-à-dire l'application aux phénomènes). Or, comme en mathématique le schème ne se distingue finalement pas de la catégorie, le monde décrit par les Analogies est le monde transcendantal le plus épuré qui soit.

Cependant, quand bien même Kant oppose directement l'analogie au sens mathématique et l'analogie au sens transcendantal, on s'aperçoit dès la Première Analogie que celle-ci joue le rôle de condition de la possibilité de la construction contenue dans les principes mathématiques de l'entendement pur. Déjà à l'intérieur de ces principes mathématiques, le principe des grandeurs intensives rend compte de la genèse des grandeurs extensives. Du point de vue catégorial, la réalité est ce qui correspond à une sensation en général, et quant au schème de la substance il n'est rien d'autre que la permanence de ce réel dans le temps, c'est-à-dire le substratum de toute détermination empirique du temps[81] ; le schème de la substance est un rapport de qualités en ce qu'il désigne le fait qu'il y a toujours un fond de sensation dans toute sensation.

Le principe de la permanence de la substance supplée à la carence de notre simple appréhension du divers du phénomène, car celle-ci est toujours successive et changeante, de sorte qu'elle ne permet pas de savoir si l'objet de l'expérience est lui-même successif comme l'appréhension ou bien s'il s'en distingue par la simultanéité[82]. Pour résoudre le problème, il faut considérer le temps sous-jacent à l'appréhension elle-même. Kant dit qu'il n'y a qu'un seul temps dans lequel tous les différents temps doivent être posés comme successifs[83]. Il ne s'agit pas d'appréhender un temps objectif sur les invariants empiriques dans lesquels je pense le changement, comme s'il fallait détacher ce temps des lambeaux de l'expérience qui sont eux-mêmes constants. Kant se réfère plutôt au temps objectif comme horizon où doivent se lier les différents objets de toute expérience, non le temps absolu de Newton qui s'obtient par abstraction des mesures sensibles. On ne « lit » pas des invariants à même les objets, il faut plutôt trouver dans les phénomènes le substrat qui représente le temps en général. Ce substrat sera d'avance le même pour tous les phénomènes, et c'est pourquoi il est conservé dans toute expérience. Lier des perceptions, cela n'est donc possible que d'une manière immédiatement globale dans le temps en général, et cependant (c'est là toute la difficulté) ce saut dans la totalité n'est pas simplement une abstraction, mais une sensibilisation : « c'est par le permanent seul que l'*existence* reçoit dans les diverses parties successives de la série du temps une *grandeur* que l'on nomme *durée* »[84]. La catégorie de quantité est schématisée suivant la série du temps : c'est le nombre, qui résulte du fait que je produis le temps dans l'appréhension de l'intuition ; mais la durée marque un progrès sur cette schématisation, car comme permanent sensibilisé au moyen de l'analogie (une totalité qui se manifeste dans l'expérience finie), le temps vient à moi au lieu que je le produise. La durée n'est donc pas elle-même une grandeur mesurable à la manière d'une grandeur extensive, comme si chez Kant on pouvait identifier le temps à sa mesure : contrairement aux absolus de la physique newtonienne, on n'arrive pas au temps objectif par approximations successives et mesures sensibles de plus en plus proches de l'invariance. Il me faut effectivement trouver le substratum qui représente le temps en général *dans* les objets de la perception, mais à supposer que je le trouve, alors je suis d'emblée au-delà de cet objet, je suis placé dans son horizon. Kant applique ici au temps et aux limites de l'expérience possible la caractéristique fondamentale de l'unité originairement synthétique de l'aperception, qui se trouve à la base de toute condition transcendantale : il doit être toujours possible qu'un « je pense » accompagne chacune de mes représentations[85], mais il n'est pas nécessaire que cette condition soit actualisée pour confirmer que la possibilité est toujours là ; de la même façon, le substrat permanent est certes, dit Kant, un quantum (notion ajoutée en B), mais sa mesure dépassant le champ de l'expérience constituable, il n'est pas mesurable[86]. Kant dit bien que le permanent, qui est « l'objet même », sous-tend tout ce qui change à titre de « mode d'existence de cette substance ou de ces substances » : au lieu d'une démultiplication de la substance sous des formes mesurables, en tant que totalité en un sens nouveau (où le schème s'est substitué à la catégorie au lieu de « passer » en elle), il y a plutôt dans la substance indifférence vis-à-vis de l'unité et de la pluralité. L'identification de l'invariant n'a rien à voir avec la question de savoir jusqu'où la synthèse des objets est arrivée dans l'expérience.

La notion de durée comme grandeur joue ici un rôle similaire à l'image dans le système des schèmes. Ainsi, la détermination de l'existence des phénomènes selon les trois modes du temps accorde une différence au mode du permanent : c'est « le rapport *au* temps [*zu der Zeit*] lui-même comme à une grandeur (la grandeur de l'existence, c'est-à-dire la durée) »[87] ; par contre, les deux autres déterminations dans la deuxième et la troisième analogies (succession et simultanéité) seront des déterminations *dans* le temps [*in der Zeit*]. La fonction du permanent n'est donc pas de relier plusieurs substances entre elles ; au contraire, toute substance se rapporte à un même permanent parce que celui-ci ne contient *aucune relation*[88]. Le permanent n'est pas non plus une sorte de durée poussée au-delà d'elle-même où se résorberait une inadéquation entre le temps absolu et sa mesure sensible. À titre de sensibilisation du permanent, la durée se rapproche le plus de ce que nous avons nommé « phénomène pur ». Ne retenant du concept que sa fonction logique et poussant le schème au-delà des limites empiriques de l'expérience, la durée est un prédicable, c'est-à-dire un concept *a priori* dérivé, non pur, mais même en tant que dérivé ce concept est purement intellectuel, non conditionné par rien de sensible[89]. Dans son œuvre post-critique, Kant insistera encore sur la séparation : le temps lui-même n'a aucune durée[90].

Kant insiste sur le fait que la permanence surplombant tous les changements des phénomènes est une supposition partagée par l'entendement commun. Le principe de la permanence de la substance n'est pas l'apanage de la science moderne. Une proposition qui traduit ce principe était bien connue des Grecs, qui avaient déjà entrevu la conservation de la matière : rien ne sort de rien. Par conséquent, décrivant le monde transcendantal dans sa plus grande pureté possible, la Première Analogie marque dans la *Critique* le début d'une thématique nouvelle : le monde transcendantal pur, en tant qu'issu d'un pur concept séparé de son schème, est ce qui nous apparaît comme le monde-de-la-vie (*Lebenswelt*, dans le langage de la phénoménologie contemporaine). Un monde donné, somme de substances mais qui n'apparaît jamais primordialement comme une telle somme ; un monde qui se présente aujourd'hui avec l'évidence massive de toutes les constructions intellectuelles qui l'ont précédé, constructions qui se sont si bien implanté dans notre relation im-médiate au monde qu'elles réussissent à se faire passer pour les éléments d'une attitude naturelle valable de tout temps. Quel est le rapport de ce monde-de-la-vie à la science exacte de la nature ?

Passant de la première analogie dans la philosophie transcendantale à la première loi de la mécanique dans la métaphysique de la nature, Kant précise que le réel dont il est question en physique est la nature corporelle ; et la quantité de matière qui reste la même au total l'est dans l'espace. C'est la référence à la nature corporelle dans l'espace qui permet de « traduire » ce phénomène pur qu'est la durée en terme de masse : « Dans tous les changements de la nature corporelle, la quantité de matière reste la même au total ». Mais cela n'entraîne pas que la substance ne soit pensable comme quantité que comme matière. En effet, une autre traduction est possible dans le langage de la construction : la Phoronomie construit la durée comme *repos*[91]. La Définition 3 de la Phronomie oppose le repos, défini comme présence persistante en un lieu, à l'état persistant, qui est ce qui dure. Or, cette définition du repos permet d'en écarter une autre, par l'absence de mouvement. L'absence de mouvement ne se prête pas à la construction, car elle est égale à zéro (et elle correspond donc à la catégorie de négation) ; par contre, une persistance persistante peut être construite grâce au mouvement infiniment petit pendant un temps fini, c'est-à-dire que tous les degrés qui échappent à la perception constituent la réalité en sa continuité. Soit un corps en mouvement rectilinéaire qui parcourt la droite AB et retourne ensuite de B vers A. Au moment où le corps commence en B son mouvement en sens contraire, il devrait y être au repos pour un instant puisque le mouvement total AB + BA s'exécute en un temps total sans que la présence en B puisse prendre du temps supplémentaire. Mais qu'est-ce qu'une absence de mouvement en un point du mouvement ? Il faut retrouver la continuité du mouvement donnée dans l'intuition. Pour l'empêcher de commencer à n'importe quel moment, *i.e.* pour le maintenir dans la continuité de son état, on peut inverser le mouvement BA et considérer le même mouvement comme un prolongement de AB dans la même direction. Le mouvement total donné dans l'expérience se trouve ainsi construit : il y aura bien mouvement en chaque point, car l'absence de mouvement en un seul point suffirait alors à dire que le corps est au repos en chacun des points qu'il traverse, ce qui est absurde. Or, la nature nous donne *aussi dans l'intuition* l'exemple d'un mouvement qui commence ou qui s'achève : c'est le mouvement d'un corps qui monte de A en B et qui ensuite, sous l'effet de la pesanteur, redescend vers A. Dans ce cas, le mouvement d'élévation étant continûment retardé, il est indéniable qu'au point B le corps sera en repos ; la définition du repos comme absence de mouvement semble suffire à l'établir. Pourtant imaginons en esprit que l'action de la pesanteur soit tout à coup supprimée, et que le mouvement de B en A soit à nouveau inversé dans l'autre direction. Alors le corps ne changera pas de lieu pendant toute l'éternité à venir, c'est-à-dire que son absence de mouvement à un moment l'empêche à jamais de se déplacer. C'est pourquoi, pour lui permettre de changer encore une fois son état à l'avenir, son repos doit plutôt être défini comme un état de présence durable au même endroit. On pourra alors construire le repos comme la vitesse d'un degré plus petit que toute vitesse assignable. Cette discussion permet à Kant de cerner au plus près les rapports ambigus entre les concepts de durée et de mouvement. Nous savons que les termes désignent deux prédicables. D'une part, pour qu'elle se prête à la construction, la durée doit représenter un mouvement à vitesse infiniment petite (repos) ; construite comme repos, la durée donne bien une grandeur à l'existence, qui sans elle « va toujours disparaissant et commençant »[92]. D'autre part, le mouvement comme prédicable a été défini plus haut comme changement de lieu *dans* l'espace ; mais pour qu'il soit susceptible de construction, le changement doit être spécifié comme changement dans les rapports externes d'une chose *à* un espace donné. En effet, un corps peut se mouvoir sans changer de lieu, comme la terre en rotation sur son axe. Quand une chose dure sans être au repos, et quand son repos n'est pas défini comme une absence de mouvement mais comme une présence persistante, elle nous fait retomber sur la permanence d'une quantité de matière qui est susceptible de tous les changements promis par l'avenir de l'univers.

Mais l'essentiel de l'argument de Kant dans la première loi de la Mécanique se trouve dans la Remarque qui suit sa démonstration. Kant y oppose à la substance ainsi définie la conscience (ou le moi) comme objet du sens intime. La substance pensante est à son tour indifférente à l'unité ou la pluralité au sens de la grandeur mesurable, puisque ses parties ne sont pas elles-mêmes des substances. Elle forme un tout dans un sens qui diffère aussi bien de la substance comme substrat que de l'idée de la raison dans la psychologie rationnelle. Car contrairement à la substance mécanique ou au substrat transcendantal, cette substance peut être permanente tout en subissant un accroissement ou une diminution. On peut s'étonner de ce brutal retour à la question de la conscience au milieu d'une démonstration des premiers principes de la science de la nature ; la psychologie n'avait-elle pas été écartée dès la préface ? En fait, Kant nous permet de comprendre une caractéristique qui affecte absolument toute physique mathématique. Lorsque la théorie physique s'occupe de traduire l'horizon de toute pensée et de toute expérience en ses propres termes, alors les conditions subjectives de l'objectivité sont *complètement coupées* de l'objet proprement dit et s'opposent même à lui. Une opposition de ce genre prévaut déjà dans la Phoronomie, où nous avons vu que lorsque la durée est construite, la pensée de la matière comme mobile devient le repos. Tel est le prix à payer pour traduire le phénomène pur dans le langage de l'idéalité mathématique.

Comment la physique mathématique retrouve-t-elle effectivement l'objet mesurable, au lieu de se contenter de l'« objet même » de la Première Analogie ? Par une progression inexorable de l'argument, les conditions transcendantales de la connaissance vont petit à petit se retirer pour laisser le champ libre aux actions et aux forces de la nature.

La Deuxième Analogie énonce que « tous les changements se produisent d'après la loi de la cause et de l'effet » : c'est le principe de la succession temporelle. La simple perception sensible est incapable de déterminer un rapport objectif dans la succession des phénomènes. Pour atteindre l'objectivité, il faut que l'entendement projette une règle nécessaire d'organisation. Est-ce que l'imposition de la règle sur le divers sensible change quelque chose au niveau de cela même qui est perçu ? Est-ce qu'ici, contrairement à la Première Analogie, la comparaison des perceptions singulières sera suffisante pour arriver au permanent ? Parce que la règle est une généralité, elle nous fait percevoir un événement comme étant lui-même une généralité. Étrange perception du général dans le particulier, puisque l'analogie n'est pas réductible à une construction mathématique, et il semble que seul l'objet mathématique se prête à une telle perception ; dans le schématisme empirique, je ne pouvais voir qu'une forme quadrupédique dans un chien, non pas un chien en général, et dans le schématisme transcendantal le concept n'a plus du tout d'image correspondante. Quoi qu'il en soit de cette étrange perception du général, celle-ci n'est possible à son tour que s'il y a un événement *qui précède toujours* le phénomène perçu (c'est-à-dire un événement quelconque)[93]. On s'attend à ce que ce quelque chose en général, pour être relié à une perception vraie, dépende d'une certaine manière de la durée. Or, comme la règle de causalité ne concerne que l'ordre *(Ordnung)* du temps (il faut déterminer ce qui précède et ce qui suit), la durée devient maintenant cours *(Ablauf)* du temps, et il se fait que l'intervalle de temps qui sépare la cause de l'effet qui suit *peut tendre vers zéro*[94]. Dans la perception où la règle a été appliquée, le quelque chose en général qui précède reste alors impossible à distinguer de la perception dans son actualité présente. La question se pose de savoir comment retrouver la durée (la séparation entre la cause et l'effet) afin d'authentifier la règle de succession dans une expérience possible. Se pose donc la question du « critère empirique d'une substance »[95], puisque la durée prise en soi n'a plus ce pouvoir de sensibiliser le permanent (et c'est pourquoi la durée devient cours du temps). La substance est phénoménalisée non par la permanence mais par ce que Kant appelle l'*action.*

En effet, la relation comme succession dans le phénomène renvoie à une relation d'emboîtement entre concepts ; ces concepts emboîtés déploient la généralité attachée à la chose qui précède, ce qui nous la fait pour ainsi dire voir de l'intérieur : « la causalité conduit au concept d'action, celle-ci au concept de force, et par là au concept de substance ». Notons que l'action et la force sont des prédicables[96], ce qui donne un sens concret quasi-schématique à ces concepts *a priori* mais dérivés, puisqu'ils se trouvent pris comme une sorte de synthèse progressive joignant les deux premières catégories de la relation. Le problème du schématisme était le suivant : comment un concept peut-il être sensibilisé, *i.e.* tendre à l'unité déjà présente dans les formes de la sensibilité ? La question est maintenant de savoir comment une *chose*, conçue dans sa généralité, peut se particulariser sans faire de concession à l'universalité logique du concept. La solution va requérir *un élargissement du schématisme*, selon les propres termes de Kant.

Quelque chose en général n'a de sens au niveau de la causalité qui rejoint une perception possible que dans son action. Dans la série des événements qui constituent l'action, « le dernier sujet de ce qui arrive », dit Kant, est déjà le permanent, sans qu'il faille en passer par une comparaison de plusieurs perceptions[97]. Pousser de la sorte jusqu'au dernier sujet pour accroître autant que possible le domaine de la perception, tel est précisément l'élargissement du schématisme, qui équivaut à poser comme souveraine la seule progression dans le temps des objets, c'est-à-dire à redonner le maximum de droits à la durée afin que celle-ci nous entraîne vers de nouvelles perceptions : « une progression dans le temps ... [qui] détermine tout et n'est en soi déterminée par rien d'autre »[98]. C'est ainsi que le dernier sujet dans l'action tend à coïncider avec le quelque chose en général. Le schème de la cause et de la causalité est devenu un *inconditionné*, ce que sa définition laissait déjà entrevoir : c'est « le réel, auquel, une fois qu'il est posé arbitrairement, succède toujours quelque chose d'autre »[99]. Pour schématiser le quelque chose en général, il faut le poser arbitrairement, c'est-à-dire qu'il n'est même plus tenu de contenir une qualité ; il peut représenter n'importe quoi[100]. Or, l'arbitraire de l'objet est le matériau de la synthèse mathématique. Dans tout l'édifice de la philosophie critique, nous arrivons ici au moment où le schématisme se tient au plus près de la construction.

Aussi Kant procède-t-il à une « construction » du principe de continuité dans l'exposé de la Deuxième Analogie[101], là même où la construction était censée être bannie. La continuité de tout changement est prouvée au moyen de cette seule idée : une chose passe d'un état à un autre état en passant par toutes les parties du temps et du phénomène dans le temps qui séparent les deux états ; la causalité opère donc toujours pendant un certain temps, la réalité d'un degré B étant liée à la réalité d'un degré A par tous les degrés intermédiaires (B – A). De la sorte, cette construction a généralisé le principe des Anticipations de la Perception. Ce dernier avait une valeur absolue puisqu'il liait un degré donné X de réalité à sa négation = 0 ; il se trouve maintenant relativisé (schématisé) parce qu'il s'applique aussi à deux réalités données (deux états), la négation n'ayant plus que la signification temporelle d'un état antérieur où quelque chose n'était pas encore. La construction du principe de continuité est donc le seul moyen de retrouver la durée dans un monde où régnerait seulement l'ordre temporel si la règle de succession s'appliquait au mépris de l'intuition vivante qui prend du temps, du temps qui vient à moi au travers de la progression inexorable du cours des choses. Telle est la manière transcendantale de donner un sens positif à la catégorie de négation : elle passe dans la causalité où elle se relativise par l'intermédiaire des prédicables. Tout se passe comme si le schématisme avait maintenant donné tout ce qu'il peut donner ; dans la science de la nature, comme nous l'avons vu dans le cas de la Dynamique, la négation sera sensibilisée sans schématisme.

La disparition du schématisme s'explique alors de la manière suivante. La rencontre de l'inconditionné et de l'arbitraire enlève au schématisme dont il est question dans l'application de la règle de succession le droit de se poser en absolu. Il ne tient son statut inconditionné que de ce qu'il faut bien compenser l'impossibilité pour nous d'avoir *a priori* une notion de « comment en général quelque chose peut être changé ; comment est-il possible qu'un état, en un point du temps, puisse succéder, en un autre point, un état opposé »[102]. Pour arriver à connaître le changement, il faut aussi, dit Kant, la connaissance des *forces* réelles, et celle-ci ne peut être donnée qu'empiriquement. Ces forces réelles sont les forces motrices dont il est question plus avant dans la métaphysique de la nature[103]. En effet, la deuxième loi de la Mécanique (Théorème 3 ou loi d'inertie) reprend l'énoncé de la Deuxième Analogie et spécifie que la cause est *extérieure* : « Tout changement de la matière a une cause extérieure ». D'après la Deuxième Analogie nous savons que la progression dans le temps détermine tout. La deuxième loi manque la vue intérieure sur les forces, elle nous fait donc seulement comprendre *ce que la matière ne fait pas*. Étant donnée l'extériorité de la cause par rapport à l'effet, il est impossible en physique de remonter effectivement jusqu'au dernier sujet, c'est-à-dire l'action. Tout comme le schème inconditionné qui se substitue à la catégorie, la connaissance physique par l'intermédiaire de la loi d'inertie est aussi une connaissance par défaut. Déjà dans la Deuxième Analogie pour établir la causalité objective il a fallu surmonter un cas où la causalité ne conduit à aucune action : la perception d'une maison, où la règle de causalité tourne à vide (il n'y a pas de succession objective puisque, sans rien changer à l'objet, je peux commencer la perception par la cave et terminer avec le grenier ou commencer avec le grenier et terminer avec la cave) ; la règle fonctionne lorsque l'objet est lui-même dynamique, comme le bateau qui descend la rivière et qui par soi ne saurait la remonter. Partant de la conservation de la substance, la physique passe aux forces mais n'arrive pas à faire le contact avec l'action. Dans l'emboîtement des concepts qui se rattachent à la chose en général qui précède (causalité-action-force-substance), la force étant extérieure, le lien qu'on attendait entre la substance et l'action est brisé. Comme il y a extériorité au niveau de la force, la substance totale ne se manifeste jamais : la deuxième loi met un frein aux ambitions totalisantes de la première. Pour arriver à l'action, il faut se tourner vers la troisième loi de la Mécanique.

Là où la *Critique* examine le principe de la simultanéité des substances dans un sens temporel (Troisième Analogie), les *Premiers Principes* énoncent et démontrent la loi de l'égalité de l'action et de la réaction, mais sans référence au temps. Pourtant, après que le schématisme ait donné tout ce qu'il pouvait donner, et en dépit de cette dichotomie entre le temps et l'espace, ce troisième moment va constituer la pointe d'un véritable recouvrement du transcendantal et du physique. Le rapport dynamique de l'action réciproque universelle, dit Kant, permet de concevoir les phénomènes extérieurs les uns aux autres comme formant un composé (qu'on rendra intelligible par composition)[104], et dans la troisième loi de la Mécanique Kant se livre justement à une construction de l'action et de la réaction. On aurait pu penser que la question de la simultanéité était déjà réglée au moyen du principe de la permanence de la substance. La simultanéité ne résulte-t-elle pas simplement d'une coupe instantanée dans le système total des substances ? Il n'en est rien, car si la substance totale représente une simultanéité *idéale* dans le divers (en vertu même de sa totalité), il reste à comprendre l'action réciproque du divers constitué par plusieurs substances comme une simultanéité *réelle*[105]. Ce passage de l'idéal au réel nous force à reprendre la problématique du schématisme. L'analogie de la simultanéité implique un va-et-vient du passé au futur et du futur au passé, car elle se démontre en prenant l'analogie de la succession à rebours. Deux objets existent en même temps si la perception de A suivie de B est équivalente à la perception de B suivie de A. La Troisième Analogie complète la Deuxième en prenant le cas de la perception des parties d'une maison (où la règle de causalité est inefficace) comme *suffisante* pour déterminer une action : dès l'instant où l'on a ajouté des étages au-dessus d'une cave, cette cave n'est plus tout à fait la même que lorsqu'elle avait été perçue isolément, comme simple moment dans la succession. Pourquoi une telle perception est-elle maintenant suffisante pour arriver à l'action ? C'est que, partant de la substance, on peut maintenant descendre à la force et à l'action en *fragmentant* la substance en plusieurs substances, pourvu que ces dernières entretiennent un commerce entre elles (*i.e.* qu'un influx physique les relie). Mais comment la substance dont on est parti peut-elle ainsi se diviser sans perdre irrémédiablement son caractère de substance ? La réponse est la suivante : dans le commerce ou rapport de communauté (par influence physique réciproque) entre phénomènes, une substance « contient des déterminations dont le fondement est contenu dans l'autre »[106]. Ou encore : pour passer d'une expérience subjective de la simultanéité à une simultanéité d'existence, il faut que la perception de certains phénomènes, « comme fondement, rende possible la perception des autres, et inversement »[107]. Autrement dit, fondement et fondé doivent pouvoir s'échanger. On voit ici comment, dans le cas de l'action réciproque universelle, la forme de toute preuve transcendantale se reflète enfin dans l'objet auquel elle se rapporte : en effet, une preuve transcendantale « a cette propriété particulière de rendre tout d'abord possible le fondement même de sa preuve, c'est-à-dire l'expérience, et qu'elle doit toujours y être présupposée »[108].

La durée, qui dans la Première Analogie n'était déjà plus vraiment une grandeur extensive, ne compte plus du tout dans le principe de la simultanéité. Les effets réciproques de la causalité, qui doivent permettre de connaître la simultanéité dans une expérience possible, ne sont pas embarrassés par le fait que la communauté dynamique des substances est médiate ou immédiate. Ainsi, Kant sait bien que la lumière met du temps pour voyager d'un point à l'autre, et pourtant cet intervalle n'a dans la Troisième Analogie aucune répercussion : quand j'observe un objet éloigné comme un corps céleste, le temps mis par la lumière pour rejoindre mon œil fait de la coexistence une communauté médiate, mais celle-ci prouve la simultanéité tout comme s'il s'agissait d'une communauté immédiate[109]. Il y a une simultanéité en moi (le moment de l'observation où la lumière frappe mon œil) qui reflète une simultanéité au niveau des objets. Le rapport entre les deux simultanéités ne résulte de l'intervention d'aucun schème d'origine intellectuelle ; le schématisme a déjà donné tout ce qu'il pouvait donner dans la règle de succession, qui impliquait un élargissement du schématisme. Contrairement à la Deuxième Analogie, l'esprit a perdu ici le pouvoir de séparer. Il se plie volontiers au jeu des forces de la nature, qui assurent la transmission de l'influence d'une substance sur l'autre dans un espace nécessairement rempli. L'action réciproque universelle est le principe transcendantal où la nature commence à s'organiser par elle-même, comme si ce principe pointait vers un schématisme d'un genre nouveau, à l'œuvre cette fois dans la nature.

La Troisième Analogie est le moment où le schématisme temporel s'externalise. On voit comment l'espace «sort» littéralement du temps comme une deuxième dimension du temps. En effet, la négation de la succession n'est *pas suffisante* pour arriver à la simultanéité : car si la diversité des moments du temps est le fondement des successifs, c'est une autre dimension du temps, à savoir l'identité du moment, qui permet de lier les simultanés[110]. Kant renvoie ici dos à dos la conception newtonienne du temps (un flux continu d'existence pourtant indépendant de toute chose existante) et celle de Leibniz (le temps comme ordre des successifs) ; aucune n'est capable de rendre compte de la simultanéité, qui réclame donc un principe à part entière. Kant conçoit la totalité du monde phénoménal, qui comprend aussi bien la substance que toutes ses déterminations, comme *un dédoublement du temps* : à la droite prolongée à l'infini, qui correspond au temps des successifs, on applique en chaque point, en conformité avec une règle d'ordre, des droites qui forment un angle avec la droite donnée ; le monde phénoménal sera engendré comme une surface dont chacun des axes représente un ordre du temps, le successif ou le simultané. Notons que dans la description kantienne rien ne limite le choix à un angle droit : les droites appliquées ne sont pas toutes nécessairement perpendiculaires à la droite donnée ; elles pourront se croiser et laisser pour ainsi dire des trous qu'aucune expérience ne vient combler. Par monde phénoménal, Kant entend bien un monde qui ne reflète pas ipso facto le monde absolument déterministe de la physique classique, où chaque point est remplissable par une expérience possible. Cet étrange diagramme du temps double est donc le point de départ de l'examen critique de la science de la nature, où va se faire jour la nécessité de distinguer entre jugement de perception et jugement d'expérience : la simultanéité en moi, qui peut laisser des trous dans l'expérience (comme le temps mis par la lumière pour traverser les différents espaces cosmiques), ne sera plus nécessairement celle des objets ; en physique mathématique il est nécessaire de recouvrir le pensable par le pensé, l'expérimentable par l'expérimenté. Or, la première conséquence de cette résorption réciproque du successif et du simultané est visible dans la Phoronomie, qui pose *un dédoublement de l'espace* comme principe métaphysique de la science du mouvement en son apparence. Avec la troisième loi de la Mécanique, nous arrivons finalement au seuil de la compréhension du mouvement en sa réalité. Toute référence à l'intériorité y est supprimée, car il n'est désormais nul besoin d'opposer intériorité et extériorité (même sur le mode de la négation).

Dans la troisième loi de la Mécanique (loi de l'action et de la réaction), tout l'effort de Kant est de maintenir l'autonomie absolue de cette troisième loi vis-à-vis de la deuxième (loi de l'inertie). La force antagoniste de réaction n'est pas la *vis insita* dont pourrait se prévaloir la loi d'inertie[111]. Une force d'inertie au sens où Newton a voulu l'admettre (inhérente à un corps même isolé, en mouvement inertiel) serait un empêchement à l'extériorisation qui permet la libre circulation de la cause et de l'effet, de même que si le simultané était un aspect du successif, il ne serait jamais objectif pour moi seul, dans le présent de mon temps vécu. Rejetant la *vis insita*, la troisième loi constitue un nouveau dépouillement des qualités de la matière, donc un retour vers la Phoronomie ; la seule force intérieure admise par Kant est finalement la mobilité pour soi dont il est question dans la Dynamique. Du reste, admettre une *vis insita* est le fondement d'une solution sceptique au sens de Hume[112] : tant que l'on désire comprendre l'intérieur d'une cause, on ne pourra que constater que cet intérieur est incompréhensible, et l'on se réfugiera dans une relativité purement subjective : ce que nous *sentons* dans notre esprit (sans le comprendre) est une impression suffisamment forte pour que nous formions l'idée d'une connexion nécessaire entre un fait (comme le mouvement inertiel) et sa cause (la force d'inertie). Il suffit de supprimer le désir de connaître la cause en son intériorité pour enlever tout poids à la solution sceptique : le rejet de la *vis insita* par Kant devient alors le fondement d'une relativité intelligible objectivement. Mais quand bien même elle rejette cette force inhérente à la matière, la troisième loi se démontre en admettant qu'il n'y a rien d'absolument immobile dans le monde ; un corps qui paraît immobile est en réalité en mouvement dans son espace relatif. Dans la Phoronomie, l'échange entre l'absolu et le relatif n'avait pas encore de conséquence pour l'intuition, parce que les corps étaient eux-mêmes (en tant que points mathématiques) les instruments de l'intuition. Dans la Mécanique, l'intuition se met maintenant au service des forces motrices : elle imagine des espaces relatifs en mouvement pour sauver l'action réciproque universelle entre forces[113]. La prémisse fondamentale de tout le raisonnement est que seuls des corps déjà en mouvement peuvent impartir un mouvement à un autre corps. Elle accorde un privilège exorbitant à l'impact, et on ne voit pas vraiment comment étendre cela à l'action à distance, bien que Kant dise que c'est possible. La seule réponse envisageable est que la construction kantienne paraît forcée seulement si l'on admet avec lui que c'est bien un problème pour les lois de la mécanique newtonienne qu'elles soient limitées au mouvement donné, qu'elles soient incapables de rendre compte de l'origine du mouvement. Certes une mécanique des forces centrales semble alors impossible, puisque rien ne correspond à la deuxième loi du mouvement de Newton, hormis le fait qu'elle est apparemment contenue d'une manière implicite dans la loi d'inertie de Kant (la détermination de la proportionnalité entre force et attraction étant une affaire empirique). En ce sens, le Théorème 3 de la Mécanique kantienne rassemblerait les deux premières lois du mouvement de Newton. Dans la Dynamique, Kant reconnaît au moins la forme de la loi newtonienne de gravitation universelle (que le rapprochement mutuel entre deux masses est inversement proportionnel à la quantité de la matière) comme une loi de la mécanique[114]. Mais pour lui elle n'a pas de statut particulier, elle vaut pour tous les mouvements qui *dérivent* des forces en général (gravifique, magnétique, etc.), alors que la Dynamique s'intéresse à la question plus fondamentale de la proportion entre forces attractives elles-mêmes.

Au total, les *Premiers Principes* ne comportent qu'un seul principe *(Grundsatz)* digne d'un principe de l'entendement pur : c'est le Principe de la Phoronomie, d'après lequel le mouvement d'un corps est interchangeable avec le mouvement de l'espace correspondant. La clé de ce principe, c'est que la synthèse vers l'inconditionné y est indifférente à la progression du temps ; il y a progression à l'intérieur de la régression ou vice versa. Cette liberté résulte de l'effacement du schématisme et de sa nécessité d'autant plus inexorable que, en rapport au concept empirique, il est un art caché dans les profondeurs de l'âme (et donc impossible à confondre avec la construction, où le concept s'exhibe dans l'intuition), un art qui dans l'analogie transcendantale de la succession a été poussé aussi loin que possible : la progression du temps y détermine tout. Passé ce moment limite du schématisme, l'analogie transcendantale de la simultanéité implique le libre va-et-vient du passé au futur et du futur au passé ; c'est pourquoi le Principe de la Phoronomie fait la jonction avec elle, et reprend la pensée de l'espace là où s'arrête la connaissance transcendantale selon les modes du temps. Tout le reste des *Premiers Principes* est constitué de définitions, de théorèmes et de lois. De la sorte, la Phoronomie est la clé de voûte de tout l'examen critique de la science de la nature : on a vu comment aussi bien la Dynamique – avec l'attraction qui relève de la quantité – que la Mécanique y font retour ; le report vers la Phoronomie sera même encore plus net dans l'*Opus Postumum*, où Kant va s'efforcer d'identifier le point de rencontre entre le système des catégories et les aspects empiriques de la nature autres que la gravitation. Finalement, dans la Mécanique, non seulement le schématisme (tant comme art des profondeurs de l'âme que comme détermination dans le temps), mais même tous les principes transcendantaux auront donné tout ce qu'ils pouvaient donner, parce que la mathématique y pourvoit l'esprit d'un art différent : la mathématique appliquée, au sens de *Meßkunst*. On ne dira donc pas : les lois de la mécanique fournissent une extension synthétique du contenu des catégories, comme la substance qui serait déterminée par la quantité de mouvement ou la causalité déterminée par l'inertie. Au contraire, c'est la synthèse propre aux mathématiques appliquées qui force à repenser la substance ou la causalité. Dans cette reprise de la pensée, en vertu de l'opposition entre les lois de la matière et les lois de la conscience, les facultés de connaître ont perdu le rôle déterminant qui était le leur au moment du coup d'envoi de l'entreprise critique. Le passage à la Mécanique s'expliquait par le passage du rapport des corps aux facultés de connaître (Phoronomie) à un autre rapport, celui d'un corps à un autre (Mécanique). Dans la Mécanique est fait le contact avec le point où la science de la nature marche absolument toute seule.

Après avoir épuisé et abandonné leur fonction déterminante, les facultés cognitives ne vont reprendre le dessus sur la nature qu'à un autre niveau du jugement : la réflexion.

Chapitre 5

La connaissance *a priori* de la nature : « Un étonnement toujours renaissant »

1. *De la possibilité de la construction à une construction possible : l'exemple de la loi de gravitation universelle*

Au principe transcendantal de la permanence de la substance (Première Analogie de l'Expérience) correspond le principe de conservation de la quantité de matière dans la science de la nature. Kant n'envisage pas d'autres principes de conservation possibles, comme le moment angulaire ou l'énergie cinétique. Mais quoi qu'il en soit de l'état de la physique à la fin du XVIIIe siècle, il s'avère que les principes de conservation sont bien l'horizon de toute la physique jusqu'à aujourd'hui, parce qu'on sait d'avance qu'ils resteront valides sans même connaître les grandeurs qui jouent le rôle des concepts classiques comme l'énergie. Il suffit de prouver que la théorie sera invariante par rapport à un certain groupe de transformation, puisque d'après le théorème de Noether il y aura autant de principes de conservation qu'il y a de paramètres indépendants dans le groupe. De la sorte, ce qui semble différencier notre physique de celle de Kant, c'est que le rapport entre l'objet physique et la structure invariante dans laquelle il s'insère s'est inversé en faveur de la priorité des propriétés d'invariance (symétrie). Par invariance ou symétrie, il s'agit d'expliquer les traits fondamentaux de la nature en tant qu'ils se révèlent de la même façon à tous les observateurs, agissant selon les mêmes procédures ; on renonce à décrire le comportement des objets en un sens radicalement intrinsèque, on ne dit plus rien des forces en tant que substances car elles sont considérées comme données d'avance. Alors qu'en physique classique cette exigence d'universalité n'avait qu'une validité régulatrice par rapport à la forme des équations (étant entendu par ailleurs que celles-ci décrivent le vrai comportement des objets), depuis l'avénement de la relativité et de la mécanique quantique, elle a une valeur constitutive : la condition d'invariance devient la norme pour la recherche des transformations appropriées aux différents systèmes de référence.

Le renversement apporté par la physique au début du vingtième siècle consiste donc dans l'affirmation de la priorité de l'invariance (symétrie) au sens mathématique sur les propriétés intrinsèques de la nature. Or, cette priorité ne pourrait se confondre avec l'*a priori* transcendantal, puisque Kant s'est justement efforcé de distinguer celui-ci de l'*a priori* mathématique. Dira-t-on alors plus modestement que l'*a priori* au sens de l'invariance est simplement un préalable d'ordre méthodologique ? Il se fait que Kant lui-même nous donne les moyens de penser plus loin. La priorité au niveau constitutif de la mathématique sur la physique est déjà pour lui un fait de l'histoire sur lequel nous ne pouvons plus revenir. Comment les objets de l'expérience sont-ils accolés aux constructions mathématiques, comment ces dernières retrouvent-elles le donné empirique indépendant ? Il y a un aspect de la construction d'un objet mathématique qui, sans rendre possible le concept de cet objet lui-même, explique cependant la construction possible d'autres objets à partir de ce concept. Cet aspect est ce que Kant appelle la finalité objective contenue par exemple dans une figure comme le cercle[1]. Soit un triangle qu'il s'agit de construire à partir de deux données : la base et l'angle opposé. La construction est un problème indéterminé parce qu'elle peut se faire *a priori* d'une infinité de manières. Mais il se fait que le cercle contient d'avance toutes ces solutions, parce qu'il est le lieu géométrique de tous les triangles conformes à cette condition. Le cercle me permet de voir d'avance cette infinité de solutions comprises dans un espace délimité ; le cercle fait voir la finalité vers laquelle tendent les données, *i.e.* à quoi elles peuvent bien servir. Tout se passe comme si, grâce à l'adjonction du cercle aux données du problème, il n'y avait plus de différence entre l'anticipation des solutions (en pensée) et les solutions effectives (la construction dans l'intuition de ce qui est pensé). Kant étend ce raisonnement à l'histoire des mathématiques et de la physique. Les anciens géomètres connaissaient les sections coniques, et ils recherchaient leurs propriétés parce qu'elles étaient fécondes pour la solution d'un nombre considérable de problèmes possibles. Mais quelle est la finalité contenue dans ces figures ? Au XVIIe siècle les physiciens l'ont découverte : si l'on adjoint la loi de la pesanteur aux propriétés de la parabole, on peut comprendre la trajectoire des graves ; si l'on adjoint aux propriétés de l'ellipse la loi qui règle les distances des corps célestes à leurs centres d'attraction, on peut comprendre l'unité de tous les mouvements dans le système solaire. Faute de connaître cette application de leurs découvertes, les anciens géomètres ne trouvaient aucun autre moyen de fixer la finalité dans les constructions mathématiques que sur la « structure originaire des choses », qui elle-même renvoie à « l'origine de tous les êtres » au sens d'une idée platonicienne. Mais avec Galilée, Kepler et Newton, on ne peut plus dire que la finalité contenue dans les constructions mathématiques puisse être découverte indépendamment de l'expérience ; par conséquent, la raison détourne cette finalité de sa destination ontologique et la dirige sur le mouvement des corps ; cette manière de rendre intelligible le monde de l'expérience déleste celui-ci de tout son poids ontologique.

Pourtant les pionniers de la science moderne se sont réclamés d'un platonisme mathématique pour défendre la nouvelle intelligibilité du monde. Car rien n'empêche encore de concevoir une sorte d'ontologie mathématique, où l'expérience que nous avons des objets n'est elle-même qu'un moyen disposé intentionnellement à notre égard pour nous permettre de remonter jusqu'à leur appartenance à une origine indépendante de nous. Cette grande admiration de la nature, dit Kant, est progressivement devenue une *extravagance* ; songeons à l'agnosticisme mathématique d'un Newton, pour qui le réglage entre ce qui se tient en dehors de la raison et ce qui se tient dans notre propre raison relève d'une sorte d'arrangement providentiel. De cette extravagance Kant ne veut retenir que l'*étonnement.* En mathématique pure, donc indépendamment de choses données en dehors de moi, la finalité intellectuelle reconnue dans la construction des figures n'exige pas comme fondement une fin déterminée ; la finalité en question est purement formelle et non réelle, et elle ne renvoie à une fin déterminée que si l'on partage le douteux enthousiasme d'un Platon pour tout ce que l'âme peut puiser en elle comme si elle y trouvait son propre principe suprasensible. Certes pour des choses existantes organisées selon un certain ordre et une certaine régularité (comme un jardin anglais) la finalité sera bien réelle, et dépend donc d'une fin déterminée. Mais qu'en est-il maintenant pour l'objet qui nous occupe, savoir *l'essence des choses,* dans la mesure où cette essence se prête à la construction mathématique ? L'adjonction du cercle dans le cas de la construction des triangles, ou l'adjonction de la loi de la pesanteur à la parabole, exigent un rapport intellectuel à des données dans l'intuition. L'unité des diverses règles ainsi mises en œuvre par l'adjonction « apparaît comme si, empiriquement, elle avait un fondement des règles extérieur et distinct de notre faculté de représentation ». C'est en vertu de ce « comme si » que notre admiration d'une finalité perçue dans l'essence des choses est incontournable, c'est dans cette illusion inévitable que loge son fondement légitime. Dans la découverte de la loi de la gravitation universelle, par exemple, rien ne laissait prévoir cette conformité inattendue entre l'objet et notre manière de comprendre selon des règles ; l'esprit aurait toujours pu passer à côté de la conformité en question, qui nous frappe donc comme contingente en soi. Mais l'erreur serait de voir le côté seulement objectif de l'illusion, d'attribuer la finalité dans l'essence des choses au spectacle des liaisons finales de la nature. Du point de vue subjectif, l'espace dans lequel les constructions s'effectuent n'est pas un état de choses en dehors de moi, mais la condition de toutes les représentations ; à titre de condition, je peux me représenter dans l'espace arbitrairement n'importe quoi, c'est-à-dire qu'en vertu du caractère arbitraire de toute synthèse mathématique, il y aura toujours plus dans la possibilité de la construction en général que dans toutes les constructions possibles qui en résultent. Donc, quand je trace une figure, « je fais entrer moi-même la finalité dans la figure que je trace conformément à un concept ». Bien que toute construction soit conforme à un concept, au moment de la construction je ne connais justement pas encore ce concept, et c'est pourquoi je ne peux éviter la tentation d'attribuer à la découverte d'une conformité entre la construction et un état de choses réel l'action d'une fin quasi-providentielle qui dirigeait mon esprit. Mais Kant rejette la finalité qui rendrait le concept de l'objet lui-même possible. Par conséquent, si l'on ne veut pas s'en tenir à une fin déterminée extérieurement, il revient à la *réflexion* de chercher l'universel qui correspond à la finalité encore non reconnue que nous faisons entrer nous-mêmes dans la figure. Parce qu'elle ne présuppose aucune fin déterminée, la réflexion ne met à notre disposition, pour chercher l'universel correspondant vraiment aux objets donnés, que des règles hétérogènes les unes vis-à-vis des autres ; pourtant, nous sommes aussi aidés dans cette recherche par le fait des réussites antérieures, *i.e.* le fait même de l'existence d'une physique mathématique au sens de Galilée ou Newton, et c'est pourquoi (comme l'annonçait la préface à la deuxième édition de la *Critique de la Raison Pure*) la réflexion procède par analogie avec le *fait* des sciences exactes pour reconnaître *a priori* comme vraie la combinaison des règles hétérogènes selon un principe purement intellectuel d'unification. Evidemment, malgré la présence de ce principe qui guide la recherche vers l'universel, avant de le trouver la raison doit s'attendre à essuyer plus d'un échec et plus d'une humiliation devant les faits bruts qui ne correspondent pas d'emblée aux principes qui se trouvent déjà dans l'esprit. En cas d'incompatibilité, génératrice de doute, le choc produit dans l'esprit ce que Kant appelle l'étonnement. Mais la disparition du doute à l'occasion de la mise à jour d'une compatibilité (comme la loi de gravitation universelle) n'entraîne pas la disparition de l'étonnement, qui laisse toujours des traces dans le résultat final parce que nous ne saurons jamais pourquoi la vérité ne pouvait survenir du premier coup ; il y a dans l'histoire un sens ultime de contingence, qui entraîne que la compatibilité parfois spectaculaire entre la forme de l'intuition sensible avec la faculté des concepts demeure finalement inexplicable. Par conséquent, « l'admiration est un étonnement toujours renaissant » ; au lieu de freiner notre esprit dans la satisfaction sans limite qui est l'apanage d'un enthousiasme douteux, l'accord soudain entre la pensée et la représentation sensible procure à l'âme une « ampleur » qui lui fait pressentir quelque chose qu'elle ignore (l'indice d'un désaccord) au sein même de la connaissance.

Or, c'est précisément cette présence du désaccord dans l'accord entre l'*a priori* et l'empirique (désaccord où pointe l'au-delà de l'expérience comprise présentement) qui justifie toute la stratégie des *Premiers Principes*, où les propositions mathématiques sont considérées conjointement avec les propositions métaphysiques. Insistons encore sur l'apparentement entre la mathématique et la métaphysique, qui fut notre point de départ au chapitre 3 ; on ne peut résoudre la problématique des *Premiers Principes* en disant que la mathématique intervient comme « moyen » pour la connaissance de la nature *après* que la métaphysique ait pourvu explicitement la raison en concepts dignes d'être construits[2]. En effet, les concepts mathématiques peuvent *toujours* être construits arbitrairement, et c'est précisément la gêne persistante causée par l'arbitraire dans l'esprit qui lui procure cette ampleur inquiétante digne de la métaphysique et de son souci de l'être. Dans la Dynamique des *Premiers Principes*, après avoir rappelé que la possibilité de la construction du concept de matière repose sur un double fondement, savoir l'elasticité (force de répulsion) et la pesanteur (force d'attraction), Kant se lance alors dans une série de *constructions possibles*, présentées seulement à titre d'essai[3]. Alors que la possibilité de la construction détermine la possibilité réelle d'un concept, la construction possible résulte seulement de ce qui s'y laisse concevoir sans contradiction (analytiquement). Kant utilise ici la notion d'action à distance comprise sous le concept d'attraction comme condition pour toute tentative de déduction *a priori* de la forme de la loi de la gravitation universelle. Il part d'une analogie entre la diffusion de la lumière et la propagation de l'attraction : afin de préserver une continuité dans la propagation de l'action, toutes deux doivent être considérées comme se répandant en surfaces sphériques, non selon les rayons qui divergent d'un point central ; peut-être alors aurait-on les éléments nécessaires pour construire la diminution de la force d'attraction en raison inverse du carré de la distance (quelconque) qui sépare deux corps. Kant propose aussi, mais de son propre aveu d'une manière encore beaucoup moins sûre, une représentation de la diminution de la force de répulsion (à l'échelle microscopique seulement) selon l'inverse du cube des distances. Aux petites distances, la répulsion croît donc plus vite que l'attraction, et on obtiendrait de la sorte un modèle (une construction possible) pour comprendre la possibilité d'une masse avec une étendue assignable.

C'est dans l'importante section 38 des *Prolégomènes* que Kant réfléchit avec toute la profondeur voulue sur le principe qui permet de passer de la possibilité de la construction à des constructions possibles. Il le fait à l'occasion d'une dérivation *a priori* de la loi de la gravitation universelle où les principes transcendantaux de constitution de l'objet d'expérience n'interviennent pas. De fait, dans toute métaphysique de la science de la nature, l'*a priori* se partage entre deux éléments : la mathématique appliquée aux phénomènes et les principes discursifs[4] ; la dérivation qui va suivre relève essentiellement de la mathématique appliquée au sens de construction possible, puisque jamais Kant ne soutient que cette loi est une proposition synthétique *a priori* ou qu'elle a un statut catégorial quelconque.

Rappelons le problème du passage de la mathématique au monde empirique donné tel que la physique voudrait le comprendre. Il s'agit de combiner deux sens de l'unité dans le divers sensible : d'une part l'unité qui est donnée (selon l'intuition formelle), et d'autre part l'unité à laquelle tend ce divers (par le schématisme). Kant va démontrer que la loi de la gravitation est une loi *a priori* de l'entendement dans son *usage mathématique*, qui n'est pas le même que l'usage empirique. Il le fait *en creusant progressivement dans l'unité* qui est la première des trois catégories de quantité, afin d'arriver finalement à la totalité via la pluralité[5]. Soit une figure mathématique (le cercle) dont on peut tirer plusieurs lois (comme une loi d'égalité de certains segments que le cercle divise), à partir de sa simple unité donnée. On demande : suffit-il de lire une loi à même le cercle en son apparence phénoménale, ou bien est-ce l'entendement qui l'y introduit ? Dans chaque loi on trouvera, dit Kant, une condition mise par l'entendement, sans quoi les preuves de cette loi ne sont pas intelligibles. Ensuite, on va « poursuivre encore plus loin l'unité des propriétés diverses des figures géométriques » en passant à la pluralité des sections coniques, dont le cercle est un cas particulier ; une loi d'égalité de segments devient alors une loi de rapports égaux entre segments. Finalement, le passage à la totalité est aussi le passage à la nature matérielle, car dans une loi comme celle de l'attraction universelle, les rapports d'égalité (en l'occurrence : la loi de l'inverse carré) ne dépendent plus de la délimitation d'un espace (comme c'est le cas en mathématique). La loi renvoie à la totalité dans la mesure où une diminution (l'intensité de la force) est liée à une accroissement (les surfaces sphériques où cette force s'étend), et par conséquent elle révèle en dernière analyse « le fondement de l'unité de la construction de ces figures ». La conclusion est la suivante :

> « La simple forme universelle de l'intuition, qui s'appelle l'espace, est bien ainsi le substrat de toutes les intuitions déterminables pour des objets particuliers, et c'est en lui que réside la condition de la possibilité et de la diversité de celles-ci ; mais l'unité des objets n'est pourtant déterminée que par l'entendement, et bien entendu suivant des conditions qui résident dans sa nature propre ».

En creusant des niveaux successifs de généralité dans l'unité, l'espace comme forme pure de la sensibilité a été amené au point il contient à la fois la possibilité de la construction et une diversité de constructions possibles. De la sorte, la construction mathématique réussie, celle qui a « trouvé » la finalité adéquate à son concept, permet finalement de réduire le schématisme à rien : la loi de gravitation ne tend pas à unifier, tout simplement elle unifie les données éparses de l'expérience des objets dans l'espace, de sorte qu'en fin de compte l'entendement est bien « l'origine de l'ordre universel de la nature ».

Tout l'argument qui mène à cette conclusion radicale est introduit par une remarque préjudicielle capitale :

> « Quand on considère les propriétés du cercle, propriétés par lesquelles cette figure réunit immédiatement en soi tant de déterminations arbitraires de l'espace sous une règle universelle, l'on ne peut s'empêcher d'accorder une nature à cette chose géométrique ».

Kant associe ici une « nature » (donc une existence) à la figure géométrique, alors que la préface des *Premiers Principes* avait déclaré qu'on ne pouvait lui associer qu'une essence. Kant veut-il dénoncer ici une erreur, savoir que, tant que l'on essaie de dériver les lois géométriques en inspectant directement des figures individuelles, on prend l'image de la figure pour son schème, ce qui va nous faire manquer la fonction de l'entendement dans la construction des concepts géométriques, fonction qui n'apparaîtra clairement plus loin que lorsque le schématisme est rétabli[6] ? Mais rien n'indique qu'une « nature », pour être accordée à une chose, réclame une image de cette chose. Il est plus plausible d'admettre que Kant se pose ici la question de savoir comment en mathématique sont réussies des constructions possibles lorsque l'on a déjà en vue leur usage en physique, donc comment la finalité incluse dans le concept (mais sans qu'elle soit d'abord reconnue, donc tant que l'on se fixe sur la nature de la chose géométrique) passe finalement dans la possibilité de cette chose même, indépendamment de sa nature. Or, ayant poussé jusqu'à l'astronomie et la loi de l'inverse carré, on voit que, comme l'usage physique qu'on avait en vue au départ semble confirmé, on sera tenté de conclure que la force à laquelle se réfère la loi « semble résider nécessairement dans la nature des choses mêmes, [ce qui] par suite aussi a coutume d'être présenté comme connaissable *a priori* ». La suite du texte montre qu'il faut dissocier ces deux idées ; leur association résulte seulement de l'adoption non critique d'un platonisme mathématique par trop naïf, monnaie courante des physiciens du XVIIe siècle. Car là où la mathématique réussit son application, on n'a pas encore maîtrisé la possibilité d'une connaissance *a priori.* D'autant plus grande est la tentation d'entendre par connaissance *a priori* un moyen d'entrer dans la nature des choses que, dans le cas envisagé ici, on accomplit beaucoup avec très peu de moyens, puisqu'on arrive finalement à englober tout « un système du monde »[7].

Pour arriver à une interprétation correcte du pouvoir de la connaissance *a priori,* Kant pose derechef à l'égard de la physique mathématique la question qu'il avait déjà soulevée à propos de la mathématique :

> « Il y a donc une nature qui repose sur des lois connues par l'entendement *a priori,* et surtout par des principes universels de détermination de l'espace. Et maintenant voici ma question : ces lois physiques se trouvent-elles dans l'espace, et l'entendement les apprend-il en cherchant seulement à découvrir le sens fécond que l'espace contient, ou ces lois de la nature se trouvent-elles dans l'entendement et dans la manière dont il détermine l'espace suivant les conditions de l'unité synthétique vers laquelle converge l'ensemble de ses concepts ? »

La réponse favorise bien entendu l'entendement au détriment de l'espace, mais la raison invoquée montre précisément ce que veut dire connaître *a priori* une nature matérielle. La première conséquence du choc de l'empirique, comme l'avait admis la *Critique de la Raison Pure* dans sa première édition, c'est que la forme de l'intuition sensible, tout infinie qu'elle soit, n'est plus suffisante pour englober « l'incommensurable diversité des phénomènes »[8]. Dans la section 38 des *Prolégomènes* Kant dit la même chose pour l'espace, qui est « quelque chose de si uniforme et de si indéterminé par rapport à toutes les propriétés particulières » découvertes grâce aux mathématiques. Suite à la démission de l'espace comme condition de possibilité, l'entendement prend alors le relais : ses lois montrent comment les lois empiriques sont d'abord possibles.

2. *La Phénoménologie, ou comment la réflexion surgit de l'irréflexion*

La Phoronomie est partie d'une définition de la matière comme objet des sens externes, c'est-à-dire l'objet en relation aux facultés cognitives. On a vu comment graduellement le sujet connaissant se déleste de ses prérogatives, passant de la mobilité pour soi dans la Dynamique à l'opposition radicale entre matière et conscience vivante dans la Mécanique. La Phénoménologie marque le retour de la priorité du sujet connaissant sur son objet. Elle définit la matière comme mobile « en tant qu'il peut, comme tel, être objet d'expérience ». Ce retour correspond à un mouvement similaire dans les principes de l'entendement pur, où les trois catégories de modalité donnent lieu aux trois Postulats de la Pensée Empirique en Général. Mais aussi bien dans la Phénoménologie que les Postulats, ce retour n'indique une nouvelle détermination de l'objet qui ajouterait quelque chose à la connaissance ; il désigne seulement une reprise en compte explicite des capacités réflexives du sujet sur un contenu déterminé par ailleurs.

En un sens restreint, un principe de la modalité est parfaitement identique à un postulat mathématique, dans la mesure où ce dernier également n'ajoute rien à la connaissance de l'objet ; le postulat mathématique n'est rien de plus qu'une règle pratique pour se donner comme immédiatement certains un objet et le concept qui lui correspond, et c'est pourquoi il est indémontrable[9]. Certes un postulat de la pensée empirique doit pouvoir être démontré, sinon il ne serait pas conforme à la critique ; mais au lieu d'une démonstration au sens rigoureux du terme, nous aurons une « déduction de la légitimité »[10] de chaque principe, ce qui peut se comprendre ici comme un exercice de la réflexion. Alors que la Troisième Analogie avait poussé la mathématique au plus près de la connaissance transcendantale parce que celle-ci avait perdu son pouvoir schématisant au sens temporel, le mathématique et le transcendantal se reconnaissent ici parfaitement en leur retrait commun vis-à-vis de toute addition à la connaissance.

Un principe de l'entendement pur nous fait comprendre la possibilité des choses selon les catégories. Or, réfléchir sur un principe revient à « présenter la réalité objective »[11] des catégories, c'est-à-dire que les principes de la modalité consistent à schématiser les autres principes de l'entendement pur. Mais quel est le sens de cette nouvelle schématisation, puisque le principe de la succession a élargi le schématisme au point que celui-ci donne déjà tout ce qu'il peut donner selon la progression dans le temps ? La règle de succession ne s'applique pas indistinctement aux objets de l'expérience. Ainsi, si j'aperçois une boule placée sur un coussin moelleux, je sais d'avance grâce à la règle que la boule est la cause du creux imprimé au coussin ; la règle indique, avant même l'expérience, que si je refais dans l'expérience l'opération de poser une boule sur le coussin, celui-ci prendra la forme en question ; l'antériorité de la cause est prouvée par le simple fait que je ne dois pas vraiment refaire ce qui est déjà fait devant et indépendamment de moi. Mais inversement, la règle est impuissante si la possibilité du refaire n'est pas suggérée par l'objet de l'expérience : par exemple « si le coussin a (je ne sais d'où) un petit creux, il ne s'ensuit pas la présence d'une boule de plomb ». Incontestablement, dans un tel cas, la règle de causalité reste présente dans l'esprit, mais elle n'est pas activée. Au lieu d'une relation dynamique entre deux termes indépendants du sujet, il ne reste pour l'esprit qu'à penser plus avant la relation pour parvenir à la relation de la relation. Dans cette reprise subjective de la relation, qui constitue le passage aux Postulats de la Pensée Empirique, la réflexion prend le relai du schématisme.

Ajoutant la seule faculté de connaître au concept d'une chose, l'objet est dit *possible* lorsqu'il est relié dans l'entendement avec les conditions formelles de l'expérience (l'espace et le temps dans les Axiomes de l'Intuition) ; il est *réel* lorsque la liaison dans l'entendement se fait avec la sensation (Anticipations de la Perception) ; il est *nécessaire* lorsqu'une telle liaison est déterminée comme enchaînement de perceptions (passage à l'existence dans les Analogies de l'Expérience). Fait remarquable, qui montre combien le schématisme au sens de détermination dans le temps est épuisé : cette seconde schématisation réclame toujours des intuitions extérieures (spatiales). Ainsi, pour le concept de substance, l'intuition de quelque chose de permanent demande une intuition dans l'espace, non plus du temps : c'est la matière ; pour le concept de causalité, l'intuition du changement demande cette autre intuition dans l'espace qu'est le mouvement (alors que dans l'Esthétique Transcendantale il fallait aussi le temps)[12] ; c'est seulement ensuite, et par l'intermédiaire de l'espace, qu'on peut chercher à appliquer la présentation des principes au sens interne[13], comme si l'espace était un intermédiaire entre les catégories et leur schématisme temporel. On voit donc comment les principes de la modalité sont en correspondance directe avec les trois premiers chapitres des *Premiers Principes* ; de fait, définissant la matière en relation aux facultés cognitives, la Phoronomie est d'emblée une phénoménologie. Dans la Phénoménologie proprement dite, la question est de savoir comment il faut penser une chose matérielle pour qu'elle puisse être déterminée conformément au prédicat du mouvement. Comparée aux trois premiers chapitres des *Premiers Principes*, où le sujet se débarrasse petit à petit de ses prérogatives au profit de celles de la matière, la Phénoménologie est bien une réflexion sur eux parce qu'elle accomplit la démarche inverse : comment retrouver la priorité du sujet ? Elle comporte trois Théorèmes qui font passer du prédicat de mouvement comme possible à ce prédicat comme réel, et enfin du réel au nécessaire. De la sorte, on progresse du phénomène (la chose donnée d'une manière tout à fait brute) à l'expérience (l'enchaînement des phénomènes), et de l'expérience à la raison ; c'est au niveau de la raison que le concept redevient premier, parce qu'elle contient la condition qui fait de la réalité un résultat du concept.

Mais quand bien même la réflexion à l'œuvre tant dans les Postulats de la Pensée Empirique que dans la Phénoménologie implique une transition parallèle du temps à l'espace, il reste que le schématisme spatial appliqué aux principes de l'entendement pur enlève à ces derniers ce que les prérogatives du renversement copernicien ont d'incontournable. En effet, il est parfaitement compatible avec le monde de la vie pré-copernicien, qui ne réclame ici aucune correction : « nous ne pouvons percevoir toute détermination du temps que par le changement dans les rapports extérieurs (le mouvement) relativement à ce qui est permanent dans l'espace (par exemple le mouvement du soleil par rapport aux objets de la terre) »[14]. Passant à la science de la nature, il va s'agir dans la Phénoménologie de retrouver les prérogatives coperniciennes : cela ne pourra se faire qu'en érigeant l'espace absolu au statut de règle.

Entre le phénomène qui dépendrait exclusivement des sens et le phénomène considéré sous l'angle de la représentation copernicienne du monde, il y a un abîme, qui nous a fait justement disqualifier la notion de phénomène empirique brut comme point de départ de la connaissance selon la critique. Dans les trois théorèmes de la Phénoménologie qui vont suivre, il ne s'agira pas, dit Kant, de transformer l'apparence *(Schein)* en vérité, mais plutôt le phénomène *(Erscheinung)* en expérience (qui est un enchaînement de tous les phénomènes)[15]. Dans le premier cas, il s'agirait de départager ce qui relève du sujet et ce qui relève de l'objet, afin d'éviter le danger toujours possible d'une subreption transcendantale (ou amphibolie). C'est le second cas qui nous retient, parce que « dans le phénomène... il n'entre aucun jugement de l'entendement », c'est-à-dire aucune médiation ; dans un jugement, la connaissance de l'objet au moyen du concept est médiate (seule l'intuition se rapporte immédiatement à son objet), c'est-à-dire que le concept vaut pour plusieurs représentations[16], de sorte que le problème de l'objectivité est toujours de savoir quelle est, dans un jugement donné, *la* représentation qui se rapporte *directement* à un objet. Que notre connaissance prenne l'apparence pour la vérité, le phénomène en tant que tel n'y est pour rien ; la responsabilité en incombe entièrement à l'entendement, parce que celui-ci détient la clé de l'*origine* de nos représentations sensibles (origine qui définit un concept d'objet pour l'entendement pur). Ainsi, dans la vision pré-copernicienne du monde, les planètes sont représentées dans leurs mouvements de progression et de rétrogradation, mais il n'entre là aucun jugement de l'entendement ; passant à la nature objective du jugement au point de vue copernicien, on dira que les planètes semblent seulement rétrograder alors qu'elles ne le font pas en réalité, mais le risque de prononcer un jugement faux trahit bien sa référence à cette « semblance »[17].

Pourtant, il reste un sens en lequel on peut dire que le phénomène engendre par soi la vérité, alors même qu'aucun jugement n'y intervient. L'enchaînement des phénomènes empiriques bruts peut aussi être rendu intelligible au moyen du simple *usage* des règles de l'entendement, non leur origine ; une autre distinction s'ensuit entre l'apparence trompeuse et la vérité, qui tient seulement à notre précipitation ou au contraire à notre circonspection dans l'usage de ces règles. Il peut alors arriver que, sans aucune décision sur la nature de l'objet, je me trouve cependant dans la vérité ; mais c'est une vérité qui vit tant qu'elle vit dans l'ignorance d'une erreur de la réflexion. Par exemple, les propositions de la géométrie sont valables pour tous les objets des sens « bruts », que l'espace soit une forme pure de la sensibilité ou une propriété inhérente aux objets ; je ne m'inquiète de savoir ce qu'il en est de la nature de l'espace que si je m'intéresse à l'origine de ces représentations. Mais toujours sans m'intéresser à l'origine des représentations, donc du sein même de l'irréflexion, il y a encore un moyen de retrouver la distinction entre l'apparence et la vérité au sens qui sera celui de la réflexion : si je dépasse les limites de l'expérience possible en poussant imperceptiblement depuis le champ empirique jusque dans son au-delà, si donc je confonds le phénomène et la chose en soi sans même m'apercevoir d'une influence pernicieuse de la sensibilité sur l'usage des règles de l'entendement, alors je tombe dans l'apparence trompeuse qui me trompera toujours, selon les règles de la *raison* : c'est l'apparence transcendantale, avec les règles de contradiction propres aux antinomies[18].

Or, le passage à la faculté de la raison est bien le but visé dans la progression des trois théorèmes de la Phénoménologie, alors que les Postulats de la Pensée Empirique s'en tiennent à l'entendement. Le Théorème 1 (modalité du mouvement au point de vue de la Phoronomie) traite du phénomène brut du mouvement rectiligne, dans son rapport non médiatisé au sujet ; à ce niveau, qui reprend le Principe de la Phoronomie, la distinction entre l'espace relatif et l'espace absolu est un pur choix, sans qu'intervienne aucune règle. Mais du sein de cette irréflexion sur le mouvement comme prédicat simplement possible va se dégager la nécessité d'une réflexion. Dans le Théorème 2 (modalité du mouvement du point de vue de la Dynamique), on voit que le choix n'est plus indifférent au niveau de l'expérience (s'il était toujours indifférent on retomberait sur l'apparence au sens de *Schein*). En effet, le mouvement circulaire constitue un enchaînement de phénomènes, donc un prédicat réel de la matière, dans la mesure où il est définissable comme un changement de changement : le mouvement rectiligne, qui est un changement continu de relation vis-à-vis de l'espace, change lui-même de direction à chaque instant. Cette naissance continue de mouvements nouveaux est imputable à une cause motrice externe, qui fait du mouvement circulaire d'un corps un mouvement réel, puisque le mouvement de l'espace en une direction opposée n'est certainement pas imputable à une force motrice ; tandis que l'opposition de la matière et de l'espace quant à leur mouvement n'était que subjective dans le premier théorème, elle est devenue objective dans le deuxième. Il se fait donc que l'enchaînement des phénomènes (le mouvement rectiligne qui change continuellement) *contredit* le phénomène dont on est parti. Enfin le Théorème 3 (modalité du mouvement du point de vue de la Mécanique) invoque la faculté de la raison pour tenter de résoudre la contradiction entre les deux premiers moments. Le deuxième moment a créé un paradoxe qu'il s'agit de résoudre.

Le paradoxe en question, que Kant présente brièvement dans la Remarque qui suit le Théorème 2, renvoie directement à la célèbre expérience de Newton sur le seau en rotation et les deux globes en rotation dans un univers vide[19]. D'après Newton, il doit être possible d'établir le mouvement circulaire sans référence aucune à un espace matériel qui serait l'objet d'expérience servant à la comparaison. Des mouvements équivalents du point de vue cinématique ne le seront plus du point de vue dynamique, en raison de l'apparition de variations mesurables sur certaines forces. À partir des forces observables, Newton établit l'espace absolu en passant par le mouvement absolu, ce qui permet en retour de rendre les forces intelligibles[20]. Dans un seau en rotation, l'eau accélère par entraînement en partant du repos : par rapport à quoi accélère-t-elle ? Comme la surface de l'eau est successivement plane et concave lorsqu'il y a accélération relative par rapport au seau, le mouvement circulaire vrai ne peut être défini par rapport aux corps ambiants. Newton ne conclut jamais directement à l'espace absolu, mais énonce seulement que du point de vue dynamique on peut couper net la synthèse indéfinie des mouvements relatifs : il n'y a *qu'un seul* mouvement circulaire réel associé à un corps en rotation[21]. Newton poursuit en disant qu'il est certes difficile de distinguer entre le mouvement vrai et le mouvement apparent, mais pourtant la chose n'est pas complètement désespérée : en effet, les mouvements apparents sont des différences de mouvements vrais. Par exemple, si je me déplace sur un bateau en mouvement, le mouvement vrai et absolu est la somme du mouvement vrai de la terre et du mouvement relatif du bateau sur la terre. L'expérience des deux globes en rotation est présentée comme argument général en faveur de cette solution. La tension dans la corde qui relie deux globes en rotation autour de leur centre commun de gravité doit permettre de calculer la quantité de mouvement circulaire en chacun d'eux. En effet, les calculs donneraient les mêmes résultats si l'univers était complètement vide à l'exception des deux globes. Ce qu'on peut voir en ajoutant subitement les étoiles. Certes il faut d'abord accepter l'équivalence cinématique des hypothèses, c'est-à-dire que nous ne pourrons pas dire si ce sont les deux globes ou les étoiles qui sont en rotation vraie. Toutefois, si la tension mesurée dans la corde correspond exactement à celle à laquelle on s'attend lorsque les globes sont en mouvement, il suffira alors d'inspecter la translation des globes par rapport aux étoiles supposées fixes pour déterminer leur mouvement vrai.

Il n'en demeure pas moins que tout cet argument, basé sur l'expérience initiale de la force centripète dans le seau, ne conduit nullement à prouver la valeur opérationnelle de l'espace absolu ; le passage à un monde idéalisé où seuls existent les deux globes ne fait que prouver l'existence d'une loi entre forces imprimées et variations de tension[22]. Dans la physique newtonienne, le seul absolu en un sens opérationnel reste la force centrifuge, dont la gravité est l'exemple par excellence. Kant résume le paradoxe : « le mouvement circulaire de deux corps autour d'un centre commun (donc aussi la rotation de la terre sur son axe) même dans l'espace vide, c'est-à-dire sans que l'expérience fournisse aucune comparaison possible *avec l'espace externe,* peut être néanmoins connu par l'expérience » ; autrement dit, l'espace vide absolu ne prouve rien, mais on peut l'ajouter comme un argument supplémentaire en faveur de la validité des connexions dynamiques entre forces observables et forces réelles.

La résolution du paradoxe nous conduit au Théorème 3 : « Dans tout mouvement par lequel un corps est mouvant relativement à un autre corps, un mouvement égal et contraire de ce dernier corps est *nécessaire* ». La démonstration repose sur la réalité du mouvement de deux corps, dont la communication implique la communauté de leurs forces motrices originelles (c'était le dernier théorème de la Mécanique). Entre un corps mû et un corps susceptible d'être mû par lui, il y a une relation de possibilité entre deux réalités ; la nécessité de la relation entre le possible et le réel est donc un concept de la raison, non le résultat de l'influence de forces extérieures. S'il s'agissait de forces, on passerait au troisième moment, synthèse des deux premiers, comme si celui-ci était seulement un prédicable (un concept *a priori* de l'entendement mais dérivé) ; pour que le troisième moment soit bien un acte particulier de l'esprit et non un prédicable, il faut passer de l'entendement à la raison.

Mais la démonstration implique que l'espace absolu soit maintenant pris « comme une idée qui doit servir de règle »[23], c'est-à-dire qu'on réfléchisse aussi loin que la raison nous le permet sur son statut opérationnel possible. La règle dit comment déterminer les mouvements vrais sans référence à l'espace empirique mais néanmoins dans l'espace absolu, et ce dans les trois cas imaginables : le mouvement rectiligne, le mouvement circulaire et le mouvement par communication. Le concept d'espace absolu, qui sert de fondement à tous les cas possibles, est un « concept étrange » et il faut essayer de comprendre « sur quoi repose la nécessité de l'employer »[24] (c'est la nécessité opérationnelle). La règle doit permettre de concilier deux conséquences fondamentales de tous les *Premiers Principes,* qu'on peut présenter sous forme de deux prémisses du raisonnement :

(1) « tout mouvement et tout repos sont relatifs » ;
(2) « il n'est pas possible d'avoir un concept du mouvement ou du repos, dans l'espace relatif, qui vaudrait *pour tout phénomène* »[25].

On passe des êtres relatifs à des êtres dans le relatif. La tentative de conciliation sous l'égide de l'espace absolu comme règle va aboutir à une série de *conflits* emboîtés les uns dans les autres ; ce sont les phénomènes eux-mêmes qui vont se laisser guider vers une situation quasi-antinomique.

Pour déterminer le mouvement rectiligne d'un corps sans rapport à l'espace empirique, mais néanmoins dans l'espace absolu qui ne tombe pas sous les sens (premier cas), il faut spécifier que le corps est conçu « comme immobile par lui-même » *(an sich ruhig),* alors que l'espace relatif est en mouvement en sens opposé[26]. Le Principe de la Phoronomie se trouve ainsi restreint grâce à la règle parce que le concept du mouvement et du repos strictement relatifs bascule entièrement du côté de l'espace, au détriment des corps. Mais l'immobilité par soi contredit à la fois la prémisse (1) en ce qui concerne les corps et la mobilité par soi qui est la qualité fondamentale de la matière sous le rapport de la Dynamique. La mobilité pour soi est-elle alors le fondement du mouvement absolu des corps ? Mais passant au mouvement circulaire (deuxième cas), on a vu dans le

Théorème 2 que la rotation de la terre autour de son axe *semble* être un mouvement absolu (le mouvement du ciel ne peut être échangé avec lui), ce qui contredit la prémisse (2) puisqu'on a au moins l'exemple d'un mouvement qui est relatif à son propre espace. Ici Kant fait intervenir sa théorie selon laquelle le mouvement relatif à soi ne peut pas compter comme mouvement absolu, parce qu'il est seulement *vrai.* Le mouvement vrai désigne le changement continu des parties du corps entre elles. Ainsi, la contradiction dans le cas du mouvement circulaire nous fait retomber de force sur la problématique dont la Phénoménologie ne voulait pas s'occuper : la passage de l'apparence trompeuse à la vérité.

Mais Kant trouve le moyen de prouver que l'opposition entre cette apparence et la vérité est secondaire. Elle est dérivable à partir d'une considération plus fondamentale, qui nous ramène directement à l'essence du renversement copernicien tel qu'il est mis en œuvre par la critique. Les étoiles sont trop éloignées pour que l'on puisse effectuer directement un test dynamique sur les deux hypothèses en présence : d'une part le mouvement de la terre et les étoiles au repos, d'autre part la terre au repos et les étoiles en rotation. Or, du point de vue phoronomique, les deux hypothèses sont équivalentes, puisque le mouvement présumé vrai de la terre n'*apparaît (erscheint)* pas comme tel ; du point de vue de ce qui apparaît effectivement (*i.e.* le phénomène au sens phoronomique), la terre pourrait tout aussi bien être au repos. De fait, il n'y a de prime abord pas du tout de phénomène de mouvement : *d'eux-mêmes* les objets sur la surface de la terre ne s'envolent pas, et les parties de la terre restent bien attachées les unes aux autres. Pourtant, si nous considérons notre voisinage immédiat et la capacité que nous avons d'expérimenter *activement* (au lieu de se contenter du spectacle d'une terre parfaitement tranquille), l'expérience permet de mettre en évidence le mouvement de rotation de la terre sur son axe, même si elle était plongée dans un espace vide infini. Kant cite le phénomène de la diminution constante de l'attraction par tendance à s'échapper ; ou encore il imagine une pierre qui tombe vers le centre de la terre dans ouverture creusée de part en part, mais dont la chute est continuellement déviée d'ouest en est[27]. Kant vise dans tout ceci à dériver l'opposition apparence/vérité de ce qui émerge maintenant comme une opposition entre le phénomène et l'expérience. Du point de vue passif, le phénomène en question (le changement du rapport de la terre au ciel étoilé) ne donne aucune prise à un enchaînement de phénomènes (une expérience) ; le passage à l'enchaînement est bloqué du fait que le phénomène « peut provenir de deux fondements opposés dans les faits »[28]. Kant définit alors le mouvement vrai en sa différence avec le mouvement absolu : « un changement continu des relations des matières entre elles », où l'espace absolu n'intervient pas. Cependant il ajoute aussitôt que le mouvement vrai est *représenté* dans l'espace absolu. Pourquoi ?

Ici Kant revient à l'expérience des deux globes de Newton et présente sa propre version d'une expérience soi-disant équivalente. Si la seule gravitation agissait entre deux portions de matière terrestre diamétralement opposées, elles se rapprocheraient l'une de l'autre ; comme ce rapprochement n'est pas observé, c'est qu'un écart mutuel entre ces parties est continuellement renouvelé. Si seule la pesanteur entrait ici en jeu, on n'aurait effectivement plus besoin d'espace absolu puisque la gravitation (comme l'a montré la Dynamique, contre Newton) est une propriété essentielle des corps. Mais la compensation ne peut être attribuée à l'autre force essentielle de la matière, la répulsion, puisque la restauration de l'écart mutuel résulte seulement du mouvement. Il ne reste donc qu'à admettre que ce mouvement est réel dans l'espace absolu.

Finalement, pour maintenir que la gravitation est bien une propriété essentielle de la matière, donc une présupposition de toute la physique newtonienne, il faut admettre le vide. Un éther répandu à travers tous les espaces cosmiques serait un obstacle à l'affirmation de l'universalité de la loi de la gravitation. Par exemple, la troisième loi du mouvement serait inutilisable, puisque l'action et la réaction entre deux planètes devraient aussi s'appliquer au milieu qui les sépare[29]. Que la gravitation soit une propriété essentielle de la matière assure en général la possibilité de la construction, qui repose sur des données impossibles à comprendre plus avant. Pourtant il y a d'autres arguments qui plaident contre l'espace vide, comme l'éther (une compression exercée partout qui ferait en sorte que la matière se répand spontanément dans les espaces vides) ou encore la possibilité d'une résistance des espaces remplis, conçue aussi petite que l'on veut afin de préserver le mouvement libre des corps célestes. L'espace vide est donc lui aussi un inconcevable, mais cette inconcevabilité assure au moins la possibilité de l'expérience. Les *Premiers Principes* s'achèvent sur ce contraste : « il pourrait bien devenir inutile d'admettre un espace vide pour permettre le mouvement libre et durable des corps célestes »[30] ; la question ultime porte seulement sur l'usage de ces concepts, non sur leur origine. L'inconcevable espace vide est irréconciliable avec cet autre inconcevable qu'est la force de gravitation en son être originel, sauf à sacrifier une possibilité au profit de l'autre (celle de l'expérience au profit de celle de la construction ou vice versa).

Au terme de cette analyse, la conclusion montre le trajet intellectuel accompli et ses conséquences. Alors que dans la Phoronomie le pur espace absolu n'était qu'une idée de la raison fort pauvre, puisqu'elle ne pouvait servir ni de règle ni de cause, la Phénoménologie découvre une antinomie qui se situe en deçà de la raison, à savoir une *antinomie phénoménologique* (l'opposition phénomène/expérience). Son but est de préparer l'entrée de la raison au plein sens du terme dans le troisième cas, où la communication du mouvement d'une matière à une autre provient essentiellement du concept même de mouvement relatif considéré dans l'espace absolu[31]. Le recours à l'espace absolu comme idée pleinement accomplie de la raison (l'idée comme règle) permet certes de dépasser l'antinomie phénoménologique, mais c'est pour nous laisser avec une illusion absolument inéliminable. Ici est concentré tout le problème d'une physique qui serait complètement géométrique. La géométrisation des qualités des corps, lorsqu'elle pousse si loin jusqu'à traiter la gravité comme une dimension mesurable (au sens de Descartes dans la quatorzième des *Règles*), ne fait que renvoyer la matière dans l'invisible et/ou le lointain ; ainsi les tourbillons cartésiens, où l'attraction à distance est expliquée en postulant des secousses dans l'éther omniprésent et invisible ; ces tourbillons ont toutes les qualités de la matière observable hormis la possibilité d'être observé. Dans une physique entièrement géométrique, il faut toujours des masses invisibles pour expliquer les forces entre les corps qui ne se touchent pas. Rétrospectivement, on comprend alors pourquoi Kant insiste sur le modèle du contact (le choc) dans sa troisième loi de la Mécanique. Et plus généralement, l'illusion créée par une telle présence de l'invisible dans le visible peut s'étendre à la nature même des concepts scientifiques, comme l'a bien compris Hertz qui les définit dans leur état le plus primaire comme des « innere Scheinbilder », des images subjectives illusoires.

Dans la Phénoménologie de Kant, ce qui est conçu dans l'espace absolu est désormais « réellement relatif », si l'on peut s'exprimer ainsi ; notre première détresse à la suite du plongeon dans l'espace cosmique (plongeon forcé par la révolution copernicienne) a laissé des traces indélibiles ; l'illusion phénoménologique ne peut être arrêtée et dépassée qu'au profit de l'illusion rationnelle plus tenace. Mais en tout cas, l'existence de l'étape phénoménologique sur le chemin de la raison prouve au moins d'une manière définitive que la connaissance scientifique ne commence pas par une simple accumulation de données sensorielles, juxtaposées passivement les unes aux autres dans l'attente que l'esprit leur applique ses règles. Si la connaissance exacte commençait par la perception immédiate d'enchaînements au niveau sensible, alors il aurait fallu que les caractères originaux de l'expérience perceptive ne soient que négation, donc que la catégorie de négation soit la première de toutes les catégories. Au lieu de cela, Kant commence avec les formes pures de la sensibilité, qui sont plus que ce que toute pensée humaine pourra jamais penser. Mais c'est seulement l'action de l'entendement sur la sensibilité qui révèle (par le schématisme) que ce plus ne pouvait être qu'une ébauche de l'expérience en sa plénitude.

3. *Le sublime du devenir*

La Troisième Analogie, ou principe de la communauté des substances, a réussi à approcher pour la première fois un schématisme à l'œuvre dans la nature. L'esprit y abandonne ses prérogatives temporelles, il est forcé de se retirer du jeu des forces dans le monde pour mieux affirmer leur propre réciprocité absolue. La loi mécanique de l'action et de la réaction, faisant intervenir l'espace, permet la *construction* de ce jeu de forces dans la simultanéité. Pouvons-nous aller plus loin et *connaître* la façon dont la nature s'organise elle-même ? La dérivation *a priori* de la loi de la gravitation universelle dans la section 38 des *Prolégomènes* nous a déjà prévenu que la construction n'arrive pas jusqu'à la nature des choses en elles-mêmes ; de plus, le renouvellement de l'étonnement dans la découverte inattendue des figures géométriques (comme par exemple la loi de la pesanteur qui est inscrite comme en pointillé dans la parabole) nous fait dire de ces propriétés qu'elles sont *belles*[32].

Mais si la beauté est notre sentiment subjectif en réponse à la construction « réussie » (celle qui révèle après coup une finalité quasi-providentielle), la réponse à la connaissance qui réussirait à entrer dans les choses mêmes est un sentiment bien plus violent : le sublime. Pour démontrer la Troisième Analogie, la règle de succession a été prise à rebours et, afin de tout ramener au présent, elle nous fait en partie voyager dans ce qui, du point de vue de la succession, serait un mouvement du futur au passé. Mais quand bien même la perception simultanée réussirait à un moment, il reste que nous avons bien entendu plusieurs perceptions de ce genre, c'est-à-dire qu'elles-mêmes se suivent selon une certaine succession. Ainsi, s'il n'y avait pas de communauté des substances et coexistence des objets dans l'espace *jusqu'aux plus éloignés* (comme les corps célestes), toute perception à un certain moment serait détachée des autres, et l'enchaînement des perceptions (c'est-à-dire l'expérience) « recommencerait tout au début, à un nouvel objet, sans que la précédente puisse s'y rattacher le moins du monde »[33]. La garantie que la succession des perceptions simultanées ne contredira pas à leur propre simultanéité est donc fournie par la possibilité d'accueillir dans mon esprit la totalité des objets co-existants dans l'espace.

Mais il y a encore une autre manière d'obtenir la simultanéité : au lieu de rendre équivalentes l'une à l'autre la progression du passé au futur et la régression du futur au passé, on peut aussi arrêter momentanément l'appréhension du divers dans l'intuition. Or, puisque l'appréhension prend du temps dans la succession, son arrêt est une violence au sens interne, qui a cette particularité remarquable de révéler « une fin *pour l'ensemble de la destination* de l'esprit »[34]. Dans le sublime, la règle de communauté souffre des carences de l'imagination empirique. Car s'il s'agit pour elle d'appréhender un quantum très grand, la compréhension de la pluralité dans l'unité devient d'autant plus difficile à accomplir ; elle ne peut appréhender dans l'instant que des portions relativement modestes du divers dans l'espace, et tentant d'embrasser en une vue un divers dont le quantum dépasse la taille ordinaire, elle se fragmente, dans sa progression elle laisse derrière elle les portions déjà parcourues sans qu'elle puisse vraiment les rappeler pour qu'elles fassent partie d'une unité. Ici aucun schème ne prend le relais de l'image qui se casse. Cette fragmentation prouve la priorité de l'estimation esthétique de l'unité sur la mesure quantitative. Suivant le sublime kantien, notre perception des objets dans la simultanéité n'implique aucune métrique soi-disant naturelle qui servirait de substrat aux mesures quantitatives par lesquelles la science précise grandeur et distance. Notons bien que l'intuition de grandeur considérable qu'il s'agit d'appréhender esthétiquement est nécessairement spatiale ; pour l'intuition temporelle, nous avons l'exemple de l'astronomie grecque qui parvient à une représentation cohérente du mouvement des planètes bien que leurs rétrogradations prennent un temps considérable. Sous le choc de l'immensité d'une grandeur spatiale, la règle de communauté souffre, mais elle ne peut être complètement violée, puisque sur elle repose la possibilité même qu'en général l'imagination puisse être mise en mouvement pour mesurer un espace. Or, la reconnaissance de la condition de possibilité de l'imagination étant brouillée, le mode de représentation en jeu dans ce cas sera aussi « rebelle à toute finalité ». Ne pourrions-nous pas détourner notre regard de ces exemples d'immensité qui nous font perdre pied ? C'est seulement quand je regarde effectivement le ciel étoilé audessus de moi que je perds, malgré moi, le sens de cette simultanéité des objets co-existants qui m'environnent ; lorsque Kant disait dans la Troisième Analogie que la communauté s'étend jusqu'aux corps les plus éloignés, il laissait donc entendre que la première impression de simultanéité vaut comme règle pourvu que, partant des objets dans notre environnement immédiat, nous ne nous souciions pas vraiment du saut qu'implique la prise en considération délibérée de la totalité. Nous ne pouvons pas nous contenter de la mesure rassurante en sa praxis quotidienne si la règle de communauté doit bien résister comme règle aux assauts de *toutes* les impressions possibles. Dans l'impression sublime, la finalité souffrante renvoie à cette fin ultime qu'est la vocation de tout notre esprit.

Pour arriver à la totalité absolue par la mesure progressive des choses sensibles (au moyen des grandeurs numériques), la raison pouvait surmonter l'obstacle des antinomies mathématiques et se retrouver dans l'expérience ordinaire et rassurante de l'espace. En effet, la violence au sens interne est allégée par la raison : lorsque la raison pousse au-delà des limites de l'expérience, la synthèse régressive retrouve la durée, comme dans la thèse de la première antinomie où une série infinie n'est jamais complètement écoulée. Qu'il soit impossible de *penser* une grandeur infinie donnée entièrement, cela ne modifie en rien le fait que l'infini soit une grandeur infinie donnée dans la forme pure de la *sensibilité* ; au contraire, l'impuissance à penser l'infini donne au sujet au moins l'assurance que sa faculté cognitive est illimitée. Mais un immense divers donné *dans* l'intuition pure ébranle cette confiance dans la puissante impuissance du concept numérique. Il ne peut conduire qu'à un nouveau réveil et une volte-face de l'esprit : face à ce spectacle, aura-t-il les ressources pour prendre au moins conscience d'une impuissante puissance ?

La connaissance de la nature en ses premiers principes est connaissance spatiale, et lorsqu'elle se trouve finalement acculée au seuil du domaine empirique pour son propre compte, elle attribue un schématisme des forces à la nature elle-même. Quel est donc le rôle transcendantal qui reste dévolu au temps dans la connaissance de la nature : la spatialisation de cette connaissance l'a-t-elle définitivement écarté ? Une reprise complète de la problématique du schématisme est justifiée par l'évaluation de la fonction transcendantale qui reste assignable au temps dans cette connaissance ; une fois de plus nous sommes renvoyés au point de départ de toute réflexion critique. La nécessaire volte-face de l'esprit va conduire à un rapport subjectif encore bien plus profond vis-à-vis de la nature. Dans sa dernière œuvre post-critique, qui est restée inachevée, Kant a entrepris de repenser de fond en comble les rapports du sensible à l'intelligible.

Kant se propose d'ajouter des principes *physiques* aux principes de la science de la nature. Une complète interprétation scientifique de la nature va impliquer trois divisions : (1) les principes métaphysiques qui sont fondés *a priori* ; (2) la théorie universelle des forces physiques en son contenu matériel, dont les principes empiriques sont formellement fondés *a priori* ; (3) la physique, enfin, qui résulte du rapport de cette théorie à un système lui-même basé sur des principes *a priori*. La théorie des forces se trouve ainsi enserrée entre deux *a priori*. Du point de vue critique, comme nous l'avons vu, les principes constituent une synthèse de prémisses à la fois mathématiques et métaphysiques. Les principes physiques ne sont plus associés aux forces motrices, dans la mesure où ces dernières restent dépendantes de l'existence d'un mouvement donné. Ces principes sont plutôt associés à « des forces qui n'auraient pas lieu dans la matière sans une cause motrice extérieure »[35]. Cette cause extérieure n'est rien d'autre que l'éther, qui va maintenant servir à rendre intelligibles *a priori* les forces attractives et répulsives ; parce que les principes physiques creusent plus avant dans ces forces qui étaient jusqu'à présent considérées comme présuppositions ultimes, ces dernières ne vont plus apparaître que dans leur aspect empirique. À la fin de la Troisième Analogie, Kant indiquait que l'espace vide entre des objets de l'expérience possible est exclu, puisqu'un tel espace violerait la règle de communauté récriproque entre représentations empiriques. Mais l'espace vide au-delà de la perception où s'établit la connaissance empirique par simultanéité n'est pas réfuté par là[36]. Bien plus, lorsque la raison pousse vers l'inconditionné au-delà des limites de l'expérience possible, elle déploie la chaîne des coexistants simultanés dans la durée d'une synthèse régressive. Mais pour que cette durée reste compatible avec la preuve de l'infinité de la série donnée du monde (antithèse de la première antinomie cosmologique), il faut qu'un espace vide infini au-delà des limites supposées du monde puisse toujours être donné ; si cet espace est supprimé, alors disparaît tout le monde sensible et il ne reste qu'un concept de monde en général[37]. Qu'arrive-t-il lorsque ce vide infini est rempli par l'éther ?

La première apparition du concept d'éther dans la Dynamique des *Premiers Principes* semblait introduire une instabilité dans la notion d'attraction. Kant y oppose force et loi. Si la force est *inférée par raisonnement*, la loi est *inférée à partir des données de l'expérience*, exactement comme Newton l'avait voulu. Mais cette dernière affirmation est simplement énoncée pour contrebalancer l'argument en faveur de l'éther. Puisqu'il serait capable d'expliquer la stabilité de la matière par une compression sur les forces expansives au moyen d'une répulsion infiniment plus grande que toute force connue, l'éther se laisse seulement *concevoir*, sans qu'il soit possible de sensibiliser ce concept pour lui donner une réalité objective. Dans ces conditions, la loi de l'éther est la seule qui peut « être risquée sur des *présomptions a priori* »[38]. Par contraste, les *Prolégomènes* montraient bien que la loi d'attraction peut être *connue a priori*, et que cette connaissance s'applique même à tout le système du monde. Pour rendre le concept d'éther intelligible au niveau de la *physique*, Kant s'appuie une fois encore sur une analogie avec l'avènement de la physique mathématique moderne. Il s'agit de comprendre la nature du développement qui conduit des trois lois du mouvement planétaire de Kepler à la loi unique de gravitation universelle de

Newton[39]. Les lois de Kepler sont analogues au jugement de perception, puisqu'elles résultent d'observations et de mesures empiriques, bien que celles-ci soient formulées dans le langage mathématique. La synthèse newtonienne forme un pont entre mathématique et physique, puisque le jugement de perception y est converti en jugement d'expérience. En effet, dans cette synthèse, une force d'attraction pénétrant tous les corps est postulée de telle sorte qu'elle remplit tous les espaces cosmiques. L'argument de la Dynamique dans les *Premiers Principes* se trouve maintenant renversé d'une manière remarquable, puisque la Dynamique avait identifié l'éther à la force de répulsion plus grande que toute force connue, alors qu'ici il est identifié à l'attraction. Kant n'est apparemment pas gêné d'affirmer que l'attraction remplit l'espace cosmique tout en circulant à travers l'espace vide. Certes, on peut arguer du fait que dans l'*Opus Postumum* Kant répond à des objections scientifiques contre sa théorie de la force de répulsion comme force essentielle de la matière. Au cours des deux dernières décennies du XVIIIe siècle, surtout grâce aux travaux de Lavoisier, il apparaît que les puissances répulsives de la matière pourraient être expliquées au moyen d'un éther ou « calorique », une substance élastique de la chaleur[40]. Il n'en reste pas moins vrai que, fidèle à son projet initial, Kant force une fois de plus la métaphysique à réfléchir par analogie avec la physique ; la grande différence avec l'œuvre critique, c'est que la métaphysique qui va subir ce traitement n'est plus la métaphysique traditionnelle, mais la sienne propre, telle qu'il l'a exposée dans les *Premiers Principes.* Désormais, grâce au niveau concept d'éther, il s'agit de montrer comment *toute* la science de la nature (y compris la chimie, du moins dans sa réduction au mécanisme physique) entre en contact avec *tout* le système des catégories[41].

La prééminence de l'espace sur le temps dans le jugement d'expérience n'est pas remise en question, et semble même accentuée. En effet, l'apparente inversion du rôle de l'attraction et de la répulsion entraîne un déplacement de sens encore plus profond, puisqu'il implique un élargissement de l'espace. On se souvient que l'analogie de la causalité impliquait pour sa part un élargissement du schématisme, où la progression du temps détermine tout grâce à la durée. Mais Kant dit maintenant que « le temps n'a aucune durée. Son *être* ... est un instant »[42]. Cette restriction est un effet d'une amplification corrélative de l'espace. Tandis que dans la Phoronomie l'espace est un objet sensible parce que des objets en mouvement sont associés à lui, dans l'*Opus Postumum* la présence d'une première force motrice transforme l'espace en un objet qui est *médiatement* sensible[43]. La médiation porte l'accent sur le rôle du concept dans l'espace, elle met en valeur ce qui dans l'espace (qui reste une forme pure de la sensibilité) relève de la pensée. Etant donné ce déplacement de sens, il est maintenant permis de tenter une déduction des deux forces motrices connues (l'attraction et la répulsion) à partir d'une force fondamentale, l'éther.

Pour qu'une telle tentative de déduction puisse être menée à bien, les concepts qui y sont en jeu doivent subir un remaniement tant par rapport à la raison que par rapport à l'expérience. Pour faire de l'espace un objet sensible, l'association avec les corps en mouvement n'est plus requise ; seule est nécessaire une déduction comme acte concret de l'esprit. Les concepts d'une telle déduction ne peuvent plus être simplement *donnés* par la raison ou par l'expérience (au sens de *conceptus dati*) ; ils doivent plutôt être pour ainsi dire *fabriqués* tout exprès (au sens de *conceptus factitii*)[44], de sorte que la recherche des principes physiques de la nature soit rendue possible. Des concepts fabriqués de cette sorte, ajoute Kant, sont tout à la fois régulateurs et constitutifs[45]. En effet, la physique n'est rien d'autre que le système qui rend compte du *tout* de la science de la nature dans la mesure où celle-ci est empirique[46]. À ce titre, elle reflète une tendance qui est propre à la philosophie elle-même. En tant que système, la philosophie est métaphysique systématique, c'est-à-dire une idée qui doit être réalisée : comme Kant l'indique dans la *Critique*, « la philosophie est la simple idée d'une science possible, qui n'est donnée nulle part *in concreto*, mais dont on cherche à se rapprocher par différentes voies »[49]. Par suite, la solution critique aux antinomies, qui nous enjoint de rechercher des membres de l'expérience possible même au-delà des limites de cette expérience, s'applique aussi à la philosophie en tant que telle et non pas seulement aux objets de la connaissance philosophique. Dans la physique de l'*Opus Postumum*, la déduction des forces motrices à partir de l'éther est la connaissance d'un genre complètement nouveau, qui doit rendre compte de l'acccomplissement de la philosophie en son idée.

Une caractéristique fondamentale de la force d'attraction, qui est l'une des deux qualités de la matière dans la Dynamique (en tant qu'elle assure le remplissement de l'espace sur une étendue finie), est que cette force repose en fait sur la quantité plutôt que sur la qualité. C'est bien parce qu'elle possède cette caractéristique de la grandeur extensive que l'attraction permet le passage de la quantité à la qualité, cette dernière étant aussi représentée par la force de répulsion. Mais la « fabrication » des concepts en physique rend intenable tout compartimentage des phénomènes en fonction de catégories qui leur sont spécifiquement assignées : Kant parle d'un remplissement de l'espace qui peut être aussi bien extensif qu'intensif[49]. De ce rapprochement de l'extensif et de l'intensif émerge (précisément dans le sens d'une fabrication) un nouveau concept, ou « troisième chose », dont la matière est l'éther. Kant définit cette matière comme « une attraction et une répulsion changeant continuellement ». En tant que troisième terme, l'éther est la contrepartie dans l'objet du schématisme transcendantal des facultés cognitives. La transition (ou *Übergang*) qui conduit de la mathématique et de la métaphysique à la physique est donc quelque chose comme la manifestation d'un schématisme opérant dans la nature matérielle. De fait, exactement comme un schème de l'imagination vis-à-vis des autres facultés cognitives, l'éther ne peut exister isolément, sans un rapport aux matières qu'il pénètre « sans exception » (donc inconditionnellement)[49] ; comme support de toutes les déterminations matérielles, il est donc par excellence la substance. L'élargissement du schématisme dans la Deuxième Analogie (où la progression dans le temps détermine tout) a maintenant atteint son maximum, il passe pour ainsi dire dans l'objet, ce qui permet de caractériser ce schématisme de la nature comme changement. La définition a des implications fondamentales pour la compréhension du rôle transcendantal du temps dans la connaissance de la nature.

Nous avons vu dans la Dynamique comment le passage de la connaissance transcendantale à la connaissance métaphysique s'effectue de telle sorte que l'esprit se retire du monde naturel afin de préserver en ce dernier une continuité entre ses différentes parties. Mais la liberté qui se trouve ainsi octroyée à l'esprit n'est pour lui qu'une manière de reconnaître son manque de vue intérieure dans les forces, un manque que l'esprit s'inflige à lui-même. Est-il possible de reconnaître ce manque d'une manière qui ne soit pas simplement un constat d'échec, c'est-à-dire une manière qui ouvre en même temps un passage dans la nature empirique ? Pour y arriver, l'esprit doit simultanément conférer à la nature une liberté qui est en proportion de son manque. Cette liberté s'insinue alors dans le creux ouvert par l'inadéquation de notre pouvoir de juger vis-à-vis de son objet, ce qui donne lieu à un genre nouveau d'illusion inévitable. En effet, accorder à la nature une liberté qui reflète notre propre déficience intellectuelle pour la comprendre, c'est la regarder comme une chose vivante. Les fins que nous attribuons de la sorte aux formes vivantes de la nature sont-elles des fins effectives de la nature ? D'un côté, la nature ne nous donne aucune raison de présumer qu'autre chose que son mécanisme est requis pour expliquer la production des formes ; mais d'un autre côté, « la nature montre partout dans ses libres formations une tendance mécanique à la production de formes, qui semblent en quelque sorte être faites pour l'usage esthétique de notre faculté de juger »[50]. Au moment où la nature se voile dans sa propre sphère qui nous reste inintelligibile, la pensée continue néanmoins de manifester son activité d'auto-détermination en attribuant un caractère esthétique à la production des formes. Ce transfert est illusoire (Kant dit que c'est une folie inévitable des hommes de considérer le tout de la nature comme leur étant destiné), et pourtant il est extraordinairement efficace puisqu'il nous conduit au-delà de la science de la nature (la finalité des êtres vivants, dira Kant dans la partie téléologique de la *Critique du Jugement*, est un concept étranger à la science). Kant identifie ce genre de liberté avec ce qu'il appelle les libres formations de la nature. Par là il entend qu'« à partir d'un *fluide en repos*, soit par volatisation, soit par séparation d'une partie de celui-ci (parfois la simple matière calorique), le reste prend par solidification une forme ou un tissu (figure ou texture) déterminé »[51]. Ce processus, qui est la cristallisation, a la particularité de se produire « non par un passage progressif de l'état liquide à l'état solide, mais pour ainsi dire par un saut ». Kant va même jusqu'à conjecturer que le tout de la nature, dans la mesure où il est en quelque façon en contact avec les formes vivantes (les plantes et les corps des animaux), pourrait résulter d'une série de sauts de ce genre, qui ont commencé au moment où la nature se trouvait dans un état originel liquide ; cette formation se serait constituée librement selon le processus de la cristallisation. À ce niveau, l'hypothèse de continuité admise en physique perd sa validité universelle ; non seulement l'hypothèse du repos n'a pas de place dans la mécanique kantienne, mais en plus l'idée que la matière fluide soit sans doute plus ancienne que la matière solide fait retrouver la notion de devenir que la métaphysique de la nature avait bannie. Si tel est le cas, il reste à concevoir un temps physique capable de doter la nature du pouvoir de déployer ses produits selon une série propre. Un tel temps devrait être très différent de la série temporelle dans les antinomies, où la synthèse régressive s'avance dans des phénomènes que la nature a déjà parcourus pour son propre compte, c'est-à-dire que la raison reproduit au moyen d'un acte intellectuel un devenir qui jusqu'alors est passé inaperçu comme devenir, ce qui est incompatible avec des sauts. La présomption qu'il existe un temps physique de ce genre nous oblige à chercher le moyen de bloquer le passage aux antinomies.

La notion d'éther répond justement à cette exigence. Comme il ne peut exister séparément pour lui-même, l'éther n'est pas une sorte de substance originelle au sens d'un chaos primitif qui s'organiserait progressivement sous l'action des forces inhérentes à la matière. En fait, le modèle pré-critique de la *Théorie du Ciel* (1755) avait représenté un désordre initial qui s'ordonnerait petit à petit par l'intermédiaire des forces d'attraction et de répulsion. Pour qu'il serve de fondement à une déduction du système apparent du monde, l'éther doit être conçu comme étant inhérent à une autre matière qui apparaît effectivement dans l'expérience ; il n'a pas la mobilité pour soi dont est douée la répulsion dans la Dynamique des *Premiers Principes*[52]. Par conséquent, il ne peut pas constituer une origine au sens chronologique du terme, sinon nous retomberions dans la synthèse régressive qui prévaut dans les antinomies de la raison pure. Dans un passage de l'*Opus Postumum* où Kant tente d'identifier l'éther avec le calorique (l'élément supposé de la chaleur), il trouve que « la matière de la chaleur est un élément qui donne une expansion à une autre matière, mais qui ne peut se trouver comme répandue elle-même dans un espace libre ; car autrement il faudrait encore une autre chaleur pour donner de l'expansion à cet élément »[53]. À titre de fondement ultime, l'éther doit se laisser appréhender sans que l'on doive avoir recours à une synthèse régressive ; son mouvement n'est pas imprimé par un acte subjectif de synthèse, dans la mesure où l'éther est lui-même mouvement éternel d'agitation. Comme matière, l'éther est homogène ; en tant qu'il est en mouvement, il est sous-jacent à l'hétérogénéité des phénomènes. Son éternité étant impossible à comparer à une série d'instants, il ne tombe pas dans les apories de l'origine absolue ; parce qu'il est étranger à tout acte subjectif qui dépasserait ses propres limites, aucune contradiction ne se présente qui nous empêcherait de considérer que tous les mouvements des systèmes physiques lui doivent leur origine.

L'éther est non seulement la condition de l'objet de l'intuition empirique et de l'espace comme objet des sens, mais aussi de l'espace comme forme de la sensibilité. Il se présente donc comme la condition *a priori* de la nature dans la mesure où il peut être réfléchi dans la nature, comme si l'esprit s'y oubliait complètement[54]. À ce niveau s'évanouit toute opposition entre l'intuition pure et la pensée délivrée du support de l'expérience. Désormais celle-ci est le fondement de celle-là, dans la mesure où l'acte de « fabrication » de l'éther implique un auto-dépassement de l'esprit par ses propres moyens : la pensée prend en charge l'acte de donation originaire qui était dévolu jusqu'ici à l'intuition pure. La pensée ne cherche donc plus à refaire le contact avec l'infinité donnée des formes pures de la sensibilité ; au lieu d'une synthèse régressive indéfinie vers l'inconditionné qu'elle n'atteint jamais vraiment, la raison procède de telle sorte que « subjectivement, ce qui est pensé *in indefinitum* est ici représenté comme donné *in infinitum* »[55], ce qui était justement le caractère de l'espace et du temps comme formes de la sensibilité. Kant dit aussi qu'un « tout pensable » est une sorte de redoublement de l'infini où la pensée s'adosse parfaitement (sans auto-division) à l'intuition, c'est-à-dire « l'intuition d'un tout infiniment infini ». Le sens doublement infini de donation propre à l'espace est spécifié en terme de *progression*. Ce qui caractérise la possibilité pour l'espace d'être donné comme un quantum toujours plus grand que là où l'expérience peut aller, c'est que « le progrès dans ce quantum n'est pas à considérer comme donné, mais bien le progresser »[56] lui-même entendu comme acte subjectif. Les effets pervers de la synthèse régressive, qui caractérise la pensée dans son effort pour retrouver l'infinité originelle du pur sentir, sont neutralisés : le moment fatal, impossible à repérer, de la conversion du phénomène en noumène est abrogé. Au moment où elle a rejoint l'intuition, la pensée ne connaît rien d'autre que la progression accomplie par l'acte auto-déterminant du sujet présent à soi, sujet dont le destin futur n'affecte en rien son affirmation comme centre et origine dans un sens absolu.

Comme il n'est pas une matière existant de son propre chef, l'éther ne peut se comparer qu'à une matière absolument impondérable. Mais une telle matière ne pourrait pas même être pensée, « hors celle qui constituerait la totalité de toute matière (le tout matériel cosmique) parce que hors de celui-ci aucun autre corps n'existe par rapport auquel cette matière pourrait être pesante »[57]. Pensable seulement comme une totalité, la quantité d'éther impondérable est impossible à connaître par expérience, puisque l'expérience de la totalité est elle-même impossible[58]. Il s'ensuit que la proposition fondamentale de la Dynamique, selon laquelle tous les espaces sont remplis de matière, reçoit maintenant un support physique, dans la mesure où cette proposition peut être formulée complètement *a priori*. Kant écrit : « La simple possibilité de l'expérience fournit déjà une assurance suffisante »[59]. L'esprit a trouvé en soi les ressources pour s'auto-dépasser parce que la non-expérience de la totalité (qui n'a rien de contradictoire) s'est substituée à une expérience impossible et contradictoire. L'éther étant *essentiellement* agitation, rien ne vient *limiter* cette agitation, et c'est pourquoi il est à la fois unité et totalité, uni-totalité qui explique le passage aux pluralités de la physique (comme le couple des forces de cohésion et d'adhésion, l'état liquide et l'état solide, etc). Au niveau de la troisième et dernière loi de la Mécanique, la Phénoménologie avait déjà admis la possibilité d'une démonstration apodictique par défaut de la loi de la communauté des mouvements. S'il n'y avait pas attraction mutuelle entre toutes les parties de l'univers, celui-ci se déplacerait en un mouvement rectiligne ; par conséquent, « toute démonstration d'une loi du mouvement qui aboutit à affirmer que la proposition contraire devrait avoir pour conséquence un mouvement rectiligne de tout l'univers, est une démonstration apodictique de la vérité de cette loi, simplement parce qu'il résulterait de là un mouvement absolu, ce qui est tout à fait impossible »[60]. L'agitation continue est la loi suprême de la communauté des mouvements, et à cet titre elle est le mouvement absolu dont la Phénoménologie avouait l'impossibilité. Elle est démontrée par défaut puisqu'on ne peut la construire dans l'intuition, et pourtant elle est apodictique parce qu'elle s'applique seulement à la totalité absolue.

Ayant transcendé le dilemme d'une origine absolue, qui minait les antinomies mathématiques de la cosmologie rationnelle, l'éther nous permet du même coup d'arriver à une représentation quasi-empirique de leur solution, d'après laquelle la totalité des objets dans l'espace et le temps n'a pas de grandeur déterminée. En effet, l'éther (conçu comme totalité) est un concept dont l'objet est singulier. Or, l'espace comme pure intuition est aussi un singulier. En tenant compte de cette similarité, qu'on pourrait appeler *analogie de l'unité et de la totalité,* le concept d'univers sans grandeur déterminée devient pensable à la fois subjectivement et objectivement.

Considérons d'abord le côté objectif. À l'appui de la solution critique on peut maintenant proposer des arguments physiques qui se situent aussi bien au niveau de l'espace qu'au niveau du temps. D'un côté, l'agitation continuelle de l'éther entraîne que l'éther ne peut se fixer une fois pour toutes en un objet ; bien qu'il n'existe qu'au-dehors de soi dans une autre substance, aucun objet n'est donc délimité par lui en sa grandeur (extensive ou intensive). D'un autre côté, une expérience en pensée permet de voir qu'il existe une remarquable continuité entre ce qui est valable pour les objets dans l'univers et ce qui est valable pour la totalité proprement dite. Kant imagine un univers où seule la terre existe ainsi qu'un cable suspendu verticalement dans l'espace vide ; la pesanteur de la terre est suffisante pour parler d'un bas et d'un haut, le cable est fait de n'importe quelle matière et il est soutenu dans sa position par son propre poids. Le fait est que, quelle que soit sa longueur, « je puis penser ce fil comme *n'étant attaché nulle part* »[61]. Mais quand bien même la longueur totale du fil est indéterminée, il y a une longueur déterminée à laquelle il se rompt, puisque le moment d'accélération de la partie supérieure sera toujours plus petit que le moment de la partie inférieure. Le fait, en soi étrange mais capital pour la démonstration, est que si l'espace était effectivement complètement vide (dépourvu d'éther), un fil de n'importe quelle longueur se casserait de lui-même sans l'addition d'aucune force. Il faut postuler une matière pénétrant tous les espaces cosmiques afin de sauver tant la stabilité des choses dans le monde réel que l'existence de processus qui ont lieu dans le temps de l'expérience. L'agitation de cette matière correspond au fait qu'elle s'est toujours déjà cassée comme un fil ; et les fragments de ce qui pour nous est un non-événement constituent le fondement ultime de toute l'expérience du côté de l'objet. Kant va même plus loin puisqu'il généralise ce résultat à tout l'univers. Il se demande si, tous les corps de l'univers étant mille fois plus petits, cela entraînerait-il un changement réel[62] ? La réduction imperceptible des dimensions de toutes choses dans l'univers reste une question ouverte : cette proposition est-elle contradictoire ? est-elle insensée ? Rien ne nous permettra jamais de décider, précisément parce que l'éther n'existe que sur le mode du pur possible. Néanmoins, l'idée de l'éther, toute problématique qu'elle soit quant aux grandeurs dont elle est censée fixer l'existence (ce qui évoque l'idée du noumène), donne une justification physique à un univers sans grandeur et pourtant non-vide. La grandeur de l'univers est un rien dans ce sens physique précis : on lui attribuera une grandeur relative plutôt qu'absolue.

Quant au corrélat subjectif de cette représentation objective de l'univers sans grandeur déterminée, il n'est rien d'autre qu'une expression du caractère unitaire de toute expérience possible[63]. À toute expérience correspond un style qui est toujours le même, un style qui affecte toutes les perceptions possibles de telle manière qu'aucune expérience ne pourrait nous surprendre d'une manière si radicale qu'elle ne pourrait être rattachée (au moyen d'une règle) aux autres perceptions antérieures. Cette propriété de l'expérience résulte résulte du fait que sa forme subjective *a priori* (l'espace) ne peut pas elle-même être perçue. Si elle était perçue, l'espace deviendrait un objet sans prérogatives spéciales, et par suite il ne pourrait plus fournir le support *a priori* (formellement immuable) grâce auquel l'expérience est phénoménalisée. Néanmoins, Kant insiste maintenant sur le fait que ce serait une erreur de dire de l'espace qu'il est vide en tant qu'il est une forme subjective. L'espace, dit Kant, n'est *ni vide ni plein* ; les prédicats « vide » et « plein » ne lui appartiennent pas du tout, de la même manière que les prédicats « fini » et « infini » ont dû être enlevés à la représentation objective de la grandeur spatio-temporelle de tout l'univers. Plus généralement, la même relation prévaut entre l'un et le multiple, d'une part, entre l'existence et les autres prédicats de l'expérience, d'autre part. En effet, la critique de la preuve ontologique de l'existence de Dieu montre déjà que l'existence n'est pas le prédicat d'une chose mais plutôt sa position absolue accompagnée de tous ses autres prédicats. De la même façon que l'existence est « distribuée » également parmi toutes les choses existantes, l'espace comme forme pure de l'intuition est « distribué » également parmi les objets dont la phénoménalisation dépend de lui. Mais étant donné la manière particulière suivant laquelle il a été rendu possible, l'éther, qui n'est pensable que comme tout, se présente comme *une* existence dont on présume qu'elle fonde la possibilité de toutes les autres, et donc de l'expérience en général. À l'éther convient certainement le prédicat « plein », mais il s'agit d'un plein imperceptible puisqu'il est impossible d'obtenir une conscience empirique de son principe. En ce sens l'éther reflète par transposition au monde objectif la propriété fondamentale de l'espace comme forme pure de la sensibilité, à savoir son indépendance vis-à-vis des prédicats extensifs et intensifs. En dernière analyse, c'est peut-être cette transposition qui fait de l'éther la condition d'une représentation du temps à l'œuvre dans la nature.

4. *De la matière à la vie*

La Dialectique Transcendantale donnait une *preuve indirecte* de la validité des arguments sur l'espace et le temps dans l'Esthétique Transcendantale : quand ils sont pris comme objets, ils perdent leur fonction de condition de possibilité de la seule expérience que nous avons des objets. Quant à l'éther, en tant qu'objet de l'expérience toujours seulement possible et jamais réelle, il est démontrable *indirectement a priori*[64]. Et pourtant, bien qu'il soit indirect à la fois dans son être et son mode d'être, Kant dit aussi que l'éther est « immédiatement donné par la raison pour fonder la possibilité de l'expérience même »[65]. L'immédiateté renvoie au mode selon lequel les représentations sont données dans l'intuition ; la raison n'est plus tenue par le temps requis pour produire ses inférences dialectiques. La raison pense l'éther comme l'intuition l'intuitionnerait s'il était un objet de l'expérience possible.

Kant ne maintient pas rigidement son concept d'éther au niveau du pur possible. En un autre endroit de l'*Opus Postumum*, il tente de donner une démonstration *a priori* de l'éther où celui-ci devient un « élément cosmique réel »[66], alors même qu'il n'a été accepté qu'hypothétiquement à tous les autres égards. Pour y arriver, Kant suppose que l'éther explique la formation de tout corps matériel à partir d'un premier commencement qui était une *spontanéité*. Comme fondement des forces, il n'est pas lui-même doué de force motrice ; l'éther est plutôt agitation pure, qui maintient les forces motrices en état opérationnel. Bien qu'il ne soit pas intelligible en tant que tel, le mouvement originel de la matière reste pensable en suivant une analogie avec l'auto-détermination du libre arbitre[67].

À la fin de la Deuxième Analogie de l'Expérience, le schématisme ayant été élargi jusqu'au point d'épuiser toutes les déterminations possibles dans le temps, la connaissance transcendantale commence à se plier aux exigences des objets de la nature. La simultanéité, phénomène spatial, pointe déjà dans le fait que le temps séparant la causalité de la cause de son effet va s'évanouissant. Mais il est remarquable qu'à ce moment où le temps commence à s'externaliser, il trouve aussi la ressource suffisante pour se retrouver en soi d'une manière nouvelle, qui ouvre précisément le champ de la liberté. Si l'effet est pour ainsi dire déjà dans la cause, tout changement n'est-il pas quasiment aboli ? Comment la liberté pourrait-elle s'insinuer dans le cours mécanique des événements ? Il reste au pouvoir de l'intuition pure de se penser lui-même, sans l'aide du concept. Il n'y aurait pas de synthèse du temps si les parties du temps comme intuition pure n'étaient pas elles-mêmes dans le temps, au lieu d'être données avant elle[68]. En l'absence du concept, le temps fait l'expérience de lui-même comme un temps qui se creuse dans le temps. Pas plus que le temps qui par soi ne peut être perçu (idée directrice de toutes les Analogies), ce temps dans le temps ne peut être perçu. Il se dessine en creux dans le temps donné, exactement comme les degrés d'une perception donnée qui sont *anticipés* pour assurer la continuité de l'expérience. Mais au lieu que la perception donnée s'impose à nous, avec la tâche d'anticiper ses degrés imperceptibles, le temps dans le temps est plutôt un acte libre, puisqu'il ne manipule rien dans le donné : il permet seulement d'anticiper notre propre appréhension, sans rien demander à la perception. Ouverture à la science, l'élargissement du schématisme est aussi le moment de la première prise de conscience de la liberté.

Nous avons vu comment la Mécanique opposait irréductiblement la spontanéité dans la volonté d'un être vivant à la persévérance aveugle du mouvement de la matière inerte. Nous avons vu aussi comment le fondement métaphysique de la Dynamique mettait en jeu un sens de liberté métaphysique dans le choix des hypothèses. Kant en appelle maintenant à un abîme à remplir, au moyen des principes physiques, entre les principes métaphysiques et la connaissance empirique. Il s'agit de « tracer... un territoire en quelque sorte neutre »[69] qui servira de préparation pour comprendre la transition du métaphysique à l'empirique. Du reste, la *Critique du Jugement* avait déjà mentionné l'existence d'un immense abîme à remplir entre la nature et la liberté ; c'est la liberté elle-même insondable qui effectuait ce pont. L'éther est certes une hypothèse qui ne dépassera jamais le stade de quelque chose purement pensé. Mais s'il ne peut faire l'objet d'une expérience empirique, il reste qu'il peut au moins être *postulé* comme un objet d'expérience qui est toujours seulement possible[70]. Dans ce contexte, la notion de postulat s'apparente à la raison pratique, non à la mathématique ; parce qu'elle vise le souverain bien qu'aucune expérience empirique n'est à même de prouver, la raison pratique postule une réalité d'un genre totalement différent de celui qui dérive de l'affirmation des objets de l'expérience. L'éther doit être postulé de la même façon qu'un postulat de la liberté dans le sens pratique. À ce niveau, on ne pourra plus se contenter de l'agnosticisme d'un Newton, qui déclarait qu'il suffit que la gravité existe pour qu'on puisse légitimement l'inférer des phénomènes. Newton ne pouvait que jouer sur l'ambiguïté de cette conception passive de la gravité existante et de la gravité proprement dite comme principe actif. Mais nous passons maintenant de l'existence à un *pouvoir* qui dépasse peut-être le concept.

Cette brèche dans le domaine de la liberté, ouverte à même le fondement métaphysique de la science de la nature, nous oblige à reprendre sur nouveaux frais la présupposition originelle de toute l'entreprise critique : l'hétérogénéité totale et la différence d'origine des éléments de toute connaissance humaine, l'intuition sensible de la pensée discursive[71]. Progressant de la connaissance du monde au monde lui-même, la dualité absolue ne prévaut que jusqu'à un certain point. Au niveau transcendantal, on trouve deux commencements dans les Anticipations de la Perception – le commencement d'une sensation pour nous et le commencement de l'objet correspondant à cette sensation. Au niveau métaphysique, la Phoronomie démontre l'inséparabilité des deux espaces, l'absolu et le relatif. Une différence essentielle dans leur mode d'action unit la force d'attraction et la force de répulsion dans la Dynamique. De même, une différence essentielle entre le mode d'explication dynamique et le mode d'explication mécanique de la matière autorise et légitime le libre choix des hypothèses. Comment, nonobstant cette différence essentielle, l'éther peut-il être postulé comme une implication de l'hypothèse dynamique sur la continuité des forces ? Seule l'hypothèse inverse de l'explication mécanique, où l'espace vide sépare des corps absolument solides, s'obtient analytiquement : elle résulte de l'affirmation que la matière raréfiée *ne peut pas être pensée* sans les espaces vides, c'est-à-dire que ces espaces sont inclus analytiquement dans le concept mécanique de corps absolument impénétrables. Mais l'éther *peut simplement être conçu* comme une force répulsive incomparablement plus grande que toute matière connue[72] ; cette force plus grande est la composante du jugement dynamique qui est proprement synthétique. Kant franchit alors un pas supplémentaire. Il soulève la possibilité d'une dissolution complète de la matière sous l'action d'une force dérivée, la pénétration chimique[73]. Les différences spécifiques des matières se dissoudraient alors dans un tout homogène. Bien qu'elle soit à proprement parler inconcevable, et bien que son existence dans la réalité soit indécidable, une telle possibilité doit au moins pouvoir être postulée. Si elle devait venir à l'existence, elle impliquerait une division complète de la matière jusqu'à l'infini, division qui ne comporterait aucune contradiction, contrairement à la deuxième antinomie cosmologique[74]. Mais il y a ici plus qu'un défi à l'antinomie. La raison principale pour laquelle cette pénétration complète peut être postulée, alors même que les moyens nous manqueront toujours d'en trouver une corroboration dans l'expérience (qu'il s'agisse de nos facultés cognitives ou de notre habileté technique), c'est qu'une telle dissolution absolue devrait être poussée si loin qu'elle ne pourrait jamais plus revenir à l'état originel de séparation. Même l'éther muni d'une force répulsive plus grande que toute force connue n'y arriverait pas. Kant pense que les seules forces de la nature capables de retourner à la séparation sont celles des opérations végétales et animales. En effet, les organismes vivants exhibent le phénomène de l'intussusception, ou combinaison réciproque absolue des matières.

Or, l'*Opus Postumum* affirme clairement qu'il n'y a pas d'*Übergang* de la nature mécanique à la nature organique, parce que l'explication du concept de fin en termes de lois causales nous projette complètement au-delà de la raison. Quand bien même l'expérimentation scientifique nous ferait comprendre l'intussusception dans son aspect matériel, il lui manquerait l'expérimentation avec les concepts propres à la vie, qui nous font basculer dans un tout autre ordre de l'être. Ce n'est donc pas seulement l'horizon de la liberté pratique, mais plus encore le phénomène concret de la vie qui justifie la nécessité de réfléchir par postulats au-delà des limites de la connaissance rationnelle. En ce sens, après avoir poussé de l'essence à l'existence, les limites de la connaissance humaine recèlent la promesse de la vie. Kant nous rappelle ainsi que, dans la conception aujourd'hui courante de la vie que nous avons héritée de la thermodynamique et de la mécanique statistique du dix-neuvième siècle, l'absolu est passé complètement (et donc d'une manière non réfléchie) des lois de l'entendement à celles de la nature. La vie est devenue quelque chose comme la chronique d'une mort annoncée : étant entièrement subordonnée aux lois prétendûment absolues de la nature, elle se manifeste comme une exception locale, temporaire et hautement improbable à la loi par ailleurs inexorable de l'homogénéité et de la dissolution croissantes de la matière. Kant ne laisse aucune place à l'idée, admise tacitement depuis la mécanique post-kantienne, que la recherche empirique aboutira finalement à établir et à comprendre le véritable contraste qui existe entre les forces de la nature inanimée et celles de la nature animée.

Chapitre 6

Le retour du temps

1. *L'anticipation de la négation*

Élargissant le champ *a priori* de la pensée dans les *Premiers Principes*, Kant a trouvé dans la catégorie de négation un point de contact entre le transcendantal et le métaphysique dans sa Dynamique. Telle est la réponse au problème qui nous préoccupait depuis le début, comme Kant l'expliquait dans la préface : jusqu'où la raison peut-elle aller toute seule à la rencontre de l'empirique, et que peut-elle accomplir de la sorte ? Ou encore : jusqu'où la physique peut-elle pousser son usage purement mathématique ? Il reste à se demander en quoi cette réponse indique le genre de questions et de limitations propres à la physique aujourd'hui. La tendance spontanée est plutôt d'inverser les termes du problème : étant donné que la physique post-newtonienne a élargi le domaine empirique des sciences de la nature bien au-delà de ce que Kant pouvait envisager, que reste-t-il d'une pensée transcendantale qui apparaît d'autant plus vide que son domaine est censé être grand ? Quand Kant parle d'applicabilité du concept d'objet général à un objet régional, c'est qu'il suppose qu'un point de rencontre existe entre deux sphères de réflexion complètement indépendantes l'une de l'autre ; encore faut-il le caractériser avec rigueur. Une philosophie transcendantale de la nature, pour être viable à la suite de la physique post-newtonienne, exige corrélativement que les nouveaux points de rencontre soient identifiés.

En effet, dans la Dynamique Kant montre comment la physique mathématique accomplit une tâche impossible du point de vue transcendantal au niveau des *forces.* Le développement de la physique après Kant nous invite à généraliser cette situation au niveau du *temps.* Alors que la Troisième Analogie montre que la prise en compte de la totalité n'est possible qu'au moyen de la simultanéité, les théories actuelles comme celles du chaos, prenant le relais des modèles cosmologiques issus de la relativité générale, passent du temps des événements dans le monde au temps du monde lui-même. De la sorte, la totalité s'inscrirait immédiatement dans une succession irréversible ; la distance conceptuelle qui sépare la Deuxième de la Troisième Analogie s'évanouirait. La réversibilité des processus physiques, qui est compatible avec la plupart des lois connues pour des ensembles non-chaotiques, deviendrait purement subjective ; objectivement il faudrait les considérer comme irréversibles. Chez Kant, la règle de la succession dans la Deuxième Analogie impose bien l'irréversibilité : « nul phénomène ne retourne du moment suivant au moment antérieur, mais il se rapporte cependant *à un moment antérieur quelconque* ; la progression d'un temps donné, en revanche, à un temps suivant déterminé, est nécessaire »[1]. Veut-on rendre la Deuxième Analogie compatible avec la réversibilité du temps dans les lois de la mécanique newtonienne, on se heurterait donc seulement au fait que ces lois ne s'occupent pas du tout du temps parce que, contrairement à la connaissance transcendantale, elles ne cherchent pas du tout à retrouver l'expérience vécue de la succession dans la durée. Le temps du point de vue transcendantal entraîne le phénomène et non l'inverse : car si le phénomène *ne peut pas revenir* en arrière, le temps peut et même *doit* aller de l'avant. Entre le déterminisme complet de la causalité et l'irréversibilité, il y a une liaison analytique. Lorsque la durée entre la cause et l'effet va s'évanouissant, donc quand ils semblent quasi simultanés, les faits de l'expérience qui attestent encore de l'ordre successif du temps sont empruntés à la vie courante : dans une chambre chauffée *avant* que je n'y entre, la cause est le poêle allumé, même si je ne le vois pas tout de suite ; sur un coussin où une boule imprime un léger creux, je sais *avant* d'enlever la boule que le creux est imprimé par elle.

Si l'on voulait voir la physique déjà à l'œuvre au niveau de la Deuxième Analogie de l'Expérience, alors la conception kantienne se révélerait fâcheusement limitée. L'assertion de Kant n'est valable en physique que si l'on y ajoute des contraintes spéciales. La restriction est identifiable : c'est la mécanique dite « héréditaire », comme dans les phénomènes de diffusion ou dans les processus statistiques, qui semble aller à l'encontre du fait qu'en général dans un système dynamique la causalité se propage aussi bien dans le sens du passé que du futur[2]. Comme les systèmes dynamiques n'ont pas de mémoire, pour retrouver l'unique direction du passé au futur, il faut imposer des conditions aux limites qui relèvent des distributions contingentes. Mais le développement de la thermodynamique au XIXe siècle nous apprend que l'irréversibilité n'est précisément que statistique, elle relève du fait global (comme l'âge de l'univers, ses conditions initiales), non du droit (de la nature des lois). Kant n'oppose pas fait et droit. Il découvre la notion de quelque chose en général : le moment antérieur qui sert à fonder la règle de succession ne signifie pas n'importe quel moment, mais un moment qui emporte avec lui un degré de généralité. Cette notion permet de mettre en évidence le rôle irréductible de l'intuition dans la signification du concept. Dans les exemples du poêle et du coussin, c'est ma propre mémoire vécue qui sert de fondement à la règle qui rétablit l'ordre du temps même là où il n'est pas apparent.

La seule chose que nous connaissons de la matière, dit Kant, ce sont de purs rapports ; même un seul objet matériel est constitué de rapports entre ses parties intérieures[3]. La notion de « quelque chose en général » peut alors se prendre en deux sens bien distincts. On peut commencer par le concept d'objet considéré abstraitement, sans le rapport à l'intuition ; même dans ce cas la causalité, comme concept pur d'entendement, nous permettra de penser les rapports intérieurs comme causes l'un de l'autre. Mais il y a un autre rapport plus fondamental, sans lequel les rapports intérieurs de l'objet feraient de celui-ci un objet simplement intelligible, sans lieu assignable : c'est le rapport de cet objet à la forme de la sensibilité, grâce auquel les éléments du divers peuvent déterminer réciproquement leur lieu et devenir l'objet d'une expérience possible. Passer du rapport d'une chose aux sens aux rapports intérieurs à une chose (qui comprennent le lieu occupé par cette chose), c'est donc commettre ce que Kant appelle une amphibologie transcendantale : les conditions subjectives de la connaissance, d'après lesquelles les catégories sont déjà par elles-mêmes des concepts d'objet, sont hypostasiées en un objet sans que l'on se soucie de la question de savoir si cet objet est bien un phénomène (*i.e.*, sans que l'on réfléchisse sur cette question). L'amphibologie nous fait *perdre* une composante du réel dans sa relation primordiale aux facultés cognitives, car la catégorie de l'objet X se réduit à cet X. Tout le problème posé par l'existence de la science du point de vue critique est comment retourner à la catégorie, comment retrouver l'effort pour comprendre la nature par-delà la compréhension dans son effectivité même. Or, dans le cas d'un objet en mouvement, l'amphibologie nous fait perdre une caractéristique essentielle de la réalité : sa négation. En effet, dans le concept de mouvement en général, des concepts ne peuvent produire d'eux-mêmes une suppression ou négation du mouvement, qui arrive pourtant ainsi qu'en témoigne l'intuition. Deux mouvements opposés peuvent s'annihiler réciproquement, mais de la seule contradiction logique on ne peut tirer un zéro[4]. Le mouvement en direction opposée est l'origine de la négation qui anticipe sur son concept. Mais la clé du passage de la Phoronomie à la Mécanique consistait précisément en un déplacement du rapport des choses aux sens au rapport entre choses, faisant de l'unique principe de la Phoronomie la condition suprême dont dépendent tous les théorèmes et toutes les lois de la science de la nature (ses « premiers principes »). Passant de la Phoronomie à la Dynamique et à la Mécanique, Kant dit qu'il faut *ajouter* des propriétés à la seule description phoronomique de l'espace. Autrement dit, *la science procède selon une amphibologie à rebours* car elle récupère le concept d'objet enfoui dans l'entendement et masqué par le besoin de la sensibilisation : passant aux rapports entre objets à la suite de la Phoronomie, la perte de réalité qui s'ensuit est présentée au contraire comme un gain.

La pente naturelle de l'amphibologie est plutôt dans la direction problématique vers les idées de la raison (objectivation des conditions subjectives, qui deviennent suprasensibles). Mais partant des idées, la physique mathématique suit la direction inverse : une reconstitution du concept d'objet à partir de ses principes « idéaux » et « supra-sensibles ». Le principe d'inertie, dans le cas de la science du mouvement, est un bel exemple de cette amphibologie à rebours qui rend la science intelligible en ses premiers principes.

On approche au plus près de l'incarnation matérielle du « quelque chose en général » lorsqu'on le conçoit en termes d'éther. L'éther est cette matière située en deça du seuil de la perception, à titre de corrélat matériel mais transcendantal de tout ce qui est perceptible. Lorsque le sujet transcendantal donne au monde ce substrat matériel, il effectue la première opération amphibologique. Mais le sujet dont il est question en physique prend ce substrat pour la réalité même. On dira qu'il effectue une amphibologie à rebours, comme lorsque la physique nous dit que la cause empirique réelle de la perception de la lumière est un faisceau de photons que personne ne voit. Dans la perception de la lumière, le faisceau de photons joue le rôle d'une catégorie. Dans l'*Opus Postumum*, il apparaît que la double amphibologie est bien la condition de la physique. L'agitation incessante de l'éther représente le passage amphibologique dans les deux sens, du sujet à l'objet et de l'objet au sujet ; c'est ainsi qu'en fin de compte le mouvement de la pensée se double de la pensée du mouvement.

Dans un ouvrage de la période pré-critique (1763), Kant avait déjà développé une remarquable théorie systématique de la négation, qui annonce le parcours intellectuel remarquable qui devait conduire à la philosophie transcendantale. Kant s'insurge contre cette fatalité, bien visible dans l'histoire de la philosophie depuis Platon, qui nous ferait prendre la négation comme une modalité dégradée de l'affirmation ou de la réalité[5]. Contrairement à la *Critique*, la négation est ici une relation, non un moment de la qualité. Il s'agit d'une relation entre deux genres de rien : le *nihil negativum*, ou rien logique, qui est absolument impossible parce que contradictoire, et le *nihil privativum*, ou rien physique. Le but de Kant est de surmonter l'étroitesse de la logique traditionnelle, qui s'enferme dans le principe de contradiction et d'où la réalité physique serait en principe déductible. Dans l'opposition logique entre deux choses, une des deux choses est contradictoire avec l'autre, et le contradictoire est précisément impossible ; la pensée est coincée dans une impasse. Dans l'opposition réelle, par contre, la destruction mutuelle des deux prédicats d'un sujet reste pensable ; la conséquence de cette opposition est le rien physique. Ainsi, la situation de repos pour un corps peut être expliquée comme la conséquence de deux forces motrices agissant dans des directions opposées. Les deux tendances sont comme deux prédicats d'un même sujet, chacun positif en soi ; lorsqu'ils s'annulent par action réciproque, l'équilibre qui en résulte ne conduit pas à une situation irreprésentable. Mais penser la grandeur négative de manière positive est incompatible avec une règle automatique que la raison exercerait aveuglément. Au contraire, parmi toutes les forces, parmi toutes les directions possibles, il n'y en a jamais qu'une seule qui soit capable de contrebalancer celle qui est donnée. La grandeur négative réclame de la part de la raison la mise en œuvre d'un impératif de précision et d'identification. Le point 0 où les grandeurs négatives et les grandeurs positives se rencontrent est le point où le rien se divise en deux branches divergentes ; il fait échec à une synthèse régressive vers l'inconditionné, qui avance d'une manière itérative sans se soucier d'où elle vient.

Le point de l'auto-division du zéro n'est pas seulement le point de départ de la raison dans son rapport au monde réel, mais il représente aussi son terminus. En effet, la totalité du monde ne pourrait être rendue intelligible indépendamment de la décision d'une volonté. Newton pensait que si la force de répulsion était une force de portée cosmique, elle commencerait à exercer ses effets là où ceux de l'attraction commencent à faire défaut, de sorte que l'équilibre global de l'univers pourrait s'expliquer d'une manière purement mécanique, sans l'intervention de la puissance divine. Kant soutient qu'à l'échelle cosmique, la force d'attraction, au lieu de s'arrêter à un certain point, devient attraction négative en ce point. Il en conclut : « La totalité du monde n'est rien en elle-même, hormis le cas où elle est quelque chose de par la volonté d'un autre »[6]. Toutes les forces du monde entretiennent entre elles des oppositions réelles. La contradiction logique est incapable d'anéantir le monde, pourvu qu'un pouvoir de décision se manifeste en lui.

L'acte décisoire de l'esprit, lorsque celui-ci est impliqué dans la recherche d'une compensation exacte entre le négatif et le positif, évoque incontestablement la description par Kant de la révolution copernicienne en métaphysique, d'après laquelle la raison ne comprend des objets que ce qu'elle produit en suivant son propre plan. Reste la question de savoir d'où vient ce plan. Autrement dit, reste la question délicate de trouver une règle permettant de distinguer un acte efficace de l'esprit, capable de créer une opposition réelle, d'un acte inefficace. Kant la soulève déjà dans son essai pré-critique. Il y a des négations qui résistent toute positivisation, et le but de la règle est d'éviter une prise en compte sans discrimination du négatif en positif. L'exemple de toute première importance est le processus chimique de combustion. La disparition d'une flamme est expliquée par la perte de phlogistique (cette substance volatile dont on croyait au dix-huitième siècle qu'elle disparaît pendant la combustion), sans compensation par rien d'autre[7]. Toujours sous l'emprise du concept de phlogistique, Kant explique, dans la préface à la deuxième édition de la *Critique,* que l'œuvre du chimiste Stahl reflète la mise en œuvre du plan *a priori* de la raison. Stahl a réussi a changé des métaux en leurs oxydes, et ensuite à restaurer les métaux, en y retranchant ou en y restituant certains éléments[8]. Or, le principe de l'entendement pur qui correspond le plus fidèlement à cette opération de l'esprit est la permanence de la substance (Première Analogie). Les anciens affirmaient déjà, rappelle Kant, que rien n'est engendré de rien, rien ne fait retour au rien. Telles sont les deux propositions négatives qu'ils considéraient toujours simultanément, l'avenir étant gouverné par les mêmes règles que le passé. Prises ensemble, ces deux propositions négatives expriment ce qu'il y a de positif dans le principe transcendantal de la permanence de la substance, à savoir que le quantum de la substance totale n'augmente ni ne diminue jamais. L'unité dans l'expérience des *phénomènes* ne serait pas du tout possible sans l'unité du temps, de la même façon que l'unité du monde pris *en soi* ne serait pas possible sans l'unité d'une cause suprême.

Avec le principe transcendantal de l'entendement dans son usage empirique, tout se passe comme si l'impératif pré-critique d'identification et de précision se trouvait dilué au point d'être toujours automatiquement satisfait. Dans toute la *Critique*, rappelons-le, l'objet est pris d'une manière problématique (c'est pourquoi nous l'avons appelé le phénomène pur), c'est-à-dire « sans décider s'il est quelque chose ou rien »[9]. Si un objet est pensable tout en n'étant pas nécessairement quelque chose, il semble qu'il relève de l'impossibilité logique, cette même impossibilité que Kant avait déjà combattue dans son essai pré-critique. La décision critique se passe entièrement dans l'esprit, elle résulte de la mise en mouvement de la raison par sa propre capacité à imaginer, alors que l'impératif pré-critique impliquait une extraordinaire complicité de l'esprit avec son objet au point de départ de l'investigation du monde. Certes, la raison critique est également divisée avec elle-même dès le départ : elle l'est en pas moins de ces douze branches que sont les douze catégories de l'entendement. Mais à cause de cette énorme division, chaque catégorie, en tant que règle de synthèse, ne contient pas également le pouvoir de synthèse ; celui-ci est délégué à une disposition unique de l'esprit, qui est l'unité originairement synthétique de l'aperception, seule instance capable de neutraliser les contradictions possibles entre catégories. Pour avoir admis ce pouvoir exorbitant, la raison paie le prix : il ne peut contenir ou se rapporter à aucune intuition déterminée[10], sinon l'unité de la conscience ne serait jamais une avec elle-même lorsqu'elle s'élève au-dessus du divers contingent des données de la sensation. Abandonnant toute complicité avec une intuition immédiatement orientée dans le monde, complicité dont la physique nous offre des illustrations remarquables dans la théorie du mouvement, comment l'esprit critique, si nu et désincarné, va-t-il retrouver le monde transcendant qui, bon gré mal gré, doit bien le revêtir d'un manteau empirique ?

2. *L'écho du monde transcendant*

Il y a deux interprétations possibles de tout le projet kantien quant à son investigation des premiers principes métaphysiques de la science de la nature. Soit ces premiers principes sont destinés à aider la raison à déterminer le mieux possible l'objet originellement indéterminé de la sensation[11]. Soit ils constituent une réflexion sur l'objet tel qu'il est déjà déterminé indépendamment par la science ; cet objet (par exemple un corps en mouvement inertiel) n'est certainement pas indéterminé au sens critique du phénomène. C'est le procédé même de Kant qui justifie notre préférence pour la deuxième interprétation au détriment de la première. Si la science constituée fait avancer l'intelligibilité de la nature en effaçant les traces du premier état subjectif, la critique retrouve ces traces, non pour relativiser les prétentions objectives de la science, mais pour faire voir en quoi le sentiment immédiat des objets naturels donnés contribue à l'objectivité future. Au lieu de commencer avec les formes pures de la sensibilité, d'où est expurgée la sensation en sa composante matérielle, les principes métaphysiques (comme il était déjà annoncé dans les *Prolégomènes*) commencent avec le jugement de perception, et ces principes peuvent être qualifiés de « premiers » parce que le jugement de perception est cet état mixte de pensée et de sensible qui récapitule notre premier rapport à la nature, déjà médiatisé par l'histoire qui nous précède.

La Dynamique constituait le moment le plus élevé de toute l'investigation, puisqu'elle montrait comment une physique comme celle de la gravitation universelle cherchait à amplifier les Anticipations de la Perception ; la dernière œuvre post-critique poursuit ce projet vis-à-vis des forces chimiques : Kant cherche alors à voir quelle est la partie du système transcendantal qui sera touchée par la physique de la chaleur, la lumière, le son, etc. Ainsi, au passage vers la physique comme système appartient la question de l'anticipation de certaines représentations empiriques requises à cet effet[12]. La philosophie et la physique, chacune comprise comme un système, vont-elles finalement faire le pont l'une avec l'autre ? D'avance nous savons que non. Non pas parce qu'il faudrait un temps infini pour arriver à collecter toutes les données empiriques ; c'est une chose banale de le dire. Mais parce que la faculté de juger réfléchissante, seule maître du jeu en cet endroit, n'est *même pas régulatrice de l'idéal d'une science complète et achevée du côté de l'objet* :

> « La faculté de juger réfléchissante, qui est obligée de remonter du particulier dans la nature à l'universel, a donc besoin d'un principe qu'elle ne peut emprunter à l'expérience, parce que justement il doit fonder l'unité de tous les principes empiriques sous des principes pareillement empiriques, mais supérieurs, et ainsi la possibilité d'une subordination systématique de ces principes les uns aux autres. Un tel principe transcendantal, la faculté de juger réfléchissante ne peut ainsi que se le donner à elle-même comme loi, sans l'emprunter ailleurs (parce que, sinon, elle serait faculté de juger déterminante), *ni le prescrire à la nature*, parce que la réflexion sur les lois de la nature *se règle sur la nature*, et que celle-ci ne se règle pas sur les conditions selon lesquelles nous aspirons à en obtenir un concept totalement contingent par rapport à elle »[13].

Le jugement réfléchissant ne peut trouver son principe ultime en l'empruntant à l'expérience, et pourtant il se règle sur la nature en contradiction évidente avec le renversement copernicien. En ce sens, la réflexion sur le principe ultime de toute la connaissance coupe court à tout mouvement qui irait de l'objet au sujet ou inversement du sujet à l'objet : la faculté de juger ne peut que se le donner à elle-même et imposer sa contingence, au mépris du monde et de notre relation cognitive à lui. Afin de combiner ces deux exigences apparemment contradictoires, la faculté de juger se donne son principe à elle-même *comme si un autre entendement supérieur* la lui donnait, ceci « afin de rendre possible un système de l'expérience selon des lois particulières de la nature » ; cet entendement est différent du nôtre en ce que le divers sensible lui serait immédiatement donné en sa totalité, donc un entendement qui justement n'exigerait aucune réflexion pour arriver à ses fins.

De la sorte, grâce à l'opération d'auto-référence qui la renvoie dans un sujet supérieur, la réflexion évite de tomber dans le flux amphibologique qui lui ferait objectiver sa condition subjective. Parce qu'elle se tient en retrait du flux, elle est donc en même temps la condition qui permet de penser l'amphibologie, aussi bien dans la direction problématique vers les idées de la raison (version transcendantale de la métaphysique) que dans la direction de reconstitution du concept d'objet (version métaphysique du transcendantal).

Ce que nous avons appelé phénomène pur, qui n'est ni l'objet idéal de la science ni le corrélat empirique des catégories, est donc bien le corrélat dans l'objet de l'activité de réflexion, qui nous dispense de la tâche infinie qui consisterait à exiger des catégories *a priori* de l'entendement qu'elles procurent un fondement rationnel pour toutes les vérités empiriques ; cette activité en appelle finalement au monde transcendant de l'entendement intuitif, parce qu'elle ne peut progresser qu'en se fixant chaque fois temporairement sur des déterminations dont l'objectivité empirique nous éblouit encore. Comme elles se réfèrent problématiquement à un entendement intuitif, les maximes de la faculté de juger réfléchissante n'ont pas de rôle régulateur vis-à-vis des objets empiriques, car si elles en avait un, elles ne seraient pas différentes des maximes de la raison[14].

Parce qu'elle permet de penser l'amphibologie sans entrer dans son jeu, la faculté de juger n'est donc pas non plus tenue d'assurer la transition de la partie pure de la science de la nature au reste de cette science, qui comprend tout l'empirique. Une fois mise en place l'*opposition* entre la partie pure et le monde empirique de la force de gravité, la réflexion doit se demander que faire de l'énormité des liaisons empiriques restantes. Si les *Premiers Principes* constituaient une spécification de la nature en général (légiférée par les catégories) sous l'égide des propriétés de la matière, il faudrait immanquablement se poser la question de savoir pourquoi des spécifications plus poussées encore, à vrai dire sans fin, ne seraient pas admissibles[15]. S'il en allait de la sorte, Kant tomberait sous le coup des critiques que Hegel a adressées à toutes les philosophies idéalistes de la nature : appliquant le même moule de l'identique aux matériaux les plus divers, l'idée certes vraie dont on est parti ne ferait jamais que rester à son début[16]. Au contraire, au lieu de constituer une doctrine entièrement constitutive et déterminante, les *Premiers Principes* sont déjà une réflexion sur le matériau fourni par la physique newtonienne, donc un véritable *Übergang* qui fait passer des principes *a priori* de l'entendement pur au concept empirique de mouvement ; s'ils s'achèvent sur un concept problématique comme celui d'éther ou de calorique, c'est que si l'amphibologie à rebours (« métaphysique de la science ») doit bien terminer son parcours, elle ne peut le faire qu'en retrouvant le point de départ de toute amphibologie, c'est-à-dire son versant transcendantal qui conduit aux Idées de la Raison. Il serait incompatible avec l'esprit de la philosophie critique que celle-ci attende de la science à venir un éclaircissement de la notion d'éther, qui conduirait ce concept au niveau déterminant[17]. Conformément à la structure de la réflexion, le matériau empirique restant va plutôt nous forcer à tout reprendre au point de départ. L'objectif que se fixe Kant dans l'*Opus Postumum* est de renverser à nouveau les termes, et d'attribuer au concept d'éther le rôle de premier principe, point de départ d'une nouvelle reconstitution du concept d'objet qui, du fait de ce dernier renversement, ne pourra plus revenir du tout à son point départ transcendantal. Alors seulement la métaphysique de la science communiquera avec la physique comme science à part entière, et pourra sauter par-dessus les limitations transcendantales que sont par exemple les antinomies.

Ainsi, Kant reconnaît dans l'*Opus Postumum* la limitation qui consistait à écarter de la Mécanique les forces motrices propres à la matière et à ne retenir que les forces qui se communiquent par le mouvement ; bien que tout mouvement ne soit effectivement qu'imparti par un autre, il doit exister des forces motrices absolument originelles qui restent à découvrir[18]. Autrement dit, quand par réflexion nous tenons compte du monde empirique restant, tous les premiers principes métaphysiques de la science newtonienne se réduisent à une vaste phoronomie, c'est-à-dire au mode de penser cartésien. Un principe de la réflexion pourra donc bien nous aider à progresser au-delà de toute limite donnée de l'expérience ; par exemple, pour passer du modèle dynamique du système solaire à celui du système des étoiles, on pourra se baser sur l'excentricité des comètes et imaginer que les étoiles gravitent autour d'un centre commun avec les comètes voyageant d'un système solaire à l'autre[19]. Mais si nous pouvons bien progresser de la sorte au-delà de l'expérience, c'est que la réflexion va seulement de l'avant et ne peut revenir sur soi ; elle va à la rencontre d'un entendement supérieur en essayant indéfiniment de l'imiter. Le point de départ lui-même, étant la condition de toute réflexion, devient problématique parce qu'il ne peut se réfléchir. Nous sommes ramenés à la transparence intuitive de l'évidence mathématique (*i.e.* les premiers principes sont essentiellement une phoronomie). Quand on passe des Idées de la raison sur le maximum au maximum en tant que tel (par exemple l'excentricité des comètes élargie aux étoiles), on retombe sur la matériau empirique brut de départ, sans qu'aucune schématisation nous aide à discerner : « les idées sont ici dépendantes de la faculté de voir »[20].

Cette dernière voie prise par la réflexion sur les premiers principes métaphysiques de la science de la nature donne une mesure du vertige qui devait se présenter aux yeux de Kant : si, au moment d'englober l'intégralité du monde empirique dans l'intégralité des principes physiques, toute la physique devient une vaste phoronomie, c'est qu'il reste à penser rien moins qu'une *relativité absolue du mouvement* pour définir ce principes. À bien des égards, en comparaison d'un tel programme, ce qui a été accompli au XXe siècle par la théorie de la relativité générale est bien modeste. La conclusion à laquelle aboutit la réflexion transcendantale sur les premiers principes de toute science de la nature est donc la suivante : quand le sujet a finalement pris pleine possession de son pouvoir transcendantal, la science de la nature *s'auto-détruit* ; il n'y a plus en elle *aucune* capacité à extraire du relatif un quelconque absolu. Non pas que la science s'auto-détruise jamais effectivement ; l'instance de la réflexion est elle-même empêchée d'aller jusqu'au bout de sa vigilance critique.

3. *La nature à l'épreuve du temps*

Le progrès réalisé par la physique contemporaine vis-à-vis de la physique classique consiste dans son émancipation par rapport à la notion d'observateur muni d'une conscience. Depuis l'avènement de la théorie de la relativité restreinte, la structure causale de l'espace-temps relève des mesures effectuées par un observateur « idéal », qui donne corps à l'observateur idéal déjà imaginé par Laplace pour prouver le déterminisme absolu des lois de la mécanique. Du point de vue kantien, on pourrait dire que l'observateur idéal voit le monde au moyen d'une sorte d'intuition intellectuelle qui le rend capable d'intuitionner directement un divers sensible, comme si la forme même du divers devenait un aspect de la forme de l'intuition pure. Dans la *Critique de la Raison Pure* Kant admet cette possibilité : la nature est l'ensemble des objets donnés aux sens ou à une autre espèce d'intuition[21]. Or, la distinction entre usage immanent (physique) et usage transcendant (hyperphysique) de la raison dans la nature est indépendante du mode de donation des objets. Une physique fondée sur l'intuition intellectuelle est donc parfaitement admissible. Mais tout se passe alors comme si la raison n'avait plus besoin de se démarquer vis-à-vis d'un entendement supérieur, donc comme si la visée métaphysique vers le monde idéal était déjà satisfaite ! C'est bien que ce que nous entendons habituellement depuis plus d'un siècle : la science prend en charge les questions réservées traditionnellement à la métaphysique. La tâche d'une philosophie transcendantale de la nature aujourd'hui sera donc, paradoxalement, de *rabaisser* cette idéalité, posée dogmatiquement, au niveau du monde-de-la-vie. Par rapport aux données intuitives, la science doit devenir substruction et non construction. Le monde-de-la vie n'est évidemment pas le sens commun ordinaire, mais le sol qui sert de soubassement aux constructions scientifiques ; ce sol, comme l'a montré Husserl, résulte déjà d'un important travail d'abstraction. Il va s'agir de reprendre les théories physiques à leur début : les forcer à parler le langage transcendantal, cela consiste désormais à pousser la physique à regarder d'où elle vient, non pas où elle va. Il faut réfléchir sur la réflexion. Moyennant ce nouveau renversement, le programme d'une phénoménologie des sciences de la nature peut se définir de la manière suivante : « Comment est-il possible de déterminer scientifiquement les choses en tant qu'unités posées empiriquement quand pourtant elles incluent un nombre infini de significations ? »[22]. Comment la préfiguration de l'objet naturel en son idée reste-t-elle compatible avec le nombre infini de possibilités empiriques ? Pour arriver à maîtriser la contingence à l'intérieur de l'idée, tout en préservant la contingence, l'*a priori* doit devenir le domaine le plus étendu de la pensée – ce qu'il devient chez Husserl, mais au prix d'apories fantastiques qu'il reste à éclaircir.

Ici encore Einstein nous met sur la voie pour comprendre ce qu'il en est d'une réflexion sur la réflexion à l'œuvre dans la physique contemporaine. Dans la préface qu'il a rédigée pour la traduction anglaise du *Dialogue* de Galilée, il explique que, suivant l'exemple de Galilée, un bon raisonnement scientifique n'accepte comme critère de vérité que l'expérience empirique jointe à une réflexion prudente et minutieuse *(sorgfältige Ueberlegung)*[23]. Mais la question se pose de savoir jusqu'où cette minutie peut ou doit être poussée. Si l'on forçait l'exercice de pensée à tirer des concepts spéculatifs tout ce qu'ils peuvent donner, nous ne ferions que retomber sur le modèle prégaliléen de la nature réduite à un ensemble de propositions abstraites et spéculatives. Mais d'un autre côté, les propositions abstraites de la science prégaliléenne sont pour la plupart appliquées directement à l'expérience sensorielle non-médiatisée. Par conséquent, si l'on poussait la pure réflexion dans ses derniers retranchements, on ne ferait que retomber, dit Einstein, sur le matériau empirique de départ. Que la réflexion me mette loin des choses ou que je place mon regard empirique au plus près d'elles, dans les deux cas je ne discerne rien : soit mon entendement a dû se pétrifier pour supporter le poids de son agrandissement, soit j'ai un entendement borné que l'on pourvoit en vain en une surabondance de règles pour en sortir quelque chose. La science bien conduite exige de la réflexion de se mouvoir dans une sphère qu'elle doit en même temps préserver comme indépendante : telle est la distance entre l'observable en principe et ce qui est observé effectivement. Heisenberg évoquait un jour avec Einstein les idées qui devaient le conduire aux relations d'incertitude en mécanique quantique : inclure dans la théorie les seules grandeurs qui sont observables. N'était-ce pas justement cette foi dans l'observabilité qui avait conduit Einstein lui-même à rejeter le temps absolu dans la théorie de la relativité : on ne peut observer le temps absolu, mais seulement des indications fournies par des horloges. À quoi Einstein devait répliquer que cette philosophie est parfaitement absurde :

> « d'un point de vue heuristique, il peut être utile de se souvenir de ce que l'on observe vraiment. Mais, sur le plan des principes, il est tout à fait erroné de vouloir baser une théorie uniquement sur des grandeurs observables ... C'est seulement la théorie qui décide de ce qui peut être observé »[24].

C'est seulement lorsque la réflexion va de l'avant qu'elle peut avoir confiance dans la lisibilité immédiate des données observées. Mais cette lisibilité dépend elle-même de la présomption qu'une partie importante des lois antérieures déjà connues fonctionne bien. Par exemple, dans la théorie de la relativité restreinte, la connexion temporelle entre observations de rayons lumineux effectuées sur des systèmes de référence en mouvement les uns par rapport aux autres est certes en contradiction avec Newton, mais elle admet implicitement que le trajet de rayons lumineux de l'horloge à l'œil est conforme à la physique classique. Entre les grandeurs observées et les grandeurs observables, il y a tout le fossé qui sépare une réflexion qui va de l'avant et une réflexion sur soi que toute théorie doit comporter en principe. Elargir le champ *a priori* de l'entendement tout en lui conservant la flexibilité requise par la faculté de juger : telle est l'exigence de la réflexion bien conduite, qui ne pourra se satisfaire d'un simple entre-deux comparable à un « flou artistique ».

La mécanique newtonienne implique une séparation absolue entre l'absolu et le relatif. Il y a un seul point de contact entre l'absolu et le relatif, c'est la classe des mouvements accélérés, où l'on assigne (en principe sans ambiguïté) une cause à un effet supposé absolu. La cause absolue de cet effet absolu sera une force, qui agit dans un espace tout aussi absolu parce que dynamiquement amorphe ; l'accélération est donc la seule trace de ce que les choses sont en elles-mêmes. Par contre, en relativité générale, l'accélération perd son privilège comme point de contact entre l'absolu et le relatif, car elle est intégrée dans une inertie généralisée ; il n'y a plus de séparation entre cause et effet mais relation mutuelle entre les corps matériels et un espace qui répond dynamiquement à leur présence, qui n'est plus amorphe mais ductile. Quel sera alors le point de contact entre l'absolu et le relatif ? La théorie de la relativité s'est toujours partagée entre deux réponses en principe corrélatives : il y a d'abord la matière, dont la distribution globale doit représenter la somme totale de tous les événements relatifs ; il y a ensuite la forme, conçue comme un invariant généralisé. Mais de l'espoir d'une corrélation définitive à sa réalisation effective, il y a une marge énorme, et le relatif insuccès de l'entreprise fait retomber la théorie dans le giron d'une réflexion sur les conditions de possibilité d'une telle corrélation, et donc aussi de la théorie dans son ensemble. Philosophie transcendantale et relativité générale se retrouvent toutes deux ici dans la même précarité. D'un côté, Kant maintient qu'il est impossible de dépasser complètement le monde des phénomènes pour parvenir à l'en soi. Mais d'un autre côté, comme l'a bien vu Gödel, au-delà de la question d'une réduction conventionaliste de la géométrie de l'espace-temps à une observation sur le comportement de la matière dans l'espace et le temps, aucune expérience scientifique ne nous force jusqu'à présent à abandonner l'interprétation classique (newtonienne) de l'espace et du temps comme réalités objectives, précisément parce que des expériences ne font sens qu'accompagnés de certains principes généraux, et la théorie de la relativité a cela de particulier qu'elle « doit son origine, sans doute plus qu'aucune autre théorie physique, à certains principes très généraux, et c'est seulement plus tard qu'elle a été vérifiée dans ses implications par l'expérience »[25]. En relativité générale, nonobstant les vérifications empiriques spectaculaires auxquelles elle a donné lieu, la décision d'inclure l'accélération dans la classe des états inertiels entraîne que la distance entre le monde de l'expérience et celui de nos constructions rationnelles s'agrandit[26] : c'est en ce sens que le choix de l'inertie généralisée contre la force newtonienne de gravitation relève de la faculté de juger, c'est-à-dire de cette recherche du principe de l'unité ultime du divers, qui va de l'avant quand bien même ce principe nous resterait inconnu.

En relativité générale l'idée de l'inertie généralisée conduit à une sorte de phoronomie généralisée, parce que le phénomène de gravitation intervient beaucoup plus tôt que dans la physique newtonienne, au niveau de la catégorie de quantité (et non la qualité). Si le phénomène de gravitation intervient plus tôt dans la hiérarchie des catégories, c'est que la relativité générale procède d'une extension de la troisième loi de Newton ; au lieu de se limiter à décrire le *phénomène* d'action et de réaction, la théorie de la relativité générale est générale en ceci qu'elle est fondée sur une action et une réaction des *lois* de la dynamique et de la géométrie ; l'espace-temps courbe et le phénomène de gravitation sont un seul et même phénomène. Or, nous l'avons vu, la troisième loi de Newton, par symétrie avec la Troisième Analogie de Kant, est le point où s'éteignent les capacités temporalisantes du schématisme, où la succession redevient simultanéité. En tant que phoronomie généralisée, il n'est donc pas surprenant qu'à l'échelle cosmique la relativité générale retrouve la simultanéité d'un temps absolu (hypothèse d'hyperbolicité globale). Or, cette phoronomie généralisée est un remaniement de la nouvelle phoronomie qu'est la théorie de la relativité restreinte, où intervient la relativité de la simultanéité. La relativité restreinte a détruit l'objectivité de la simultanéité à distance, c'est-à-dire la notion d'un même instant en deux points distincts de l'espace. Pourquoi la relativité générale, dans ses solutions cosmologiques, ne détruit-elle pas également la notion d'une direction unique du temps, c'est-à-dire la séquence objective de différents instants en un même point ? Tout se passe comme si la relativité générale éprouvait une répugnance à poursuivre les concepts fondamentaux de la relativité restreinte jusqu'à leur conclusion logique. Cette résistance doit devenir le lieu d'une réflexion transcendantale sur la physique contemporaine. Tandis que chez Kant le sens interne s'infligeait violence pour retrouver un sens objectif de la simultanéité, à l'encontre de l'appréhension successive du temps dans l'imagination, la relativité restreinte inflige aussi une violence au sens interne, mais avec l'effet inverse puisqu'il conduit à l'abandon de la simultanéité objective.

Il est intéressant de remarquer que le court dialogue qui eut lieu en 1922 entre Einstein et Bergson nous permet justement de procéder comme une nouvelle philosophie critique de la nature l'exigerait. Bergson commence par prendre la physique relativiste comme si elle avait réussi : il n'a aucune objection contre la définition einsteinienne de la simultanéité. Ce fait est capital, puisque la relativité de la simultanéité reste la pierre angulaire de toute la représentation de l'espace-temps minkowskien et son réaménagement à la suite de l'incorporation de la gravitation en relativité générale ; le principe einsteinien d'équivalence nous a appris que, pour passer de l'espace-temps vide à l'espace-temps compatible avec la gravitation, il faut seulement modifier la structure de départ et non ajouter une structure nouvelle. Mais ensuite, Bergson veut forcer la physique nouvelle à parler le langage auquel rien ne la prépare, *i.e.* la durée. Dans la Troisième Analogie de Kant, l'élimination du temps de la physique était elle aussi préparée par une élimination de la durée. En effet, dit Bergson, « il reste à chercher jusqu'à quel point [la physique] renonce à l'intuition, jusqu'à quel point elle y demeure attachée »[27]. Cette séparation ne fait pas de la relativité une théorie hybride, car la définition opérationnelle de la synchronisation de deux événements distants admet implicitement, pour chaque événement pris individuellement, qu'il existe une simultanéité intuitive entre cet événement et l'indication d'une horloge placée à côté de lui. La simultanéité intuitive résulte d'un *acte d'attention* indivisible, tandis que la simultanéité opérationnelle implique une *attention* qui se dédouble en se portant d'un événement à l'autre ; c'est l'intuition qui permet à l'opération de se scinder en deux moments qui ne sont pas complètement séparés l'un de l'autre. On pourra objecter à Bergson que la durée intérieure dans le flux de conscience fait de nous des pures consciences, détachées des rythmes du monde extérieur sans lesquels il semble difficile d'obtenir une perception du temps qui passe. Mais à partir de la sensation que nous avons de durer, Bergson montre que « nous étendons... notre durée à notre entourage matériel immédiat. Comme, d'ailleurs, cet entourage est lui-même entouré, et ainsi de suite indéfiniment, il n'y a pas de raison... pour que notre durée ne soit pas aussi bien la durée de toutes choses... Dès lors nous pouvons... éliminer les consciences humaines... disposées de loin en loin comme autant de relais pour le mouvement de notre pensée : il n'y a plus que le temps impersonnel où s'écoulent toutes choses...L'idée d'un temps universel, commun aux consciences et aux choses, est une simple hypothèse. Mais c'est une hypothèse que je crois fondée, et qui, à mon sens, n'a rien d'incompatible avec la théorie de la relativité »[28]. L'expérience ordinaire, qui rattache le temps qui passe aux événements du monde, n'est pas perdue. Mais comme chez Kant, on ne s'intéresse pas vraiment à elle pour son propre compte, car il y a dans la durée une *visée* qui tire au-delà de notre conscience ; cette visée doit s'effectuer *au risque de perdre contact* avec l'expérience ordinaire.

Ce serait donc une erreur de croire que la physique mathématique elle-même doive se charger de l'intégration du monde-de-la-vie dans son discours, ou même que la physique, suite aux crises de sens qu'elle a subie au vingtième siècle, retrouve pour ainsi dire à son insu une problématique transcendantale à l'intérieur de son développement interne. Au début du XXe siècle, les philosophes ont vu dans la temporalité l'essence des choses en tant qu'elle communique avec les projets humains, contre le discours abstrait de la science qui tendait toujours à passer par-dessus elle, comme si la temporalité vécue n'était justement qu'une qualité seconde inessentielle. Mais les recherches sur les situations physiques loin de l'équilibre aboutissent maintenant (cf. l'œuvre de Prigogine) à attribuer à l'univers lui-même cette flèche du temps irréversible qui caractériserait aussi notre vie intérieure. Le temps non mathématisable de Bergson invente du nouveau à chaque instant, et ce sont précisément des rythmes de cette sorte que la physique mathématique serait en train de découvrir dans les équations non linéaires qui caractérisent un système loin de l'équilibre (ainsi un organisme vivant). À ce compte, la philosophie de la temporalité forcerait la physique à retrouver les événements de notre vie quotidienne, ces événements que la physique mathématique avait d'abord écartés parce que sources de confusion et d'erreur. L'intention directrice de la physique mathématique à l'époque moderne était-elle de séparer qualités premières et qualités secondes afin de remettre à plus tard l'examen des questions plus difficiles enveloppées dans les qualités secondes ? Ce serait se méprendre sur la radicalité de cette intention. La mathématisation de la nature tire sa justification d'une séparation définitive. Tout au plus pourra-t-on admettre que le progrès de la science viendra d'un transfert, poussé aussi loin que possible, des qualités secondes vers les qualités premières ; ce que l'on croyait être purement subjectif peut, en fait, recevoir un traitement mathématique. Tant que le transfert se poursuit, il ne peut qu'accroître en proportion la prépondérance de la faculté de juger, qui ne pose la loi pour elle-même que pour remettre le principe ultime à plus tard. À supposer que le transfert réussisse complètement et définitivement, alors, comme dit le poète, la vraie vie est ailleurs. Une philosophie critique de la nature se doit d'accepter le fait que Kant a de bonnes raisons pour rester proche de l'esprit, sinon de la lettre de la révolution scientifique du dix-septième siècle : les données de la vie immédiate ne sont qu'effleurées par l'abstraction afin de servir de tremplin pour la métaphysique.

Or, dans le progrès de la réflexion vers les premiers principes métaphysiques de la science de la nature, l'étape fondamentale est désignée par Kant dans la Dynamique : c'est le concept de la *mobilité par soi*. Son intelligibilité, nous l'avons vu, réclame déjà un élargissement de notre entendement discursif ; elle est donc préparée par l'élargissement du schématisme transcendantal dans le passage de la deuxième à la troisième Analogie. Plus généralement, l'élimination du temps, dès la Phoronomie, conduit à pousser la réflexion sur les premiers principes de la physique du côté de l'*espace* et du *mouvement*, alors que le point de départ de la physique théorique conventionnelle se situe dans les notions d'espace et de temps. Le temps n'est-il pas la qualité humaine qui ouvre au monde, et de cette ouverture la physique doit-elle se préoccuper, comme par exemple lorsqu'elle cherche à intégrer la notion d'irréversibilité dans les lois de la nature sous prétexte que cette irréversibilité est un fait fondamental de l'existence humaine ? Si l'espace et le mouvement sont les points de départ au détriment du temps, alors il incomberait à la physique la tâche de construire le temps comme « un descripteur du mouvement dans l'espace »[29] (au lieu de considérer le mouvement comme une modification spatiale au cours du temps), tâche qui nous ramène à la vision aristotélicienne de la nature où le temps est le nombre du mouvement.

Proche de la terre, le temps associé à une créature vivante est bien irréversible puisque, dit Aristote, son pouvoir est de détruire tout ce qui se fait, et le mouvement défait ce qui est[30]. Si le maintenant ponctuel (dans la distinction de l'avant et de l'après) nous accorde bien à la fluidité naturelle des choses et des événements qui filent vers leur dépérissement, lorsque les intervalles de temps gagnent en longueur ils nous font perdre cette sympathie mutuelle, puisque la ligne droite du temps de notre vie est finalement cassée par la mort. Toutefois, il se produit plus loin encore une remarquable réhabilitation du pouvoir qu'a l'esprit de communiquer avec la nature, bien que ce pouvoir soit désormais marqué par l'indice de la mort. En effet,

> « l'idée courante, que les affaires humaines sont un cercle, s'applique aussi aux autres choses qui ont le mouvement naturel, la génération et la destruction. Et cela, parce que toutes ces choses ont le temps pour règle et prennent fin et commencement comme si elles se déroulaient selon une certaine période ; et en effet, le temps même paraît être un certain cercle »[31].

Ainsi en va-t-il du temps sublunaire qui reflète le temps circulaire des cieux en ce qu'il exhibe une multiplicité de cycles de vie. Le temps est finalement objectivé lorsqu'il se réfère aux cycles de génération et de destruction naturelles causées par le mouvement du soleil. Le temps circulaire de la vie appartient à la vie de plusieurs individus unis par les liens de l'hérédité. C'est à ce niveau seulement, dans la répétition inlassable du même, qu'on peut dire du temps qu'il « explique » les choses qui transcendent notre expérience de l'ici et du maintenant. De la sorte, Aristote nous avertit qu'il n'est pas légitime de passer du temps local au temps global simplement en étirant la linéarité du premier jusqu'à n'importe quelle grandeur ; la distinction locale de l'avant et de l'après ne peut pas être implantée d'une manière univoque sur une ligne du temps sans limite. La nature et l'esprit ne sont pas deux mondes organisés par le même temps, au contraire la nature est elle-même un monde à deux temps, séparés l'un de l'autre comme l'un du multiple, l'interne de l'externe.

Mais un monde à deux temps est tout aussi bien un monde sans temps. Car lorsque la séparation n'est plus accomplie en partant de l'intuition du mouvement qui se donne à la vue dans l'espace, mais plutôt en partant d'une intuition qui se dérobe (la révolution de la terre autour de son axe, que nous ne percevons pas), seuls restent à comprendre ce mouvement et cet espace en tant qu'ils se prêtent au travail du concept.

4. *Une nature morte*

Les *Premiers Principes* sont tout aussi bien des principes premiers, en ce sens qu'ils sont une réflexion sur ce que Kant appelait dans la préface à la deuxième édition de la *Critique la Raison Pure* la « première idée » de Copernic ; si la critique avait imité la science jusqu'à accomplir le deuxième pas (le soleil comme centre du système solaire), la réflexion métaphysique sur la science n'aurait effectivement plus de raison d'être, parce qu'elle serait tout entière accaparée par ce qui vaut à chaque époque comme sa « dernière idée ». Du point de vue critique, la science n'a besoin que d'*Anfangsgründe*, des fondements initiaux, qui s'effacent en tant que fondements dès l'instant où la science se prend elle-même en charge. La physique post-newtonienne nous invite à repérer de nouvelles « premières idées » – celles d'Einstein, de Boltzmann, ou de Heisenberg.

Comment caractériser la renaissance de l'étonnement au vingtième siècle ? S'enfonçant toujours plus avant dans l'amphibologie de la réflexion prise à rebours, la science après Kant a fini par ne plus faire confiance qu'au concept d'objet au détriment de l'intuition (et donc du travail de l'imagination) qui doit lui donner sens. Le mouvement est brillamment amorcé par le néo-kantien Herman Cohen, qui redéfinit la catégorie de réalité : au lieu de l'opposer au rien de la négation et de la définir selon son degré, il l'explique comme la négation infinie du rien, c'est-à-dire un acte de poser *(setzen)* qui relève seulement du jeu des catégories entre elles. Ainsi également Mach, qui à la fin du XIXe siècle corrige l'assertion kantienne selon laquelle il n'y a de science que pour autant qu'elle contient de la mathématique : Mach ajoute qu'une science digne de ce nom n'opère qu'avec des concepts. De plus, là où Kant posait l'asymétrie fondamentale de toute la critique (« les pensées sans contenu sont vides, les intuitions sans concepts sont vides »), Mach renverse les termes et porte le sens au niveau des concepts : pour lui, les concepts sans intuition sont aveugles, tandis que les intuitions sans concept sont boiteuses. Une des conséquences les plus profondes de ce renversement se montre dans l'extraordinaire transformation de sens subie par la science de la nature au XXe siècle : elle semble tout entière inféodée à la fécondité d'un type de preuve, la preuve d'impossibilité, qui marque un nouveau départ vis-à-vis de l'anticipation de la négation au sens de Kant. Einstein élabore la relativité restreinte en partant de l'impossibilité pratique de transmettre un signal à une vitesse supérieure à celle de la lumière. Heisenberg crée le formalisme de la mécanique quantique en partant de l'impossibilité d'une mesure simultanée de ces deux quantités (position et moment) qui jouent le rôle de termes primitifs dans la physique de Newton. Déjà la thermodynamique du XIXe siècle avait trouvé son essor dès l'instant où l'impossibilité pratique du mouvement perpétuel constituait la base d'un principe d'irréversibilité vers la symétrie maximale. Le concept de singularité, bord de l'espace-temps où converge toute action physique connue, est sûrement le point culminant de ce mouvement de pensée. Chaque fois, tout se passe comme si la prétention à l'objectivité résultait d'une connivence qui existerait entre notre connaissance impossible et les impossibilités de la nature elle-même. Connivence d'où est rejeté tout ce qui ne peut pas se communiquer, ce que Galilée appelait les « qualités secondes » (comme le goût, l'odeur, etc.), qui résident seulement dans notre propre corps sensible parce qu'elles n'existent qu'*après* que le monde ait déjà été constitué sans nous.

Mais qu'en est-il des preuves d'impossibilité lorsque la théorie confronte la représentation globale de la nature, comme c'est le cas en cosmologie relativiste ? Il existe dans ce cas une sorte de logique de la transgression. L'idée fondamentale d'Einstein était que le champ métrique (qui fixe toutes les mesures) doit être conçu comme la représentation d'une structure géométrique qui existe réellement (le champ de gravitation) parce que la source de cette structure est la distribution de matière et d'énergie dans l'univers. Si la contribution de matière et d'énergie venait à disparaître, il n'y aurait plus rien à représenter. Pourtant, des solutions globalement vides existent qui sont compatibles avec la théorie. Dirons-nous alors que, du point de vue logique, la théorie traite objectivement d'entités qui peuvent fort bien ne pas exister ? Passant des solutions aux lois proprement dites, peut-être n'y a-t-il aucune contradiction logique à penser la possibilité de lois qui s'appliquent à des univers qui n'existent pas. En pratique, la physique se contente d'une telle vision d'après laquelle notre univers n'est que l'une des possibilités parmi une série de possibilités qui ne passent pas nécessairement le seuil de l'existence. La relativité générale n'est pas suffisamment contraignante pour écarter des possibilités qui ne sont pas réalisées dans la nature ; on attend de l'évidence empirique qu'elle nous dise comment discriminer entre différents candidats plausibles. Les équations de la relativité générale peuvent bien s'appliquer en principe à toutes sortes de mondes purement possibles (sans spécification du référentiel), mais nous ne comprenons la relation de ces équations au monde réel que lorsque nous tentons de les résoudre pour tel ou tel système donné, qui spécifie de lui-même le choix du système de référence. Il importe donc de poser la question suivante : Quelle est ici la preuve d'impossibilité qui permet de faire le tri et dire que tel modèle existe ou n'existe pas ? Aucune preuve de cette sorte n'a jamais été trouvée, sauf précisément au niveau des conséquences de la théorie déjà constituée. Ainsi, Hawking et Ellis écartent l'existence de courbes fermées de genre temps dans l'univers, en dépit du fait que de telles courbes (par exemple dans une solution trouvée par Gödel) sont théoriquement possibles, en s'appuyant sur l'argument selon lequel un observatuer voyageant le long d'une courbe fermée arriverait avant son départ ; il pourrait agir de telle sorte que le départ n'ait pas du tout lieu. Précisément parce qu'elle implique la sensibilité d'un individu, aussi idéalisé soit-il, ce genre de preuve ne prouve rien parce qu'elle garantit à l'observateur une liberté exorbitante d'auto-destruction, sans commune mesure avec les contraintes d'une vraie liberté dans le monde pré-scientifique donné. Parce que la sensibilité de l'observateur fait ici irruption sans aucune préparation critique, la soi-disant preuve ne dit rien sur la manière dont le monde indépendant de nous est effectivement constitué dans ses caractéristiques temporelles. On pourrait utiliser la terminologie de Galilée et dire que dans ce contexte le temps n'est toujours rien de plus qu'une qualité seconde. L'essence cosmique du temps reste à penser dans les termes de condition de possibilité, non pas seulement en termes d'impossibilité.

En relativité générale, les solutions globales ont toujours une prééminence paralysante, parce que des déterminations globales (par exemple au niveau topologique) peuvent changer des déterminations locales d'une manière incontrôlable par l'observation. En mécanique quantique, l'appareillage de mesure jouit d'une priorité tout aussi dérangeante, parce que son inclusion dans la suite des résultats expérimentaux, interprétés en fonction d'une structure théorique qui en fixe le cadre prédictif, conduit à l'impossibilité de satisfaire à des critères aussi fondamentaux que la reproductibilité, l'individualité et l'identifiabilité spatio-temporelle ; il y a dans l'appareillage un projet de fonctionnement, un horizon de sens fixé d'avance, mais comment celui-ci peut-il être maintenu à la suite de tels résultats ? On ne voit pas quelle schématisation pourrait faire passer du projet inclus dans l'appareillage aux mesures qui semblent violer les limites du projet dont on est parti. Depuis le XVIIe siècle, l'intelligibilité de la nature a progressé à coup de virages conceptuels plus ou moins brutaux, dans une saine ignorance du trop lent remaniement des concepts par des schèmes qui fixent leur sens dans le monde. Avec la mécanique quantique, le danger de non-sens devient tout à coup insupportable, le besoin d'un schématisme approprié aux concepts probabilistes se fait sentir. Kant a affronté l'extraordinaire difficulté d'un passage du schématisme temporel au schématisme spatial. Mais que pourrait bien être un schématisme ni temporel ni spatial ?

La preuve kantienne nous apparaît aujourd'hui comme un immense détour dont on peut se dispenser. Partant d'un *a priori* posé en droit, l'appel final aux idées régulatrices et aux maximes de la réflexion est bien destiné à rapprocher à nouveau l'observateur du monde et le faire participer au matériau brut directement observé. Pourquoi ne pas poser l'inséparabilité dès le départ, comme en mécanique quantique ? En tant que règle de l'entendement, la causalité déborde sur l'inobservable parce qu'elle renvoie à un passé et un futur aussi éloigné que l'on veut ; mais le problème de la mesure en mécanique quantique nous fait retomber brutalement sur l'énigme du présent. Le développement de la thermodynamique au XIXe siècle contient à lui seul cette nouvelle énigme en germe. Au début l'espoir était que le principe de la conservation de l'énergie conduirait à des conversions indéfinies d'une forme d'énergie en une autre. Mais bien vite il est apparu que, lorsqu'elle décrit la nature elle-même et les machines nécessaires pour capter l'énergie, la physique décrit un monde qui épuise ses différences lorsqu'il va de conversion en conversion. Finalement, le monde évolue vers un état thermique d'équilibre où la matière est distribuée de telle manière qu'elle devient la potentialité de rien (c'est l'état connu sous le nom de mort thermique). La thermodynamique nous a donc appris à suivre une direction du temps qui semble émerger des aspects intrinsèques de la nature ; cette direction privilégie la mort sur la naissance ou la renaissance. Mais il ne s'agit encore que d'une propriété de grands nombres d'éléments, c'est-à-dire une propriété statistique, non des éléments individuels eux-mêmes qui sont toujours indifférents à une direction déterminée du temps. Il n'est pas exagéré de dire que la mécanique quantique réussit pour les entités individuelles ce que la thermodynamique a accompli pour les entités collectives. Car dans l'inclusion nécessaire du dispositif expérimental à l'intérieur des concepts théoriques qui s'appliquent à des particules individuelles, l'irréversibilité concomitante de l'acte de mesure est certes déterminante, mais quelque chose se perd : ce qui se perd maintenant dans l'irréversibilité, ce n'est plus le rendement idéalement maximal des forces de la nature, mais l'efficacité de l'action causale en sa totalité. De la sorte, à la suite d'une mesure, le monde confiné dans le système quantique apparaît comme s'il était déjà mort par anticipation ; l'inséparabilité annonce l'indifférence de l'état final parce qu'elle en est sans doute bien plus qu'une simple préfiguration. Que cette mort ait la particularité de se répéter à la façon de cycles à l'occasion de chaque mesure n'enlève rien à l'implacable opposition kantienne de la matière à la conscience et la vie.

Notes

Introduction

1. M. Friedman, *Kant and the Exact Sciences*, Cambridge (Mass.), Harvard University Press, 1992.

2. P. Plaass, *Kants Theorie des Naturwissenschaft*, Göttingen, Vandenhoeck & Rupprecht, 1960.

3. C'est la thèse de Friedman. Sans pousser jusqu'à l'*Opus Postumum*, J. Vuillemin (*Physique et Métaphysique Kantiennes*, Paris, Presses Universitaires de France, 1955) offre la lecture la plus serrée des deux approches, l'une qui tend vers l'*a priori* et l'autre vers l'empirique, et c'est pourquoi son étude reste indispensable.

Chapitre 1

L'expérience à venir

1. A. Einstein, « Physics and Reality », in *Out of My Later Years*, New York, 1950, p. 64.

2. Ibid., p. 61.

3. N. Bohr, « Discussion avec Einstein », in *Physique Atomique et Connaissance Humaine*, trad. E. Bauer et R. Omnès, éd. C. Chevalley, Paris, Gallimard, 1991, p. 244.

4. N. Bohr, « Atomes et Connaissance », ibid., p. 283.

5. N. Bohr, *La Théorie Atomique et la Description des Phénomènes*, trad. L. Rosenfeld et A. Legros, Paris, 1932, p. 91.

6. Voir M.Schlick, *Raum und Zeit in der Gegenwärtigen Physik*, Berlin, 1917 ; H.Reichenbach, *Relativitätstheorie und Erkenntnis Apriori*, Berlin, 1920 ; E. Meyerson, *La Déduction Relativiste*, Paris, 1924.

7. M.Friedman, *Foundations of Space-Time Theories.* Relativistic Physics and the Philosophy of Science, Princeton, 1983, p. 19.

8. Ibid., p. 23.

9. Voir M. Planck, « La loi causale et le libre arbitre » et « La causalité dans la nature », in *Initiations à la Physique,* trad. J. du Plessis de Grenédan, Paris, 1989.

10. G. Brittan, *Kant's Theory of Science,* Princeton, 1978, pp. 205-208.

11. E. Cassirer, *Zur Einsteinschen Relativitätstheorie* (1921), trad. anglaise par W.C. Swabey et M.C. Swabey, New York, 1953, p. 432. La confusion entre les deux types de courbure se trouve p. 401.

12. Voir K. Hübner, *Kritik der Wissenschaftslichen Vernunft,* Freiburg, Verlag Karl Alber, 2ᵉ édition, 1979, pp. 244-247.

13. P. F.Strawson, *The Bounds of Sense. An Essay on Kant's* Critique of Pure Reason, London, Methuen, p. 120.

14. G. Buchdahl, *Metaphysics and the Philosophy of Science,* Oxford, Blackwell, 1969, pp. 651-665.

15. E. Cassirer, *Substance et Fonction,* trad. P. Caussat, Paris, Éditions de Minuit, 1977, p. 346.

16. H. von Helmholtz, *Optique Physiologique,* trad. E. Javal et N. Klein, Paris, Masson, 1867, p. 579.

17. J. Cavaillès, *Sur la Logique et la Théorie de la Science,* Paris, J. Vrin, 1976, p. 4.

18. J. Cavaillès, « Transfini et Continu », in *Philosophie Mathématique,* Paris, Hermann, 1962, p. 271.

19. Ibid., p. 272.

20. E. Kant, *Critique de la Raison Pure,* trad. A.J.L. Delamarre et F. Marty in *Œuvres Philosophiques,* vol. 1, Paris, Gallimard (coll. « Pléiade »), 1980, p. 735 (Bix). Cet ouvrage sera cité selon la pagination des deux éditions A et B. Tous les autres ouvrages de Kant seront cités selon la pagination de l'Akademie (en abrégé : Ak. suivi du numéro de volume).

21. I. Newton, *Principes Mathématiques de la Philosophie Naturelle,* trad. M. du Châtelet, Paris, A. Blanchard, 1966, Tome I, p. 10. Cité ci-après *Principia.*

22. Voir L. Sklar, *Space, Time and Spacetime,* Berkeley, University of California Press, 1976, p. 188.

23. M. Friedman, *Kant and the Exact Sciences.* À la p. 164, Friedman laisse entendre que les succès de Newton ont dû apparaître à Kant comme un miraculeux sauvetage de la philosophie critique du non-sens.

24. M. Friedman, « Kant and the Twentieth Century », in *Kant and Contemporary Epistemology.* Ed. P. Parrini, Dordrecht : Kluwer Academic

Publishers, 1994, p. 35. C'est Friedman qui souligne. Voir aussi *Kant and the Exact Sciences*, p. 174.

25. J. d'Alembert, *Essai sur les Éléments de Philosophie* (1759), éd. C. Kintzler, Paris, Fayard, 1986, p. 11 et pp. 184-185.

26. D. Hume, *An Enquiry Concerning Human Understanding*, quatrième partie.

27. Préface à la deuxième édition de la *Critique de la Raison Pure*, B XVI.

28. B XVIII.

29. B20.

30. E. Kant, *Prolégomènes à Toute Métaphysique Future*, trad. J. Rivelaygue in *Œuvres Philosophiques*, vol. 2, op. cit., p. 42 (Ak. IV, p. 276). Cité ci-après *Prolégomènes*.

31. Telle est la définition de la métaphysique dans la *Critique de la Raison Pure*, B XIV.

32. B21.

33. A407/B434.

34. A11.

35. B2-3.

36. A732-733/B760-761.

37. A21/B34.

38. A132/B171.

39. Voir M. Friedman, « Causal Laws and the Foundations of Natural Science », in P. Guyer (éd.), *The Cambridge Companion to Kant*, Cambridge, Cambridge University Press, 1992, pp. 161-199.

40. A198/B243-44. Sur la corrélation dans le vocabulaire kantien entre le fait empirique et ce qui est passé, voir P. Plaass, *Kants Theorie der Naturwissenschaft.* Cet ouvrage sera cité dans sa traduction anglaise, parce que cette édition comporte une importante introduction à laquelle nous nous référerons plus tard : *Kant's Theory of Natural Science*, trad. A. E. Miller et M. G. Miller, Dordrecht, Kluwer (Boston Studies in the Philosophy of Science, vol. 159), 1994, p. 230.

41. A766/B794.

42. B3.

43. A231/B284.

44. Ibid. Il faut être gré à G. Brittan d'avoir remarqué que les lois de la nature comme la loi de causalité, au sens authentiquement transcendantal, sont en fait *opposées* à de simples régularités au lieu d'être *ajoutées* à celles-ci (« Kant and the Quantum Theory », in P. Parrini, éd., *Kant and Contemporary Epistemology*, p. 144).

45. A84-85/B116-117.

46. B2-3.

47. A2. Kant ne prend les termes « pur » et « *a priori* » comme pratiquement équivalents l'un à l'autre que dans le cas de la *philosophie* qui ne tire pas ses principes de l'expérience. Mais il les distingue dans le cas des *connaissances* fournies par la philosophie. Ainsi, pour arriver à une théorie rationnelle de la nature, les lois de la nature doivent être connues *a priori* ; mais la connaissance de la nature *selon* de telles lois est *pure* (PPM, p. 365, Ak. IV, p. 468). Voir *Fondements de la Métaphysique des Mœurs,* trad. V. Delbos revue par A. Philonenko, Paris, J. Vrin, 1980, pp. 44-55 (Ak. IV, pp. 387-388).

48. E. Kant, *Sur l'Usage des Principes Téléologiques en Philosophie,* trad. L. Ferry in *Œuvres Philosophiques,* vol. 2, op. cit., p. 592 (Ak. VIII, p. 184).

49. B1.

50. A203/B248.

51. B141. Nous sommes ici au cœur de la déduction transcendantale des catégories en sa deuxième édition.

52. A845/B873.

53. A88/B120.

54. Comparer W. Werkmeister, « The Critique of Pure Reason and Physics », *Kant-Studien,* 68 (1977), p. 35, qui explique le sens de « nature en général » : « It can be any nature whatsoever ».

55. A91/B124.

56. Reflexion 4297, Ak. XVII.

57. Reflexion 6248, Ak. XVIII.

58. Les *Premiers Principes Métaphysiques de Science de la Nature* seront cités dans la traduction de F. De Gandt in *Œuvres Philosophiques,* vol. 2, *op. cit.* (PPM en abrégé). Comparer A182sq./B224sq. dans la *Critique* et les théorèmes 2 à 4 de la Mécanique dans les *Premiers Principes* (PPM, pp. 462 sq., Ak. IV, pp. 541sq). Voir aussi G.Brittan, *Kant's Theory of Science,* p. 157.

59. J. Cavaillès, *Sur la Logique,* pp. 12-13.

60. C'est la thèse de M. Friedman, *Kant and the Exact Sciences,* pp. 167-178.

61. A236/B295.

62. E.Kant, *Opus Postumum,* trad. F. Marty, Paris, Presses Universitaires de France, 1986, p. 34 (Ak. XXI, p. 360). Cet ouvrage sera cité OP.

63. A171/B213.

64. A172/B213.

65. *Prolégomènes*, p. 105 (Ak. IV, p. 327).

66. D. Dahlstrom s'appuie sur cette idée pour démontrer que, dans la *Critique*, les conditions de toute expérience possible renvoient à n'importe quels sujets connaissants (pas nécessairement humains), de sorte que le passage aux *Premiers Principes* constituerait une restriction de ces conditions à des principes synthétiques mais non purs, la nature corporelle n'étant perçue que par des sujets proprement humains (« Kant's Metaphysics of Nature », in *Nature and Scientific Method*, éd. D. Dahlstrom, Washington, University of America Press, 1991, pp. 271-290). Mais des principes non purs ne pourraient pas du tout être des principes au sens de Kant.

67. A2-3/B6. Nous soulignons.

68. B7.

69. A86-7/B119.

70. A218/B265.

71. B22.

72. A540/B568.

73. A796/B824.

74. *Fondements de la Métaphysique des Moeurs*, p. 70 (Ak. IV, p. 404).

75. Ibid., p. 72 (Ak. IV, p. 405).

76. E. Kant, *Critique de la Raison Pratique*, trad. L. Ferry et H. Wismann, in *Œuvres Philosophiques*, vol. 2, pp. 628-630 (Ak. V, pp. 19-21).

77. *Fondements de la Métaphysique des Moeurs*, p. 51 (Ak. IV, p. 391).

78. Ibid., p. 139 (Ak. IV, p. 455).

79. PPM, p. 375 (Ak. IV, p. 477).

80. Cette dernière thèse est celle de Plaass, *Kant's Theory of Natural Science*, p. 280.

81. A645-6/B673-4.

82. E. Kant, *La Religion dans les Limites de la Simple Raison*, trad. A. Philonenko in *Œuvres Philosophiques*, vol.3, Paris, Gallimard (coll. « Pléiade »), 1986, p. 59 n. ; p. 133 (Ak. VI, p. 43 ; p. 110).

83. PPM, p. 370 (Ak. IV, p. 473).

84. *Fondements de la Métaphysique des Moeurs*, p. 101 (Ak. IV, p. 425).

85. *Principia*, Tome 1, p. 7.

86. PPM, p. 437 (Ak. IV, p. 523).

87. C'est la thèse de J. Petitot. Voir en particulier *La Philosophie Transcendantale et le Problème de l'Objectivité*, Paris, Editions Osiris, 1991.

88. E. Kant, *Critique de la Faculté de Juger*, trad. J. R. Ladmiral, M. de Launay et J. M. Vaysse in *Œuvres Philosophiques*, vol. 2, p. 936 (Ak. V, p. 181). (Cité ci-après CJ.).

89. B165. Contre Friedman, il faut donner raison à P. M. Harman qui soutient que la métaphysique établit seulement la possibilité des concepts et lois physiques, non leur actualité physique : il n'y a pas de lien déductif entre les principes transcendantaux et les lois empiriques de la science de la nature proprement dite (*Metaphysics and Natural Philosophy*, Brighton, Harvester Press, 1982, p. 59).

90. *Fondements de la Métaphysique des Moeurs*, pp. 146-147 (Ak. IV, pp. 460-461).

91. Ibid., p. 142.

92. G.W. Leibniz, *Essais de Théodicée*, Troisième partie, par. 345.

93. A534/B562.

94. A132/B171.

95. Le manque de discernement dans l'usage de la faculté de juger est illustré par Kant au moyen du deuxième épître de Pierre (A133/B172, note). Les traducteurs de Kant nous rappellent les deux expressions devenues proverbiales qui concluent ce passage : « le chien est retourné à son vomissement» et «la truie, à peine lavée, se vautre dans le bourbier ».

96. A135/B174-175.

97. Cette limite est bien définie dans le principe de causalité, formulé en ces termes par P. Painlevé comme la base de toute science : « Lorsque les mêmes conditions sont réalisées, à deux instants différents, en deux lieux différents de l'espace, les mêmes phénomènes se reproduisent transportés seulement dans l'espace et dans le temps » (*Les Axiomes de la Mécanique*, Paris, Gauthier-Villars, 1922, p. 9).

98. A160/B199.

99. Notons l'erreur très répandue qui consiste à croire que les principes de l'entendement pur appelés « mathématiques » par Kant renvoient à la mathématique comme science indépendante de la critique. Cavaillès s'en étonne, ce qui le conduit à poser cette question qui n'en est pas une : comment la causalité, qui appartient au groupe dit « dynamique » des principes, sera-t-elle jamais mathématisable selon Kant (*Sur la Logique*, pp. 11-12) ? Dahlstrom, qui est pourtant l'un des seuls auteurs à promouvoir l'idée d'une relative autonomie des *Premiers Principes* vis-à-vis de la *Critique*, écrit que l'applicabilité des mathématiques aux phénomènes est censée être assurée par les preuves des principes transcendantaux dits mathématiques (« Kant's Metaphysics of Nature », p. 278). De même C.F.von Weizsäcker dit que les Axiomes de l'Intuition sont le lieu où Kant réfléchit le problème de la mathématisation de la nature (« Kant's First Analogy of Experience », *Synthese*, 23, 1971, p. 84). Dans

leur introduction à la traduction du livre de Plaass (*Kant's Theory of Natural Science*), A.E. Miller et M.G. Miller écrivent que la *Critique* garantit l'applicabilité des mathématiques aux phénomènes, donc seulement en ce qui concerne les catégories de quantité et de qualité ; dans les *Premiers Principes*, Kant prouverait que l'applicabilité des mathématiques s'étend jusqu'aux Analogies de l'Expérience, donc à ce qui appartient à l'existence d'une chose. Vuillemin soutient que les jugements synthétiques *a priori* mathématiques constituent un problème métaphysique quand on y part de l'intuition pour aller au concept, mais que ces *mêmes* jugements peuvent entrer dans un problème transcendantal lorsqu'on procède en sens inverse (*Physique et Métaphysique Kantiennes*, p. 20). Il importe de remarquer que, après le tournant en A160/B199, il n'est plus question dans les principes de l'entendement pur des mathématiques au sens de discipline indépendante de la critique, mais de leur usage philosophique, c'est-à-dire de leur genèse dans l'entendement pur. Quand la mathématique est considérée du concept à l'intuition, il ne s'agit plus de la mathématique constituée comme science et léguée à nous par la tradition. Tout le problème est alors de savoir dans quelle mesure la genèse transcendantale des mathématiques (dans les Axiomes de l'Intuition) peut se constituer sans présupposer les mathématiques déjà existantes, peut-être sans même se soucier de faire jamais le pont avec elles ; Kant ne l'aborde jamais directement, sauf sans doute dans la théorie du schématisme dont nous nous occuperons plus loin.

100. PPM, p. 367 (Ak. IV, p. 470).

101. B16.

102. CJ, Introduction IV, p. 934 (Ak. V, pp. 179-180).

103. *Première Introduction à la Critique de la Faculté de Juger*, trad. L. Guillermit, Paris, Vrin, 1975, p. 18 (Ak. XX, p. 200).

104. *Prolégomènes*, p. 111 (Ak. IV, p. 332).

105. OP, p. 244 (Ak. XXI, p. 139).

106. *Principia*, Tome 1, p. 7.

107. Ibid., p. 52. Il s'agit du Théorème II du Livre I.

Chapitre 2

Critique et relativité

1. A XV.

2. Voir A. Koyré, « L'hypothèse et l'expérience chez Newton », in

Études Newtoniennes, Paris, Gallimard, 1968, pp. 53-84. Plus récemment, E. McMullin, « Conceptions of science in the scientific revolution », in D. Lindberg et R. Westman (éds), *Reappraisals of the Scientific Revolution*, Cambridge (Engl.), Cambridge University Press, 1990, pp. 68-72 en particulier.

3. *Principia*, Tome 1, pp. XXXII-XXXIII.

4. Ibid., p. 11.

5. Ibid., Tome 2, pp. 3-4.

6. I. Newton, *Traité d'Optique*, trad. P. Coste (1722), Paris, Gauthier-Villars, 1955, pp. 486-7.

7. *Principia*, Tome 2, p. 179.

8. Ibid., p. 176.

9. Ibid., p. 177.

10. OP, p. 244 (Ak. XXI, p. 139).

11. A726/B754.

12. Voir M.Friedman, *Kant and the Exact Sciences*, pp. 139-140.

13. A231/B284.

14. A232/B284.

15. A676/B704.

16. Par suite, le raisonnement suivant de G. Brittan est inacceptable. Le sens originel du synthétique *a priori* serait de désigner ce qui est vrai dans et de tous les mondes réellement possibles ; pour justifier que les propositions où intervient le concept de matière sont elles-mêmes synthétiques *a priori*, il faudra *relativiser* cet *a priori* parce que le concept de matière n'est évidemment pas applicable à tous les mondes possibles (*Kant's Theory of Science*, p. 155).

17. PPM, p. 388 (Ak. IV, p. 487). Il n'y a aucune raison de traduire *Grundsatz* par axiome ; le terme évoque directement un principe synthétique de l'entendement pur. Si Kant avait voulu une correspondance terme à terme, il aurait utilisé le terme *Axiom* comme pour les Axiomes de l'Intuition.

18. A232/B284.

19. Kant prend d'autres exemples, mais cette différence n'affecte pas notre propos : PPM, p. 488 (Ak. IV, p. 561).

20. Voir L. Sklar, *Space, Time. and Spacetime*, Berkeley, University of California Press, 1974, p. 188.

21. PPM, p. 489 (Ak. IV, p. 562).

22. A429/B457, note.

23. PPM, p. 379 (Ak. IV, p. 481).

24. A196/B241.

25. A678/B707.

26. Voir M.A. Tonnelat, *Histoire du Principe de Relativité*, Paris, Flammarion, 1971, pp. 67-74.

27. Nous suivrons ici la terminologie fort utile introduite par un cosmologue contemporain, G.F.R. Ellis, «Cosmology and Verifiability», *Quarterly Journal of the Royal Astronomical Society*, 16 (1975), pp. 250-2.

28. *Principia*, Tome 2, p. 175.

29. Deuxième Réponse de Clarke, in *Correspondance Leibniz-Clarke*, éd. A. Robinet, Paris, Presses Universitaires de France, 1958, p. 49.

30. *Principia*, Tome 2, pp. 25-6.

31. Ibid., Tome 1, p. 8

32. Ibid., p. 15.

33. On se réfèrera aux analyses de M.Clavelin, *La Philosophie Naturelle de Galilée*, Paris, A. Colin, 1968.

34. *Principia*, Tome 2, p. 178.

35. I. Newton, *Traité d'Optique*, pp. 445-446.

36. A484/B512.

37. B XIII.

38. PPM, pp. 463-466 (Ak. IV, pp. 542-545).

39. B XXI, note.

40. B XIX.

41. B XIX, note.

42. PPM, p. 368 (Ak. IV, p. 471).

43. *Critique de la Raison Pratique*, p. 638 (Ak. V, p. 26).

44. B166, note.

45. A50/B74.

46. B167-8.

47. A426/B454sq.

48. B XXII, note.

49. B XVI.

50. A257/B313.

51. B XVIII/XIX, note. Notons que, contrairement à une suggestion des traducteurs, nous ne pensons pas que l'expression « mêmes objets » se réfère nécessairement aux objets de la science. Kant veut dire que les objets de la connaissance de la nature en général (dont la science fournit ici un bel exemple) peuvent être vus de deux points de vue différents. Ce troisième essai de la raison, inspiré par l'idée première de Copernic, nous renvoie définitivement au-delà du domaine que la science peut penser par elle-même, et c'est bien pourquoi la physique newtonienne n'est pas gênée par le fait que la force d'attraction est invisible (non schématisable).

52. D'après Hegel, Kant n'aurait pas aperçu cette conséquence de la position critique, parce que la connaissance absolue des limites de la connaissance impliquerait tout de même une prise en charge de l'absolu (*Phénoménologie de l'Esprit,* trad. J.Hyppolite, vol. 1, Paris, Aubier Montaigne, 1941, pp. 66-67). Mais la position de Hegel est elle-même tributaire du maintien arbitraire de l'absolu au niveau de la pensée maîtresse d'elle-même ; la seule solution est bien de limiter la critique à la première pensée de Copernic, c'est-à-dire à la vision du monde depuis la terre en mouvement.

53. PPM, p. 368 (Ak. IV, p. 470).

54. PPM, p. 369 (Ak. IV, p. 472).

55. PPM, p. 366 (Ak. IV, p. 469).

56. PPM, p. 370 (Ak. IV, p. 472).

57. *Prolégomènes,* p. 147 (Ak. IV, p. 361).

58. Ibid., p. 136 (Ak. IV, p. 352).

59. Ibid., p. 141 (Ak. IV, pp. 356-357).

60. A327/B384.

61. PPM, p. 466 (Ak. IV, p. 544).

62. A.S. Eddington, *Espace, Temps et Gravitation,* trad. J. Rossignol, Paris, Gauthier-Villars, 1921, p. 201.

63. Ibid., p. 200.

64. Voir par exemple A. Einstein, *Quatre Conférences sur la Théorie de la Relativité,* trad. M. Solovine, Paris, Gauthier-Villars, 1971, pp. 78-80.

65. *Kritik der Wissenschaftslichen Vernunft,* pp. 270-2.

66. M. Munitz, « Kantian Dialectic and Modern Scientific Cosmology », *The Journal of Philosophy,* 48 (1951), pp. 325-338.

67. Une intéressante tentative pour évaluer la pertinence de la philosophie critique vis-à-vis de la science contemporaine est celle de F.S.C. Northrop, « Natural Science and the critical philosophy of Kant », in G.T.Whitney et D.F.Bowers (éds.), *The Heritage of Kant,* Princeton, Princeton University Press, 1939, pp. 39-62. Une discussion générale des problèmes discutés ici est donnée par W.H. Werkmeister, «Kant's philosophy and modern physics», in W.H.Werkmeister (éd.), *Reflections on Kant's Philosophy,* Gainesville, University Presses of Florida, 1975, pp. 109-133. On se reportera aussi à la contribution plus récente de M.Friedman dans *Kant and the Exact Sciences,* pp. 136-210. Dans la suite, nous allons présenter la théorie de la relativité en suivant l'ouvrage de vulgarisation d'Einstein, *La Relativité,* trad. M. Solovine, Paris, Gauthier-Villars, 1976.

68. Sur le contexte de la première antinomie, voir G.J. Whitrow, « The age of the universe », *British Journal for the Philosophy of Science,* 5

(1954-5), p. 217. La théorie moderne des ensembles ne postule plus comme prémisse la relation kantienne entre le concept et l'intuition.

69. PPM, p. 380 (Ak. IV, p. 481).

70. A. Einstein, *La Relativité*, pp. 14-17.

71. PPM, p. 490 (Ak. IV, p. 563).

72. Ibid. Voir Newton, *Principia*, Tome I, pp. 25-6.

73. *Principia*, Tome I, pp. 13-15 ; E. Mach, *La Science de la Mécanique*, trad. E. Bertrand, Paris, Hermann, 1925, p. 272.

74. *La Relativité*, pp. 117-125.

75. Ibid., p. 99

76. H.Weyl, *Raum, Zeit, Materie*, Berlin, J. Springer, 1923, p. 284.

77. A. Einstein-M.Besso, *Correspondance 1903-1955*, éd. P. Speziali, Paris, Hermann, 1972, p. 104.

78. A431-433/B459-461.

79. A. Einstein, *Quatre Conférences*, pp. 49-50.

80. Voir R. Torretti, *Relativity and Geometry*, Oxford, Pergamon Press, 1983, pp. 200sq.

81. H. Hertz, « Einleitung zu den Prinzipien der Mechanik », in *Drei Bilder der Mechanik*, hrgs. F. Wolf u. H. Hönl, Mosbach/Baden, Physik Verlag Gmbh, 1959, p. 22.

82. La discussion qui suit est basée sur Hertz, « Einleitung zu den Prinzipien der Mechanik », pp. 25-26.

Chapitre 3

Du temps à l'espace

1. A735-736/B763-764.

2. A737/B765.

3. A845-846/B873-874.

4. A848/B876.

5. A734/B762.

6. A735/B763.

7. Afin de bien mettre en évidence l'originalité de la philosophie kantienne sur ce point, notons qu'en vertu de la présence du schématisme Kant ne saurait bien entendu se satisfaire des recommandations de Hegel, qui exige de la démonstration, qui est « expression de l'intériorité », qu'elle réintègre toute la philosophie (*Phénoménologie de l'Esprit*, vol.1, p. 56).

8. A841sq./B869 sq.

9. En ce qui concerne l'interprétation de l'expression « objets qui seraient donnés », il faudra donc donner raison à Plaass (*Kant's Theory of Natural Science,* pp. 266-267) contre Dalhstrom (« Kant's Metaphysics of Nature », p. 281).

10. PPM, p. 366-367 (Ak.IV, pp. 469-470).

11. PPM, p. 376 (Ak.IV, pp. 477-478).

12. A51/B75.

13. PPM, p. 377 (Ak.IV, p. 478).

14. A480/B508.

15. PPM, p. 370.

16. PPM, p. 369 (Ak.IV, p. 472).

17. Ibid.

18. A732-3/B761.

19. A160/B199.

20. B XIV.

21. A722/B750, note.

22. PPM, p. 367 (Ak.IV, p. 470).

23. *Prolégomènes,* p. 51 (Ak.IV, p. 283).

24. A723/B751.

25. PPM, p. 366 (Ak.IV, p. 469).

26. PPM, p. 369 (Ak.IV, p. 472).

27. PPM, pp. 370-371 (Ak.IV, p. 473).

28. E. Kant, *Quels sont les Progrès de la Métaphysique en Allemagne depuis le Temps de Leibniz et de Wolff,* trad. J. Rivelaygue in *Œuvres Philosophiques,* vol.3, p. 1272 (Ak.XX, p. 325).

29. Certes Kant dit dans la deuxième édition de la *Critique,* donc peu après la publication des *Premiers Principes,* que des intuitions *extérieures* sont toujours requises pour présenter la réalité objective des catégories dans les principes de l'entendement pur (B291). Mais la preuve de cette assertion ne doit absolument rien à la théorie générale des corps et aux exemples qu'on peut en tirer.

30. Plaass (*Kant's Theory of Natural Science,* pp. 272 sq.) accorde à l'expression « construction métaphysique » une place centrale dans l'ouvrage de Kant sur la science de la nature. Cette construction nous permettrait de spécifier les domaines de la pensée afin de penser les prédicats des choses matérielles correspondantes à ces domaines, les catégories n'étant jamais « senties ». Plaass présente cette construction comme une alternative au modèle de la subsomption des concepts d'objets particuliers sous l'objet en général. Mais si effectivement le modèle de la

spécification de l'objet en général doit être rejeté (nous avons déjà vu pourquoi), il semble que la spécification des catégories elles-mêmes sous l'influence des prédicats matériels ne se porte pas mieux, comme nous aurons l'occasion de le montrer plus loin.

31. PPM, pp. 371-2 (Ak.IV, p. 473-474).

32. PPM, p. 364 (Ak.IV, p. 468).

33. PPM, p. 368 (Ak.IV, p. 471).

34. PPM, p. 369 (Ak.IV, p. 471).

35. A723/B751.

36. A729/B757.

37. *Prolégomènes*, p. 56 (Ak.IV, p. 287).

38. OP, p. 83 (Ak.XXII, p. 340). Déjà dans les *Prolégomènes* (p. 119, Ak.IV, p. 338), Kant parle de l'idée cosmologique qui pousse la liaison du conditionné *avec* sa condition au-delà de ce que peut faire l'expérience livrée à elle-même.

39. Kant réfute explicitement cette thèse : PPM, p. 375 (Ak.IV, p. 477).

40. PPM, p. 397 (Ak.IV, p. 494).

41. PPM, p. 402 (Ak.IV, p. 498).

42. PPM, p. 454 (Ak.IV, p. 534). Sur ce point, il y a lieu de comparer la position de G.Brittan (*Kant's Theory of Science*, p. 129) : Kant ne veut certes pas « légitimer » la physique newtonienne, mais il chercherait à en donner une interprétation réaliste *contre* la réduction des forces à leurs propriétés géométriques (comme c'est le cas chez Descartes ou Hume) ; une telle lecture ne rend pas compte du projet kantien, qui est de progresser dans l'intelligibilité des *limites* de l'interprétation géométrique de la nature. De même, selon G.Buchdahl (« Gravity and Intelligibility : Newton to Kant », in *Kant and the Dynamics of Reason*, Oxford, Blackwell, 1992, p. 261), c'était l'*espoir* de Kant d'arriver à construire complètement le concept de matière, mais il aurait échoué dans la mesure où il n'y a pas de construction dans la Dynamique ; pour bien faire, Kant aurait dû arriver à cette constatation douloureuse : il n'y a certes de science que pour autant qu'il y a de la mathématique en elle, mais malgré tous nos efforts les forces résistent encore à la construction (p. 264). Est-ce bien là le message de Kant à la fin de la Préface des *Premiers Principes*, lorsqu'il dit qu'il n'a pas traité la partie mathématique de son traité avec la rigueur requise ? Dans leur introduction à Plaass (*Kant's Theory of Natural Science*, p. 43), A.E. et M.G.Miller vont jusqu'à dire que c'est au lecteur qu'il incombe de suppléer les constructions là où Kant ne les donne pas ; que les autres constructions soient man-

quantes, cela ne ferait qu'indiquer la difficulté particulière qu'il y a à rapprocher l'aspect mathématique de la construction de son aspect métaphysique (p. 55). Et Brittan (*ibid.*, p. 138) de conclure que ce manque serait de la part de Kant un échec à moitié avoué. Toutes ces interprétations passent sous silence le seul fait qui mérite d'être signalé : que les mathématiques, selon Kant, s'approprient *indûment* l'inconditionalité, et que c'est cette appropriation qui doit faire l'objet de la critique, *i.e.* les limites adéquates doivent être posées. Plus justement, P. M. Harman (*Metaphysics and Natural Philosophy*, p. 71) dit que la métaphysique kantienne de la nature ne fournit que des éléments pour la construction de la matière, non une garantie que la matière puisse effectivement être construite de la manière proposée (ce qui laisse encore sous-entendre, incorrectement, qu'une construction des forces dans la Dynamique serait tout de même possible avec d'autres moyens).

43. A230/B283.

44. *Progrès de la Métaphysique en Allemagne*, p. 1226 (Ak.XX, p. 272).

45. B134note.

46. « Pure mutabilité » est pris au sens de B291 : « seul l'espace est déterminé de façon permanente, tandis que le temps, et par conséquent tout ce qui est dans le sens interne, s'écoule sans cesse ».

47. A140/B179-180.

48. A137/B176.

49. A140/B179.

50. B151.

51. A141/B180.

52. A717/B745.

53. A570/B598.

54. A142/B181.

55. A146-7/B186-7.

56. A142/B182.

57. Ainsi, dans la preuve de la première antinomie cosmologique, il y a une dissymétrie frappante entre le temps et l'espace. En ce qui concerne un temps vide, il n'y a aucun moment qui se distingue d'un autre quant à l'existence de quelque chose *en* lui. Par contre, un espace vide n'est rien seulement dans la mesure où il ne pourrait être sans contradiction la limite du monde des phénomènes *en dehors* de lui (A427-429/B455-457).

58. A98-99.

59. A644/B672.

60. On ne pourra donc pas suivre Heidegger qui soutient que le

temps comme image pure et le temps comme forme pure *a priori* de la sensibilité ne font qu'un seul et même temps. Le problème du schématisme, ce serait de montrer comment le temps, comme image pure des schèmes de *tous* les concepts purs de l'entendement, « puisse prendre forme de manière multiple », c'est-à-dire selon les quatre possibilités offertes par les quatre groupes de catégories (*Kant et le Problème de la Métaphysique*, trad. A. de Waelhens et W. Biemel, Paris, Gallimard, 1953, p. 162). Or, ce n'est certainement pas la vue pure qui s'amplifie et se multiplie d'elle-même en se répartissant dans le réseau des catégories, puisque Heidegger rappelle, citant Kant, que les différents caractères du temps dans le schématisme seront fixés « en suivant l'ordre des catégories » (p. 163). S'il est un effort d'auto-restriction, on ne pourra pas non plus dire du schématisme qu'il dévoile l'essence de la connaissance finie (p. 159), car c'est méconnaître que le schème est d'abord un surplus impossible d'image (à la fois spatiale et temporelle), non pas sa « vérité » en tant qu'elle en divulguerait à l'avance la possibilité dans la mesure où elle se formerait « déjà dans la représentation de la règle de présentation » (p. 158).

61. A143/B182-3.

62. A713/B741.

63. A145/B185.

64. A722/B750 note.

65. A182-183/B225-226.

66. On pourra peut-être expliquer l'étonnante et choquante brièveté du chapitre sur le schématisme, lorsqu'il devient apparent qu'une intelligibilité de tels rythmes (sans parler des autres fonctions originaires de la pensée dans les autres schèmes) côtoie dangereusement le domaine psychologique de l'âme plus loin encore que ne le fait la déduction des catégories (du moins en sa première édition). C'est précisément contre ce danger de psychologisation que Kant nous prévient déjà au début de la déduction.

67. CJ, p. 1018 (Ak.V, p. 251).

68. CJ, p. 1028 (Ak.V, p. 259).

69. A718/B746.

70. B41.

71. B160 note.

72. Cette dernière suggestion se trouve dans Friedman, *Kant and the Exact Sciences*, p. 199.

73. Ak.XX, p. 419.

74. B39-40.

75. A430-432/B458/460.

76. Cavaillès (*Sur la Logique*, p. 13) s'en inquiète et condamne l'intuition formelle sur ce point. Mais Kant ne s'intéresse justement pas à fonder la possibilité d'un système déductif. Insistons encore une fois sur le fait que, pour leurs besoins propres, la mathématique pure ou même la science de la nature n'ont que faire d'un fondement transcendantal.

77. A714/B742.

78. PPM, p. 372 note (Ak.IV, p. 474). Sur les circonstances particulières de cette longue note ajoutée en dernière minute, voir. H. J. de Vleeschauwer, *La Déduction Transcendantale dans l'Œuvre de Kant*, vol. 2, Anvers, 1936, pp. 536-548.

79. C'est la thèse de J. Vuillemin, *Physique et Métaphysique Kantiennes*, p. 39. Comparer également J. Petitot, *La Philosophie Transcendantale et le Problème de l'Objectivité*, p. 89.

80. A277/B333.

81. PPM, p. 373 (Ak.IV, p. 475). La traduction de « dargestellt » par « représenté » masque la référence au schématisme.

82. PPM, p. 374 (Ak.IV, p. 476).

83. PPM, p. 370 (Ak.IV, p. 472).

84. PPM, p. 375 (Ak.IV, p. 476).

85. A715/B743.

86. A223-4/B271-2.

87. A225/B272.

88. PPM, p. 379 (Ak.IV, p. 481).

89. PPM, p. 384 (Ak.IV, p. 484).

90. Ibid., p. 392 (Ak.IV, p. 490). Dans la suite, on se limitera à la démonstration du premier cas, celui de deux mouvements d'un point suivant la même ligne et la même direction. Les deux autres cas examinés par Kant n'apportent conceptuellement rien de nouveau pour notre propos.

91. *Principia*, Tome I, p. 8 et p. 10.

92. PPM, pp. 481 et 487 (Ak.IV, pp. 557 et 561).

93. PPM, pp. 380 (Ak.IV, p. 482).

94. B129-130.

95. A82/B108.

96. *Progrès de la Métaphysique en Allemagne*, p. 1227 (Ak.XX, p. 272). Notons que le mouvement n'est pas cité explicitement comme prédicable dans la *Critique*, sans doute parce que Kant s'y limite aux concepts purement intellectuels.

97. PPM, p. 384 (Ak.IV, p. 484).

98. B155 note.

99. PPM, pp. 378-379 (Ak.IV, p. 481).

100. PPM, p. 391 (Ak.IV, p. 489).

101. PPM, pp. 399-400 (Ak.IV, p. 495).

102. A162-163/B203.

103. PPM, p. 397 (Ak.IV, pp. 493-494).

104. *Prolégomènes*, p. 27 (Ak.IV, p. 263). Le système des principes transcendantaux dans la *Critique* constituent une « Naturlehre der reinen Vernunft », tandis que dans les *Prolégomènes* le système est « reine Naturwissenschaft ». L'asymétrie entre les deux ouvrages est bien mise en évidence par G.Brittan (*Kant's Theory of Science*, pp. 113-114) : trouver les présupposés de la science n'équivaut pas à prouver que l'unité de la conscience réclame l'application des catégories.

105. *Prolégomènes*, p. 70 (Ak.IV, p. 298).

106. Ibid., p. 72 (Ak.IV, p. 299).

107. Ibid., p. 88 (Ak.IV, p. 312).

108. Ibid., pp. 71-74 (Ak.IV, pp. 299-301). Tout le mouvement du jugement de perception au jugement d'expérience rappelle l'exercice qui était nécessaire dans la deuxième édition de la Déduction des catégories (section 19) pour passer du jugement défini comme représentation d'une relation à cette relation même.

109. Ibid., p. 78 note (Ak.IV, p. 305).

110. Ibid., p. 74 (Ak.IV, p. 301).

111. Ibid., pp. 98-99 (Ak.IV, pp. 321-322).

112. Ibid., p. 59 (Ak.IV, p. 289).

113. Ibid., p. 136 (Ak.IV, p. 352).

114. A645/B673.

115. A328/B384.

116. A665/B693.

117. Il faut rattacher « autant que possible », dit Kant (A666/B694), l'entendement dans son usage empirique à l'unité complète. La dialectique transcendantale reconnaîtra trois principes capables de donner l'unité aux diverses formes de l'entendement (l'homogénéité, la spécification et la continuité), et elle s'aventurera même dans la supposition transcendantale d'un principe supérieur (foyer imaginaire) qui les unit à leur tour.

118. *Prolégomènes*, p. 86 (Ak.IV, p. 311).

119. *Principia*, Tome 1, p. 8.

120. Ibid., p. 11.

121. Ibid., p. 12.

122. Ibid., p. 14.

123. PPM, pp. 379-380 (Ak.IV, p. 481).

124. PPM, p. 389 (Ak.IV, p. 488).

125. A147/B186.

126. PPM, p. 380 (Ak.IV, p. 482).

127. L'argument est proposé par R.Palter, « Absolute space and absolute motion in Kant's critical philosophy », *Synthese*, 23 (1971), p. 54.

128. A645/B673.

129. C'est seulement dans la Phénoménologie que l'espace absolu deviendra une règle ; nous y reviendrons dans le chapitre suivant. On pourra comparer notre argument à celui de Friedman (*Kant and the Exact Sciences*, ch.4), pour qui la doctrine du schématisme est destinée à montrer les limitations de l'approche exclusivement géométrique aux fondements de la physique : le but serait de construire des relations spatio-*temporelles*.

130. J. C. Maxwell, *Matter and Motion* (1866), New York,1952, p. 81.

131. *Principia*, Tome 1, p. 15. Ces questions seront examinées plus en détail à la fin du chapitre suivant : la Phénoménologie tentera de dissiper cette illusion aussi loin que nos capacités cognitives le permettent.

132. PPM, pp. 387-388 (Ak.IV, p. 487).

133. PPM, p. 480 (Ak.IV, p. 556).

134. PPM, pp. 392-393 (Ak.IV, p490).

135. *Prolégomènes*, p. 106 (Ak.IV, p. 328).

136. PPM, p. 389 (Ak.IV, p. 488).

137. J. Vuillemin (*Physique et Métaphysique Kantiennes*, p. 60) suggère que « c'est la relativité du mouvement qui rend transcendantalement nécessaire la subjectivité de l'espace » ; le mouvement empirique enrichit l'espace de l'Esthétique qui ne contient que les « apparences géométriques et euclidiennes », de sorte que l'addition de l'espace relatif reflète l'inclusion de l'expérience possible (dont elle est absente dans l'Esthétique). N'est-ce pas oublier que la subjectivité de l'espace dans l'Esthétique est le seul absolu qui se suffit à soi, un absolu pour toute expérience possible qui ne doit en principe rien à aucune logique (en particulier, la logique de la construction), et que le mouvement n'est pas par soi l'expérience possible mais seulement une « détermination fondamentale » de celle-ci ?

138. Vuillemin écrit en guise de conclusion de la Phoronomie : « il suffit que l'espace se relativise réellement pour qu'apparaisse le temps » (*Physique et métaphysique kantiennes*, p. 69). Il n'y a justement pas ici de passage au réel depuis la structure catégoriale de la pensée ; l'espace

relatif est et reste une pure invention de l'esprit, qui se mutile pour que le temps n'apparaisse pas. En effet, la vitesse, qui est une grandeur intensive, devient grandeur extensive à condition de sacrifier le temps.

139. *Principia*, Tome 1, p. 7.

140. PPM, p. 458 (Ak.IV, p. 538).

141. PPM, p. 456 (Ak.IV, p. 537).

142. Voir Vuillemin, *Physique et Métaphysique Kantiennes,* p. 257 sq.

143. PPM, p. 461 (Ak.IV, p. 540). Vuillemin suggère (ibid., p. 304) que les deux manières de mesurer la masse doivent correspondre aux deux modes du temps dans la deuxième et la troisième Analogies, savoir la succession et la simultanéité. Mais Kant doit avoir de bonnes raisons pour ne pas mentionner du tout le temps dans sa discussion des deux définitions.

144. PPM, p. 456 (Ak.IV, p. 537).

Chapitre 4

À la recherche du schème manquant

1. PPM, p. 400 (Ak. IV, p. 496).

2. A166/B207.

3. A167/B209.

4. A179/B221.

5. A165/B206 et A169/B211.

6. A172/B214.

7. A143/B182.

8. A188/B231.

9. A162/B201-2.

10. A183/B227. Plus loin le permanent sera identifié à ce que nous avons appelé « phénomène pur ».

11. A194/B239.

12. PPM, p. 401 (Ak. IV, p. 497).

13. PPM, p. 402 (Ak. IV, p. 497).

14. PPM, p. 403 (Ak. IV, p. 498).

15. PPM, p. 404 (Ak. IV, p. 499).

16. PPM, p. 405 (Ak. IV, p. 500).

17. PPM, p. 416 (Ak. IV, p. 508).

18. Kant ne s'attarde pas à une solution dynamique d'un autre

genre, où la matière serait en expansion continuée. Il avait entrevu une telle solution dans son ouvrage de 1755, l'*Histoire Générale de la Nature et Théorie du Ciel*, mais expansion signifiait alors organisation progressive de la matière chaotique sous l'effet conjoint de la répulsion et de l'attraction. Toutes ces questions seront reprises dans l'*Opus Postumum* dont nous traitons dans le chapitre suivant.

19. PPM, p. 438 (Ak. IV, p. 524).

20. PPM, pp. 424-5 (Ak. IV, p. 514).

21. PPM, p. 430 (Ak. IV, p. 518).

22. PPM, p. 417 (Ak. IV, p. 508).

23. PPM, p. 422 (Ak. IV, p. 512).

24. PPM, p. 407 (Ak. IV, p. 502).

25. PPM, p. 428 (Ak. IV, p. 517).

26. PPM, p. 424 (Ak. IV, p. 514).

27. PPM, p. 422 (Ak. IV, p. 512).

28. PPM, p. 430 (Ak. IV, p. 518).

29. PPM, pp. 418-9 (Ak. IV, pp. 509-510).

30. PPM, p. 423 (Ak. IV, p. 513).

31. PPM, pp. 429-430 (Ak. IV, p. 518).

32. PPM, p. 417 (Ak. IV, p. 508).

33. PPM, p. 420 (Ak. IV, p. 511).

34. PPM, p. 422 (Ak. IV, p. 512).

35. PPM, p. 424 (Ak. IV, p. 514).

36. A413/B440.

37. A434-A443/B462-B471.

38. A523-527/B551-B555.

39. A144/B183.

40. PPM, p. 409 (Ak. IV, p. 503).

41. PPM, p. 410 (Ak. IV, p. 504). Un peu plus loin Kant utilisera l'expression « an sich selbst beweglich » pour la même notion.

42. PPM, pp. 413-414 (Ak. IV, p. 506).

43. PPM, pp. 434-436 (Ak. IV, pp. 521-522).

44. Voir H. Hoppe, *Kants Theorie der Physik : Eine Untersuchung über das Opus Postumum von Kant*, Frankfurt am Main, Klostermann, 1969, pp. 82 sq.

45. Voir L. Schäfer, *Kants Metaphysik der Natur*, Berlin, de Gruyter, 1966, pp. 26-29.

46. PPM, p. 455 (Ak. IV, p. 536).

47. A41/B58.

48. P. Plaass, *Kant's Theory of Natural Science*, p. 258 et p. 296.

49. PPM, p. 439 (Ak. IV, p. 524).
50. PPM, pp. 450-451 (Ak. IV, p. 532).
51. PPM, p. 408 (Ak. IV, p. 502).
52. PPM, p. 452 (Ak. IV, p. 533).
53. PPM, pp. 439-440 (Ak. IV, p. 525).
54. PPM, p. 453 (Ak. IV, p. 534).
55. PPM, p. 438 (Ak. IV, p. 524).
56. PPM, p. 452 (Ak. IV, p. 533), italiques ajoutées.
57. PPM, p. 453 (Ak. IV, p. 534).
58. PPM, p. 438 (Ak. IV, p. 524).
59. Voir le « corollaire général » à la Dynamique, qui précède la « Remarque générale » : PPM, p. 437 (Ak. IV, p. 523).
60. B166, note.
61. PPM, p. 439 (Ak. IV, p. 524).
62. PPM, p. 442 (Ak. IV, pp. 526-527). Dans cette discussion, l'argument de Kant repose lourdement sur ses propres vues concernant la physique et la chimie de son temps. La cohésion doit permettre d'expliquer des propriétés des corps comme la rigidité, la fluidité, la dureté et la viscosité. La cohésion n'est rien d'autre que la résistance que les corps en contact opposent à leur séparation. Dans la suite, on se limitera à l'aspect purement spéculatif des arguments de Kant.
63. Kant utilise le terme liberté notamment à la p. 452 (Ak. IV, p. 533).
64. PPM, p. 430 (Ak. IV, p. 518).
65. PPM, p. 450 (Ak. IV, p. 532).
66. PPM, p. 454 (Ak. IV, p. 534).
67. A174/B215-6.
68. PPM, p. 454 (Ak. IV, p. 535). Cela montre encore une fois le rattachement de la force d'attraction à la catégorie de quantité.
69. A433/B461.
70. PPM, p. 441 (Ak. IV, p. 526).
71. Voir J. R. Mayer, *Die Mechanik der Wärme* (1842), discuté dans P. M. Heimann, « Mayer's concept of 'force' », *Historical Studies in the Physical Sciences*, 7 (1976), pp. 277-296.
72. G. W. F.Hegel, *Science de la Logique*, I, trad. P.J. Labarrière et G. Jarczyk, Paris, 1971, pp. 156-157.
73. PPM, pp. 426-427 (Ak. IV, p. 515).
74. B147.
75. PPM, p. 491 (Ak. IV, pp. 563-564).
76. PPM, p. 453 (Ak. IV, p. 534).

77. A179-180/B222.

78. Comparer Vuillemin, *Physique et Métaphysique Kantiennes*, p. 277 et p. 288.

79. C'est la thèse de Plaass, *Kant's Theory of Natural Science*, p. 242.

80. A181/B223.

81. A144/B183.

82. A182/B225.

83. A188-189/B231-232.

84. A183/B226.

85. B131-132.

86. Une interprétation exactement contraire est proposée par C. F. von Weizsäcker, « Kant's First Analogy of Experience and Conservation Principles of Physics », *Synthese*, 23 (1971), pp. 84-86.

87. A215/B262.

88. A187/B230. D'après Vuillemin (*Physique et Métaphysique Kantiennes*, p. 281) Kant décrirait au moyen du concept de durée le *cercle* nécessaire à la mesure du temps, une horloge n'étant que la répétition d'un phénomène dont on doit bien supposer par ailleurs la régularité. Il nous semble que Kant décrit plutôt le premier *saut* de la raison vers l'au-delà des limites de l'expérience (et donc de la mesure).

89. *Progrès de la Métaphysique en Allemagne*, p. 1227 (Ak. XX, p. 272).

90. OP, p. 122 (Ak. XXII, p. 5).

91. PPM, p. 384-387 (Ak. IV, pp. 485-486).

92. A183/B226.

93. A193-194/B238-239. Comme la perception du général va passer par le crible de la sensibilisation, il ne semble pas justifié de parler ici d'une perception de droit qui s'opposerait à une perception de fait (Vuillemin, *Physique et Métaphysique Kantiennes*, p. 290).

94. A203/B248.

95. A204/B249. Du fait de la quasi-simultanéité possible entre la cause et l'effet, on pourrait être tenté d'interpréter l'idée de succession dans l'énoncé A de la Deuxième Analogie (« quelque chose suit selon une règle ») comme une succession au sens logique, non au sens temporel (Brittan, *Kant's Theory of Science*, p. 174). C'est méconnaître la nécessité d'un retour à la durée, clé de la sensibilisation de la règle.

96. A82/B108. Notons également qu'il sera impossible de passer à la troisième catégorie de relation (la simultanéité) au moyen de prédicables : la troisième catégorie exige un nouvel acte particulier de l'entendement (B111).

97. A205/B250-251.

98. A210/B255.

99. A144/B183.

100. A206/B251.

101. A208-209/B253-254.

102. A206-7/B252.

103. Kant conclut sa preuve du principe de continuité dans la Deuxième Analogie en disant qu'il ne s'occupe pas ici de l'utilité qu'il peut avoir pour l'investigation de la nature. Cet examen est effectué dans la deuxième loi de la Mécanique, ce qui montre en même temps que les grandeurs infiniment petites dont il est question dans le principe transcendantal de continuité sont loin de recouvrir exclusivement le sens des différentielles et du calcul infinitésimal en physique mathématique.

104. A215/B262.

105. A218/BB265, note.

106. B257-8.

107. A214/B261.

108. A737/B765.

109. A212-213/B259-260.

110. Cet argument est présenté dans la fameuse Dissertation de 1770. Voir E. Kant, *De la Forme des Principes du Monde Sensible et du Monde Intelligible*, trad. F. Alquié in *Œuvres Philosophiques*, vol.1, p. 650 note (Ak. II, p. 401).

111. Voir Vuillemin, *Physique et Métaphysique Kantiennes*, p. 320.

112. Voir *An Enquiry concerning Human Understanding*, éd. P.H.Nidditch, Oxford, 1975, pp. 73-77.

113. Le détail de la démonstration, qui est fort complexe, ne nous occupera pas ici. Voir Vuillemin, *Physique et Métaphysique Kantiennes*, pp. 265 sq. et surtout R. Palter, « Kant's formulation of the laws of motion », in P. Suppes (éd.), *Space, Time and Geometry*, Dordrecht, 1973, pp. 94-114. Comme dans la Phoronomie, l'idée de l'espace absolu intervient dans la construction de la communication du mouvement comme un espace relatif indéterminé. Mais la démonstration est singulièrement limitée au choc entre corps dits « parfaitement inélastiques », où les deux corps n'ont plus aucune vitesse après l'impact. Peut-être Kant est-il forcé de restreindre la démonstration à ce cas particulier parce que, si l'on peut s'apercevoir par inspection directe que les deux corps collent ensemble après la collision (ce qui égalise leurs vitesses), alors la construction dans l'intuition pure réussit à coup sûr. Kant signale à bon escient que la difficulté à construire un concept, ou même l'interprétation erronée de la construction, n'invalident aucunement le concept en tant que tel (PPM, p. 435, Ak. IV, p. 522).

114. PPM, pp. 425-426 (Ak. IV, pp. 514-515).

Chapitre 5

La connaissance *a priori* de la nature : « un étonnement toujours renaissant »

1. Ces idées sont développées par Kant dans la section 62 de la *Critique du Jugement.* Voir CJ, pp. 1151-1156 (Ak.V, pp. 362-366).

2. C'est la thèse de Plaass, *Kant's Theory of Natural Science,* p. 279.

3. PPM, pp. 430-434 (Ak.IV, pp. 518-521). C'est G. Buchdahl qui signale l'emploi de l'expression « construction possible » dans « Gravity and Intelligibility : Newton to Kant », p. 259.

4. *Prolégomènes,* p. 66 (Ak.IV, p. 295).

5. Ibid., pp. 97-99 (Ak.IV, pp. 320-322).

6. Thèse de Friedman, *Kant and the Exact Sciences,* p. 190.

7. Ce système inclut en effet, comme le montre Friedman d'une manière très convaincante, l'ensemble des lois de la géométrie et celles de la dynamique. Afin d'opposer métaphysique et mathématique, Kant cite Newton à la fin de la préface des *Premiers Principes* : « la géométrie est fière de pouvoir produire autant avec si peu de principes empruntés au dehors », alors que la métaphysique accomplit si peu avec tant de choses fournies par les mathématiques! (PPM, p. 377, Ak.IV, pp. 478-479).

8. A127.

9 .A234/B287.

10. A233/B286.

11. B291.

12. B291-292.

13. B293.

14. B277-278.

15. PPM, p. 479 (Ak.IV, p. 555).

16. A68/B93.

17. *Prolégomènes,* p. 61 (Ak.IV, p. 291).

18. *Ibid.,* pp. 62-63 (Ak.IV, p. 292).

19. PPM, p. 482 (Ak.IV, pp. 557-558).

20. *Principia,* Tome I, pp. 13-16.

21. On se souvient que Kant, dans la Phoronomie, avait construit le mouvement phoronomique de telle sorte que la synthèse indéfinie s'arrête sans qu'il faille passer par le mouvement circulaire.

22. Voir R. Westfall, *Force in Newton's Physics*, Londres, Macdonald, 1971, p. 445.

23. PPM, p. 486 (Ak.IV, p. 560).

24. PPM, p. 484 (AK.IV, p. 559).

25. PPM, pp. 484-485 (Ak.IV, p. 559).

26. PPM, p. 486 (Ak.IV, p. 560).

27. PPM, p. 487 (Ak.IV, p. 561).

28. PPM, p. 488 (Ak.IV, p. 561).

29. Voir Friedman, *Kant and the Exact Sciences*, p. 156.

30. PPM, p. 492 (Ak.IV, p. 564).

31. PPM, p. 489 (Ak.IV, p. 562).

32. CJ sec.62, p. 1155 (Ak.V, pp. 365-366).

33. A214/B260-261.

34. CJ sec.27, p. 1028 (Ak.V, p. 259).

35. OP, p. 31 (Ak.XXI, p. 356).

36. A214/B261.

37. A431-3/B459-461.

38. PPM, p. 453 (Ak.IV, p. 534), nous soulignons.

39. OP, pp. 112-113 (Ak.XXII, pp. 516-517).

40. Voir B. Tuschling, *Metaphysische und Transzendentale Dynamik in Kants Opus Postumum*, Berlin, de Gruyter, pp. 39-56.

41. OP Ak.XXI, p. 288 et p. 593. Le fossé qui sépare la métaphysique des lois empiriques est essentiel aux *Premiers Principes*. Mais ce serait une erreur de croire qu'en cherchant à établir *a priori* un plus large éventail de forces dans l'*Opus Postumum* Kant viserait à faire le pont entre le niveau métaphysique et le niveau empirique. La question est toujours de réfléchir sur leurs points de rencontre, non intégrer le monde empirique dans un système *a priori*, ce qui implique d'abord qu'il faille au moins identifier ces points.

42. OP, p. 122 (Ak.XXII, p. 5).

43. OP, p. 128 (Ak.XXII, p. 10).

44. OP, pp. 32-33 (Ak.XXI, p. 358).

45. OP, p. 39 (Ak.XXII, p. 241).

46. OP, p. 34 (Ak.XXI, p. 360).

47. A838/B866.

48. OP, p. 11 (Ak.XXII, p. 211).

49. OP, p. 13 (Ak.XXII, p. 213).

50. CJ sec.58, p. 1137 (Ak.V, p. 348).

51. *Ibid.*, p. 1138.

52. OP, p. 121 (Ak.XXI, p. 252).

53. *Ibid.*
54. OP, p. 57 (Ak.XXI, p. 219).
55. OP, p. 128 (Ak.XXII, p. 11).
56. OP, p. 130 (Ak.XXII, p. 13).
57. OP, p. 28 (Ak.XXI, p. 353). Il est intéressant de souligner que l'univers réglé dans sa totalité par les lois de Newton est affligé d'un grave paradoxe : si l'univers était comparable à un île de matière plongée dans l'espace vide, la quantité de matière serait bien entendu énorme et cependant cet univers ne pèserait rien (puisque le poids est une relation entre matières extérieures les unes par rapport aux autres).
58. OP, p. 29 (Ak.XXI, p. 354).
59. OP, p. 58 (Ak.XXI, p. 220).
60. PPM, p. 489 (Ak.IV, pp. 562-563).
61. OP, p. 121 (Ak.XXII, p. 3).
62. OP, p. 122 (Ak.XXII, p. 4).
63. OP, pp. 69-71 (Ak.XXII, pp. 549-551).
64. OP, p. 72 (Ak.XXII, p. 552).
65. OP, p. 74 (Ak.XXII, p. 554).
66. OP, p. 54 (Ak.XXI, p. 216).
67. OP, p. 60 (Ak.XXI, p. 222). Le terme « libre arbitre » traduit *Willkür,* un terme qui apparaît dans la *Critique* en A534/B562 pour caractériser la liberté humaine dans le sens pratique, c'est-à-dire comme indépendance vis-à-vis des impulsions contraignantes de la sensibilité.
68. A210/B255.
69. OP, p. 34 (Ak.XXI, p. 360).
70. OP, p. 71 (Ak.XXII, p. 552).
71. A844/B872.
72. PPM, p. 453 (Ak.IV, p. 534).
73. PPM, p. 448 (Ak.IV, p. 530).
74. PPM, p. 449 (Ak.IV, p. 531).

Chapitre 6

Le retour du temps

1. A194/B239.
2. Voir J. Vuillemin, « Remarques critiques sur la doctrine kantienne de la causalité », in *Kant : Analysen, Probleme, Kritik.* Eds H. Oberer et G.Steel, Würzburg, 1988, pp. 91-101.
3. A285/B341.
4. A282/B338. Voir aussi la lettre à Hellwag du 3 janvier 1791.

5. E. Kant, *Essai pour Introduire en Philosophie le Concept de Grandeurs Négatives*, trad. J. Ferrari in *Œuvres Philosophiques*, vol. 1, *op. cit.*, pp. 261-302. Voir le remarquable commentaire de G. Châtelet, *Les Enjeux du Mobile*, Paris, 1993, pp. 124-129.

6. *Ibid.*, p.294 (Ak.II, p. 197).

7. *Ibid.*, pp.288-289 (Ak.II, pp. 192-193).

8. B XII-XIII.

9. A290/B346.

10. A109.

11. A20/B34 : « L'objet indéterminé d'une intuition empirique s'appelle *phénomène* ».

12. OP Ak.XXI, p. 530.

13. CJ, Introduction IV, p. 934 (Ak.V, p. 180).

14. Parce qu'il méconnaît la référence à l'entendement intuitif, Friedman interprète les maximes de la faculté de juger réfléchissante comme si elles avaient un tel rôle régulateur vis-à-vis des objets (*Kant and the Exact Sciences*, p.252).

15. La question est posée par Plaass, *Kant's Theory of Natural Science*, p.312.

16. Hegel, *Phénoménologie de l'Esprit*, vol.1, p. 15.

17. Il faudrait comparer ces remarques sur le statut de l'éther avec le rôle de cet autre concept problématique de l'*Opus Postumum* qu'est l'organisme. Voir C. Debru, « L'introduction du concept d'organisme dans la philosophie kantienne : 1790-1803 », *Archives de Philosophie*, 43 (1980), pp. 487-514.

18. OP Ak.XXI, p. 170.

19. Spéculation déjà entretenue dans la première édition de la *Critique de la Raison Pure*, avec une référence claire au modèle pré-critique de la *Théorie du Ciel* (A662-663/B690-691).

20. OP, p.236 (Ak.XXI, p. 97).

21. A845/B873.

22. E.Husserl, *Idées Directrices pour une Phénoménologie*, tome 1, trad. P. Ricœur, Paris, 1950, p. 482.

23. A. Einstein, « Vorwort », in G. Galilei, *Dialogue Concerning the Two Chief World Systems*, trad. S. Drake, Berkeley, 2e éd., 1967, p. XVIII.

24. W. Heisenberg, *La Partie et le Tout. Le monde de la physique atomique*, trad. P. Kessler, Paris, 1990, p. 94.

25. K. Gödel, « Some observations about the relationship between theory of relativity and Kantian philosophy », in *Collected Works*, vol.3, Oxford, 1994, p. 246. La situation est encore plus claire de nos jours avec l'hypothèse de l'hyperbolicité globale en cosmologie relativiste.

26. On notera que les vérifications expérimentales sont d'autant plus spectaculaires qu'elles sont peu nombreuses en comparaison des vérifications obtenues en mécanique classique.

27. « Discussion avec Einstein », in H. Bergson, *Mélanges,* Paris, 1972, p. 1345.

28. *Ibid.*, p. 1341.

29. Voir J. M. Lévy-Leblond, « Quel temps fait-on ? », in *Le Temps et sa Flèche,* éds. E. Klein et M. Spiro, Paris, coll. « Champs », 2ᵉ éd., 1995, p. 281.

30. Aristote, *Physique,* IV, 221b1-3.

31. *Ibid.*, 223b24-29.

Table des matières

Introduction : Jalons pour une épistémologie transcendantale 9

I. L'expérience à venir. Prolégomènes à une philosophie transcendantale de la physique mathématique 19

1. *A priori* et totalité 19
2. Forcer pour comprendre : le phénomène pur 32
3. Le moment de la réflexion 66

II. Critique et relativité 77

1. De l'absolu au relatif, en passant par le possible 77
2. La portée métaphysique du principe de relativité 117

III. Du temps à l'espace 139

1. Métaphysique générale et métaphysique spéciale 139
2. Des catégories aux schèmes ; du schématisme à la construction 155
3. La Phoronomie : les deux espaces de l'expérience 175
4. Passage à la Mécanique 201

IV. À la recherche du schème manquant 203
1. La Dynamique, ou la réalité de la négation 203
2. De la Dynamique à la Mécanique : la liberté dans la science de la nature 234
3. La fragilité des apparences 245
4. Les trois Analogies et les trois lois de la Mécanique : le schème retrouvé................. 252

V. La connaissance a priori de la nature : « Un étonnement toujours renaissant »..................... 275
1. De la possibilité de la construction à une construction possible : l'exemple de la loi de gravitation universelle 275
2. La Phénoménologie, ou comment la réflexion surgit de l'irréflexion 286
3. Le sublime du devenir 300
4. De la matière à la vie 317

VI. Le retour du temps 323
1. L'anticipation de la négation............................ 323
2. L'écho du monde transcendant 332
3. La nature à l'épreuve du temps 337
4. Une nature morte... 348

Notes 355

Ce volume,
le huitième
de la collection « L'Âne d'or »
publié aux Éditions Les Belles Lettres
a été achevé d'imprimer
en décembre 1998
par l'Imprimerie F. Paillart
à Abbeville.

N° d'éditeur : 3622
N° d'imprimeur : 10636
Dépôt légal : décembre 1998